時空のさざなみ

重力波天文学の夜明け

ホヴァート・シリング　著
マーティン・リース 序文
斉藤隆央　訳

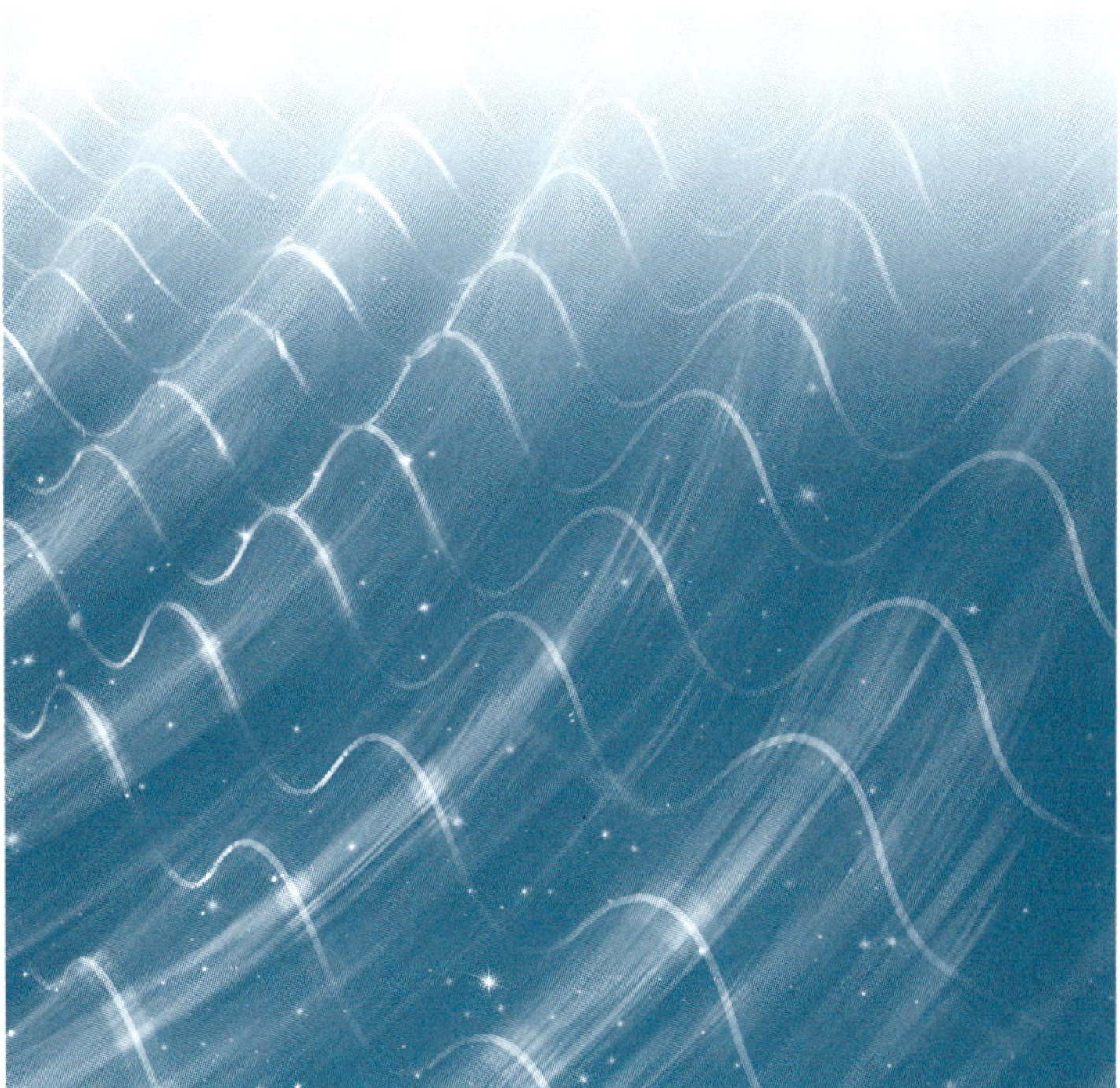

化学同人

RIPPLES IN SPACETIME
Einstein, Gravitational Waves, and the Future of Astronomy by Govert Schilling

Japanese translation published by arrangement with
Govert Schilling c/o The Science Factory Limited
through The English Agency (Japan) Ltd.

かすかなさえずり《チャープ》で、アインシュタインの正しさを証明

時空のさざなみ

一〇億光年先のブラックホール衝突のエコー

（本書第11章より）

もくじ

序文

マーティン・リース

アインシュタインは、科学の殿堂で比類のない地位を占めている。それもそのはず。空間と時間に対する彼の洞察は、重力と宇宙についてのわれわれの理解を一変させた。だれもが、ポスターやTシャツに描かれた優しげなぼさぼさ頭の賢人には見覚えがある。だが、彼の最高の仕事は、若い時分になし遂げられた。一躍世界に名をとどろかせたとき、まだ三〇代だったのだ。一九一九年五月二十九日に日食があり、天文学者アーサー・エディントンの率いるチームが、皆既中に太陽のそばに見える星々を観測した。その結果は、星々が本来の位置からずれ、星の光が太陽の重力で曲げられていることを示していた。これにより、アインシュタインの重要な予測のひとつが確かめられた。この結果がロンドンの王立協会に報告されると、世界のマスコミがそれを報道した。「天空で光はすべて歪む／アインシュタインの理論の勝利」と『ニューヨーク・タイムズ』紙はかなり大げさな見出しで書きたてた。

一九一五年にアインシュタインが提唱した一般相対性理論は、純然たる思考と洞察がなし遂げた偉業だ。それが地球上のわれわれに及ぼす影響はわずかでしかない。現代のナビゲーションシステムに使われている時計だとほんの少し調整が必要になるが、宇宙探査機の打ち上げと追跡には、ニュートン力学でまだ十分なのである。

一方、空間と時間はつながり合っている——「空間は物質に動き方を教え、物質は空間に曲がり方を教える」——というアインシュタインの洞察は、宇宙の現象の多くにとってきわめて重要なものとなる。だが、影響が非常に遠くにしか現れない理論を検証することは難しい。提唱からほぼ半世紀のあいだ、一般相対性理論は物理学の主流から外《はず》れていた。ところが一九六〇年代以降、アインシュタインがした主な予言のうちのふたつ、宇宙の膨張を始めさせた「ビッグバン」と、ブラックホールについて、証拠が集まってきた。

そして二〇一六年の二月、日食観測隊の報告がされた有名な王立協会の会合から一〇〇年近く経って、新たな発表——今度はワシントンDCのプレス・クラブでされた——がさらにまたアインシュタインの理論を裏づけた。それは、LIGO（レーザー干渉計型重力波天文台）による重力波の検出である。これこそ、ホヴァート・シリングによる本書のテーマだ。彼は、一世紀以上に及ぶすばらしい話を語っている。

アインシュタインは、重力を空間の「歪《ゆが》み」と考えた。重力をもつ物体が形を変えると、空間そのものにさざなみを生み出す。そうしたさざなみが地球を通り抜けると、われわれのいる空間が「震える」。重力波の通過にともない、空間が伸び縮みするのだ。しかしその効果はとても小さい。重力がとても弱い力だからだ。身のまわりにある物体のあいだに働く重力は、きわめて小さい。あなたが二個のダンベルを振りまわしたら、あなたは重力波を発する——だが、そのパワーはとてつもなく小さいのである。恒星をめぐる惑星や、互いのまわりを回る恒星同士さえ、検出できるレベルでは発しない。

天文学者のあいだでは、LIGOで見つかる重力波源が、通常の恒星や惑星よりはるかに強い重力をもつものだけだという点で、意見の一致を見ている。最も可能性が高いのは、ブラックホールにかかわるイベントだ。ブラックホールの存在は、ほぼ五〇年前から知られている。ほとんどは、太陽の二〇倍以上の質量をもつ恒星の遺物だ。そうした恒星は、明るい光を発して燃え、爆発を起こす断末魔の苦しみのなかで（超新星がその合図）、内部がつぶれてブラックホールになる。恒星を構成していた物質は、宇宙の外へ切り離され、残された空間に重力の跡を残す。

　ふたつのブラックホールが連星系になると、次第にらせん状の軌道を描きながら一体化する。両者が互いに近づくにつれ、周囲の空間の歪みが増し、ついには合体してひとつの回転するブラックホールになるのだ。そのブラックホールは激しく暴れて「鳴り響き」、さらに波を生み出して、やがてひとつの静かなブラックホールとなって落ち着く。この「チャープ」［訳注：さえずりの意］――合体に至るまで空間の振動が加速しながら強まる様子――を、ＬＩＧＯが検出できる。こうした大異変は、われわれの銀河では一〇〇万年に一度ほども起きない。しかしそんなイベントは、一〇億光年先で起きたとしても検出可能なシグナルを発するだろう。そして、それより近い銀河は何百万もある。最高に幸運なイベントを検出するのにさえ、驚くほど高感度の――また非常に高価な――装置が必要になる。ＬＩＧＯ検出器では、強いレーザー光が四キロメートルの真空パイプに沿うように発射され、両端の鏡で反射される。その光線を調べれば、鏡同士の距離の変化が検出でき、それは空間の伸び縮みとともに交互に増減する。この振動の振幅はきわめて小さく、およそ〇・〇〇〇〇〇〇〇〇〇〇〇〇一センチメートル――原子一個のサイズの一〇万分の一――ほどだ。ＬＩＧＯプロジェクトには、三〇〇〇キロメートルほど離れた二基のよく似た検出器がかかわっている。一基はワシントン州、もう一基はルイジアナ州にある。一基の検出器だけでは、微小な地面振動や自動車の通過なども記録してしまう。このような誤った検出を排除すべく、観測者は両方の検出器に現れるイベントのみに注目する。

数年間、ＬＩＧＯは何も検出しなかった。しかしアップグレードをして、二〇一五年九月に本格的に再稼働した。まさに数十年に及ぶ挫折を重ねた末、探索はついに実を結んだ。一〇億光年以上も先でふたつのブラックホールが衝突したことを示すチャープが検出され、空間そのものの挙動を探るという科学の新分野が開かれたのである。

過熱した科学的主張が間違っていたり誇張だったりすることは、残念ながらよく知られている。本書でも、この分野でそうした主張がいくつも語られる。私は自分が、なかなか納得しない、疑り深い人間だと思っている。だが、ＬＩＧＯの研究者の主張――高い資質をもつ科学者や技術者による、まさに数十年に及ぶ努力の賜物――は説得力に富むので、今度は私も完全に納得しそうだ。

重力波の検出は、まったくたいしたものだ。二〇一二年に大変なお祭り騒ぎを起こしたヒッグス粒子の検出と並び、ここ一〇年で最大級の発見にかぞえられる。ヒッグス粒子は、数十年かけて作り上げられた「素粒子物理学の標準模型」にとって、最大の鍵を握る存在だった。これと同じく、重力波――空間そのものの生地の振動――は、アインシュタインの一般相対性理論がもたらすきわめて重要で際立つ影響なのである。

ピーター・ヒッグスがその粒子を予言したのは五〇年前だが、検出――と性質の特定――には技術の進歩を待たなければならなかった。ジュネーヴの大型ハドロン加速器という巨大なマシンが必要だったのだ。重力波はそれよりも早く予言されていたが、検出は遅かった。探索には、きわめてとらえがたい影響を見つけ出す必要があるし、大がかりで超高精度の装置が必要でもあるからだ。

こうした結果は、アインシュタインの理論にまったく新しい証明を与えるほかに、星々や銀河にかんするわれわれの理解を深めさせてくれる。ブラックホールや大質量星の天文学的証拠は限られたものしかなく、観測圏内にいくつあるのか予測するのは難しかった。悲観的な人々は、重力波を検出できるようなイベントが非常にまれで、改良した新しいLIGOでも、少なくとも一、二年は何も検出できないのではないかと思っていた。だが実際に検出され、これが例外的な「ビギナーズラック」だったのでなければ、空間に広がる物質ではなく空間そのものの挙動を明らかにする、新しいタイプの天文学が打ち立てられたように思われる。ほかにヨーロッパとインドと日本の検出器も探索に加わり、今では検出器を宇宙へ飛ばす計画もある。

ところが、非常に多くの科学者は、自分の考えや発見が難しくて理解されないだろうと思い、説明しようとしていない。確かに、本職の科学者はみずからの考えを数学で表現する。これは多くの人にとって異国の言葉だ。しかし、要《かなめ》となる考えは、十分に腕の立つ著作家なら単純な言葉で表現できる。ホヴァート・シリングは、そうしたなかでも最高峰のひとりで、本書においてさらなる高みに至っている。彼が語る話は一世紀以上に及ぶ。本書では、重要な概念が歴史の流れのなかで、明快かつ人を楽しませるような言葉で説明されている。シリングはまた、本書の話にかかわるさまざまな人も描いている。なかには「偏執的な人」もいたが、それも意外ではない。むしろ、偏執的な姿勢は、見返りの保証がない挑戦に何年も、ときには何十年も打ち込む人にとって、必要条件と言える。それでもこの努力は、チームで協力する何百人もの専門家に支えられていた。シリングは、何十年も奮闘してとんでもない精度を達成した科学者や技術者による、騒々しい論争や挫折や驚くべき技術的成果について語っている。そして、空間と時間の本質を見事に暴く手がかりを、どのように明らかにしたのかについても述べる。目が離せないほど魅力的に綴られた、すばらしい物語だ。

はじめに

渦巻銀河の外《はず》れにある黄色い小さな恒星のまわりを、三三億年ほど前に塵や小石が集まってできた、ちっぽけな惑星が回っている。深宇宙から青い惑星のぬるま湯の海に降り注いだ有機化合物は、自己複製する分子へと変貌を遂げていた。いまや、その海は単細胞の生物であふれかえっている。ほどなく、生命はその惑星の不毛の陸地へ進出することになる。

この広大な宇宙のもうひとつの片隅で、とてつもなく重いふたつの恒星が、破局的な超新星爆発を起こして短い生涯を終えた。そして残されたのは、貪欲なふたつのブラックホールがぴったり寄り添った連星系だ。どちらも、そこから遠く離れた先ほどの黄色い小さな恒星より何十倍も重い。それらの重力は、近づきすぎたガスや塵を引き込み、近傍の光の進路を曲げる。この宇宙の奈落から伸びる重力の固いこぶしから逃れられるものは、何ひとつない。

ふたつのブラックホールは、互いのまわりを回りながら、波を作り出している。光の速度で伝わる時空のかすかなさざなみだ。この波がエネルギーを運び出していくと、ふたつのブラックホールがどんどん近づく。やがてそれらは、互いのまわりを毎秒数百回も、光の半分の速度で回るようになる。時空が引き伸ばされ、押しつぶされて、小さなゆらぎが大波になる。そして、最後に純粋なエネルギーが一気に放出されて、ふたつのブラックホールは衝突して合体する。静寂が再び辺りを包む。だが、最後の強大な波は、津波のように宇宙に広がっていく。

ふたつのブラックホールの断末魔の叫びがわれわれの渦巻銀河の外れに届くのには、一三億年かかる。そのころには、波の振幅はおそろしく減少している。まだ行く手にある何もかもを押したり引いたりしているが、だれも決して気づかない。青い惑星では、シダや樹木が地表を覆い、小惑星の衝突で巨大な爬虫類が絶滅し、この世界に生きていた多くの哺乳類の系統のひとつが、風変わりな二足歩行の生物に進化を遂げた。

天の川銀河の外縁部を通ると、遠くのブラックホールの合体による重力波は、わずか一〇万年ほどで銀河を横断して太陽と地球の近傍に到達する。それが秒速三〇万キロメートルで地球に迫るころ、人類は自分たちを包み込む宇宙を探りはじめる。望遠鏡のレンズを磨き、新たな惑星や衛星を見つけ、天の川銀河の地図を描くのだ。

波が到達する一〇〇年前、一三億光年の旅の九九・九九九九九パーセントを終えていたころ、アルベルト・アインシュタインという二六歳の科学者が、その波が存在する可能性を予言していた。人々が本気でそれを見つけようとしはじめるまでには、もう半世紀かかる。やがてついに、二一世紀初頭になって、検出装置が十分な感度になった。稼働してわずか数日後、検出装置は原子核のサイズよりはるかに小さな振幅の振動を記録する。

二〇一五年九月十四日の月曜日、協定世界時九時五〇分四五秒に、一〇〇年前のアインシュタインの予言が実証される。天文学者たちが、はるか遠くの銀河で起きたブラックホールの衝突による、重力のメッセージを手に入れたのだ。

重力波を初めて直接検出したことは、新世紀の最大級の科学的発見として当然称えられる。もっと感度の高い装置でさらに検出が続けば、天文学者に荒々しい宇宙を調べるまったく新しい手段を与え、物理学者にはついに時空の秘密を解き明かす機会を提供してくれるだろう。

最新のレーザー干渉計型重力波天文台（ＬＩＧＯ）が稼働しだす数年前に、初めて私は本書の執筆を考えた。ちょうど原稿を仕上げるころに重力波の初観測があったらすてきじゃなかろうか、と思った。それなら公表直後に本が刊行でき、得られたばかりの結果についてのエピローグを加えられる。

科学の進歩は私の予想以上に速かった。新たな検出装置が稼働してほんの数日で大当たりを引くとは、ほとんどだれも想像できなかっただろう。だから、私の調査の大半と執筆のすべては、重大な発見のあとにする羽目になった。本を仕上げた今となっては、タイミングが良かったと思う。その発見が、後付けではなく、話の肝《きも》になったのだ。

重力波天文学の歴史は、これまでにも語られている。だが本書では、それは物語全体の半分にすぎない。本書で主に扱うのは、現在進行形の科学だ。発見がなされるプロセスであり、今日起きている出来事であり、さらに、重力波の研究が天文学で成熟した分野となる未来への期待でもある。ＧＷ１５０９１４――あの忘れられぬ月曜日にとらえられたシグナル――の発見は、一世紀に及ぶ探求の賜物であり、われわれの宇宙探査におけるまったく新しい章の始まりでもある。

第1章　時空のオードブル

ジョセフ・クーパーは、NASAの宇宙服を身につけ、ヘルメットをかぶる。打ち上げの最中に何かまずいことが起きた場合、酸素が必要になるからだ。技術者たちに支えられて、そびえ立つロケットのてっぺんに載った宇宙船のなかに入る。無線を通して秒読みの音声が聞こえ、血管をアドレナリンがめぐるのを感じる。クーパーは怖じ気づいてはいないが、炎の柱の頂上に乗って宇宙に打ち上げられるのは、いつでも少しドキドキする。

ほどなく彼は、仲間の三人の宇宙飛行士とともに旅立つ。万事順調。宇宙船の小窓の外では、青い空が黒い虚空に変わる。エンジンが止まり、無重力状態になる。あとは、秒速八キロメートル以上で地球を周回している巨大な宇宙船に追いついて、ドッキングするだけだ。造作もない。

この話は、ロシアのソユーズ宇宙船に乗って国際宇宙ステーション（ISS）へ向かう通常の飛行のように思える。いつもどおりのこと……いや、そうだろうか？　ジョセフ・クーパーという名のNASAの宇宙飛行士など聞いたことがないだろう。それに、クーパーに三人の乗組員仲間がいるなんてありえない。宇宙飛行士ならだれでも教えてくれるが、ソユーズはとても狭くて四人も乗せられない。三人でもすし詰めなのだ。

　それから、この話にはこんな続きがある。ドッキングをする相手の宇宙船はエンデュランス号といい、ISSとは見かけもまるで違う。さらに、宇宙飛行士たちはエンデュランス号を土星まで飛ばし、ワームホール［訳注：時空の離れた二点を結びつけるトンネルのようなもの］から消えて別の銀河へ抜け、ガルガンチュアという巨大なブラックホールを周回して異境の惑星を訪れる。クーパーは超空間に飛び込みさえする。明らかに、とんでもないことになっている。

　この筋書きは、二〇一四年にクリストファー・ノーランが監督を務めて大ヒットしたハリウッド映画『インターステラー』のもので、宇宙飛行士のクーパーは、俳優のマシュー・マコノヒーが演じている。あなたが根っからの宇宙オタクなら、ジョセフ・クーパーの名前にピンときたかもしれない。それどころか、私より多く『インターステラー』を観ているかもしれない。あれはすばらしい映画だ。

『インターステラー』がほかのSF映画と一線を画している点のひとつは、エグゼクティブ・プロデューサーの顔ぶれである。ジョーダン・ゴールドバーグ（『バットマン』、『インセプション』）、ジェイク・マイヤーズ（『レヴェナント：蘇えりし者』）、トマス・タル（『ジュラシック・ワールド』）。それに、パサデナのカリフォルニア工科大学で理論物理学のファインマン記念名誉教授を務める、キップ・ソーンもいる。副業で映画プロデューサーをする理論物理学者もそうはいない。

　科学者がSF映画の製作に関わったらどうなるか？　映画が科学的に正しくなると期待できるだろう。じっさい、そうなる。圧倒的なまでに。ソーンはプロット作りを手伝った。シナリオライターや監督、視覚効果チーム、俳優に、天文学と一般相対性理論の手ほどきをしたのだ。ソーンは、作中の教授ジョン・ブランド（マイケル・ケインが演じた）の黒板に方程式まで書いた。だが残念ながら、ソーンは映画にゲスト出演はしていない。その一方、ロボットの一体「ＫＩＰＰ」は明らかに彼の名にちなんでいる。

ブラックホールの映画の科学顧問として、キップ・ソーン以上に素養のある人はほとんどいないだろう。時空の奇妙な特性を理解している人がいるとすれば、それは彼だ。一九九〇年にソーンは、親しい研究者仲間のイギリス人、スティーヴン・ホーキングと一五年前にした賭けに勝っている。賭けは、はくちょう座X-1というX線源の正体をめぐるものだった（賞品はセクシー雑誌『ペントハウス』一年分）。ソーンが一九九四年に出した本『ブラックホールと時空の歪み』（林一・塚原周信訳、白揚社）は、全米でベストセラーとなった。

そして二〇一六年の初頭、ソーンの名は再び世界に知れわたった。二月十一日、科学者たちが、重力波の直接検出に初めて成功したと発表したのだ。遠くの宇宙で、ふたつのブラックホールが衝突して合体した。その衝撃は時空にさざなみを送り出した。一〇億光年を超える旅の末、この波が二〇一五年九月十四日に地球に届いた。そのとき、アメリカにあるふたつの巨大なレーザー干渉計型重力波天文台（ＬＩＧＯ）の検出器が、極微の振動を記録した。このＬＩＧＯこそ、ソーンが、仲間の物理学者であるレイナー・ワイスとロナルド・ドリーヴァーとともに発案したものなのだ。

＊　＊　＊

これまでだれひとり、ブラックホールを間近で見た人はいない。ワームホールが実在するかどうかも知る人はいない。重力波はおそろしく弱くて、途方もなく高感度の装置でなければ検知できない。空間の湾曲や時間の減速は、あまりにもややこしく、われわれの日常の経験をはるかに超えている。これらを真に理解するためには、アインシュタインの一般相対性理論を習得しなければならない。

これについては、イギリスの天文学者アーサー・スタンリー・エディントンの、こんな有名な逸話がある。二〇世紀の初め、エディントンは、アインシュタインが提唱した時空の新理論を大いに広めた人物のひとりだった。彼については第3章でまた紹介しよう。ある公開講義のあとで、聴衆のひとりがこんな質問をした。「エディントン教授、一般相対性理論をちゃんと理解している人間は世界に三人しかいないというのは本当ですか？」エディントンは、しばし考えてからこう答えた。「三人目ってだれでしょうかね？」

いや、もちろんそこまで難しくはない。世界で何万もの理論物理学者が、一般相対性理論の基礎を理解している。その一方、新たな理論上の概念が絶えず現れている。とくに、量子論的効果が物を言うブラックホールの領域では。たとえばスティーヴン・ホーキングのブラックホール蒸発理論、キップ・ソーンのワームホールによる近道、ヘラルト・トホーフトのホログラフィック原理、そしてレナード・サスキンドがきっかけをもたらしたファイアウォール説。

ここでは詳細に立ち入らないが、当代一流の頭脳の持ち主たちが新たな驚くべき知見を次々と見いだしていても（またそうした知見について議論しつづけていても）、明らかにまだ一般相対性理論の全貌はつかめていない。それに、今しがたの例は比較的突飛ではない概念をいくつか挙げたにすぎない。学術誌『フィジカル・レビュー・レターズ』には、十一次元の時空やタイムトラベル、マルチバース（多宇宙）にかんする論文も掲載されている。それでもあなたは、『インターステラー』が理論的だと思ったのではないか？

だからこそ、ひどく役に立たない知識に思えても、とても多くの人がこういうものに興味をもつのかもしれない。ブラックホールを知らなくても大統領に立候補することができるし、重力波は地球温暖化の問題を解決してくれはしない。われわれは、一般相対性理論に関心がなくても生きていける（ひとつ顕著な例外があるが、これは第3章のためにとっておこう）。だがそれは、刺激的で、興味深く、必ずや想像力をかき立てる。これで理由は十分なのかもしれない。

さらにまた、一般相対性理論は、最も根本的なレベルで世界の仕組みについて教えてくれる。それに、世界を真に理解しようとすることが、われわれをほかの動物と隔てる点のひとつなのではなかろうか？

はっきり言って、われわれ人類は何万年も、自分たちの世界をよく理解できていなかった。最初期の農耕社会は、一万二〇〇〇年ほど前に中東で生まれた。当時の人は、太陽や月の周期的な動きをよく知っていた。星々の配置にパターンも見出した。ひとにぎりの明るい星が、星座のあいだをゆっくりうろつきまわることにも気づいていた。だがそこまでだった。彼らには、天体の実体について何の手がかりもなかった。知ろうとする欲求すらなかった。太陽や月や惑星を、日常の世界とかけ離れた神と見なしていたのだ。

およそ二五〇〇年前のギリシャの大哲学者の時代までは、あまり変わらなかった。九五〇〇年も——何百世代も——大きな進歩がなかったのだ。一万二〇〇〇年の歴史を真夜中から始まる一日二四時間に圧縮すれば、アリストテレスが入れ子状の透明な玉からなる宇宙のモデルを初めて提唱したころには、すでに午後七時を過ぎている。われわれの祖先にも知力はあった。なにしろ、彼らもわれわれと同じホモ・サピエンスだったのだから。ただ、さほど関心をもたなかっただけなのだ。

ところが古代ギリシャ人は、関心をもった。彼らは地球が球であると正しく推理した。地球の外周の長さを驚くほど正確に決定しさえした（一部の教科書を読むと、コロンブスが地球の真の形状に気づいた最初の人のように思えるだろうが、それはまったくの間違いだ）。またギリシャ人は、太陽や月、惑星、ほかの星々の「正体」についてはわからなくても、少なくともそれらの複雑な動きを理解しようとはしていた。

この流れは、クラウディオス・プトレマイオスによる地球中心の世界観（天動説）でついに頂点を極めた。プトレマイオスは、今から一九世紀ほど前、現在のエジプト北部にあたる場所に住んでいた（先ほどの二四時間に圧縮した歴史では午後八時一〇分ごろ）。地球中心と言うとおり、プトレマイオスのモデルは地球を中心に置いていた。太陽や月や惑星は、地球のまわりを、従円と周転円［訳注：従円は地球を中心とする大きな円で、周転円はその円周上の点を中心とする小さな円］が組み合わさった複雑な軌道で回っていた。プトレマイオスの世界観は、惑星がときおり逆行するように見える理由まで説明していた。

いい線行っているが、間違いだ。長い年月が過ぎてから、何かがおかしいと人々が気づいた。ポーランドの天文学者ニコラウス・コペルニクスがようやく、地球中心でなく太陽中心の世界観（地動説）を発表したのである。それが一五四三年で、例の圧縮した歴史では午後一一時を過ぎたばかりだった。世界についてのわれわれの理解は、過去一万二〇〇〇年のうち大半で、じれったいほどゆっくり進行していたのだ。

しかし、コペルニクスのすぐあとから、理解のペースは加速した。イタリアの物理学者ガリレオ・ガリレイが見事に言ったとおり、自然という本は数学の言語で書かれている、と科学者が気づいたのである。ガリレオは、物体の運動を観察し、アリストテレスのいくつかの仮定が間違っていたことを証明し、数式を使って自分の発見したことを記述した。ほどなくドイツで、ヨハネス・ケプラーが惑星の運動について有名な法則を打ち立てた。

この話が、ブラックホールや重力波や時空の秘密とどういう関わりがあるのだろう？　全面的な関わりだ。コペルニクスとガリレオとケプラーは、アイザック・ニュートンが一六八七年に初めて発表した万有引力の理論の基礎を築いた。そして、アルベルト・アインシュタインの一般相対性理論――『インターステラー』の背景をなす理論――がニュートンの古い考えに取って代わったのだ。われわれが世界を理解することは、他者による成果を改良していくことで初めて可能となる。アリストテレスの透明な玉とキップ・ソーンのワームホールは、巧みな考えや発見という一本の大きな横糸によってつながっているのだ。

別の革命が、一七世紀初頭に起きた。道具の革命だ。オランダの眼鏡職人ハンス・リッペルスハイが望遠鏡を発明したのだが、この新たな道具は、その後ガリレオによっていち早く活用された。彼は月にクレーターと山脈を、太陽に黒点を、木星に周回する衛星を、天の川に無数の星々を見つけた。やがて、さらに大きな望遠鏡が、連星や小惑星、星雲や銀河の存在をわれわれに教えてくれた――もちろん、ブラックホールの存在も。望遠鏡がなければ、天文学は今でも未熟な段階のままだろう。

＊　＊　＊

ここで、正しく全体像をとらえられるように、宇宙をざっと見てまわろう。

地球は惑星だ。ほかの七つの惑星と同じく、太陽のまわりを回っている。内側の四惑星（水星、金星、地球、火星）はかなり小さく、金属と岩石でできている。外側の四惑星（木星、土星、天王星、海王星）ははるかに大きく、主にガスと氷でできている。火星軌道と木星軌道のあいだには、小惑星帯――太陽系が生まれたときから残っている岩石群――がある。海王星の外側には、氷の玉と凍てつく準惑星からなる別の残骸の帯がある。そのなかでは冥王星が最大だ。

昼間に空を見上げれば、白熱するガスでできた巨大な球体が見える。太陽だ。太陽系の惑星は、すべての光と熱を太陽から受け取っている。夜に空を見上げると、何千もの「ほかの太陽」が見える。恒星だ。恒星は小さくて光が弱く、冷たいように見えるが、ものすごく遠いからにほかならない。同じ距離に太陽を置けば、針穴のように小さな光がもうひとつ増えるだけだろう。

第5章では、恒星についてもっといろいろ語ろう。ひとまず知っておいてほしいのは、どの恒星もひとつの太陽で、その大半は惑星の家族を従えている可能性があるということだ。それどころか、本書執筆の時点で、三〇〇〇を優に超えるそうした「系外惑星」が見つかっている。

あいにく、少なくとも近い将来は、そこまで行って実際に見ることはできない。秒速三〇万キロメートルで進む光でさえ、太陽から一番近い恒星、ケンタウルス座プロキシマまで到達するのに四・三年かかるのだ。だから天文学者は、プロキシマが四・三光年の距離にあると言うのである（一光年は、三〇〇〇〇〇×六〇×六〇×二四×三六五・二五キロメートルで、ほぼ九・五兆キロメートルになる）。

夜空の星の数をかぞえようとしたことがあるだろうか？　あなたのところの空がどれだけ暗いかによるが、肉眼で数千個見える。その大半は、数十から数百光年の距離にある。ほとんどの人にとっては途方もなく遠いが、天文学者にとってはかなり近い。裏庭の宇宙だ。

われわれの天の川銀河にある大多数の星は、それよりはるかに遠くにある。そうした星を見るには、望遠鏡を使わないといけない。そして、さまざまな色や大きさの星があり、それらの名前——赤色矮星、白色矮星、黄色準巨星、青色超巨星——は、まるで妖精の森の住人を思わせる［訳注：矮星の英語はdwarf、巨星の英語はgiantで、それぞれ「こびと」、「巨人」の意味にもなる］。しかも、それらがたくさんある。

天文学者は現在、天の川に含まれる星の数は数千億個と考えている。そのひとつがわれわれの太陽なのだ。

それでもまだ終わりではない。われわれの天の川銀河は孤独ではない。宇宙には、ほかにも銀河が充ち満ちている。天の川銀河やアンドロメダのような壮大な渦巻銀河もあれば、古い星が集まった巨大な楕円銀河もあり、矮小な不規則銀河もある。圧倒的なまでに多様で、数も圧倒的にたくさんあり、何十億光年にもわたる空間に散らばっている。

一九九五年十二月、天文学者たちは初めて、ハッブル宇宙望遠鏡を天空の一見したところ何もない小さな一画へ向けた。そのまま一〇日間、カメラのシャッターを開けっ放しにした。すると、遠くの淡い銀河が一〇〇〇個以上も写った、息を呑むような写真が得られた。それが皆、伸ばした腕の先にあるピンの頭で隠れるほどの面積にあるのだ。ピンの頭ひとつぶんだけ右や左にずらしても、そこにまた遠くの銀河が一〇〇〇個ある。

こうして、観測可能な宇宙についての現在の見方が示せる。広大で、暗く、冷たく、空っぽ。だが、その空間全体に、およそ二兆個もの銀河が散らばり、いくつものかたまりを作っている。あなたが遠くの宇宙にいて、自分の故郷に帰るとしたら？　おそろしく正確なナビゲーション・システムを買ったほうがいい。宇宙のハイウェイには道路標識などない。慣用句で言う「干し草の山のなかの針」を見つけるほうが、ずっと簡単なのである。

天の川銀河を見つけることができたら、ひと息ついて景色を味わってみよう。数千億の太陽が、何本もの腕からなる美しい渦巻の形をとり、星団や明るい星雲、暗いダスト雲（暗黒星雲）に囲まれている。そのなかのたったひとつ――まるで目立たないふつうの星――が、われわれの太陽だ。それは、天の川のさびれた片隅、渦状腕の内側の縁《へり》で暮らしており、そこでほとんどの時間、たいしたことは起きていない。

その小さな標識灯《ビーコン》のまわりを、とても小さな八つの惑星が回っている。なかでも小さな四つのうちのひとつが、地球だ。この一片の塵の上で、最近のほんの数世紀のあいだに、人類が宇宙の謎を解き明かしはじめているのである。

いや、とりあえずわれわれは挑んでいる。

これは謙虚な考えだ。ホモ・サピエンスは、広大な宇宙でほとんど見つけることはできない。われわれはまた、宇宙の舞台に登場したばかりの新参者でもある。

ここでわかりやすい比喩をもちだそう。宇宙のすべての歴史が全一四巻の百科事典に記録されているとする。一四巻の本はどれもぶ厚く一〇〇〇ページもあり、小さな活字が詰まっている。ビッグバンは第一巻の最初のページの一行目だ。最初の恒星や銀河は、第一巻の途中のどこかでできる。だが、太陽や惑星の誕生は、第一〇巻になってようやく語られる。恐竜が絶滅するのは、第一四巻の九三五ページだ。ホモ・サピエンスの登場は、一〇〇〇ページ目の下から五分の一。われわれの有史時代のすべては、最終行の後半に詰め込まれている。

＊　＊　＊

こうした天文学の見方は、われわれの世界を理解するひとつの方法だ。多くの物理学者は、違うアプローチを採用するだろう。ただ目に見えるもののそれぞれ（銀河、恒星、惑星）を説明するのでなく、それぞれを構成するものと、それらの働きを明らかにするのだ。

天文学者と物理学者がＪ・Ｒ・Ｒ・トールキンの『指輪物語』（瀬田貞二・田中明子訳、評論社）を研究するとしよう。天文学者は、自分の知見を述べるにあたり、三部作の筋書き、登場人物、象徴的な意味、文体などを説明する。一方で物理学者は、文字とその出現頻度、句読点のルール、文法を説明するのだ。

ところが後者の説明は、ほかの多種多様な本でも共通なのではないか？「そうだ！」物理学者は勢い込んで叫ぶだろう。それこそ、このアプローチの優れた点だ。それぞれで異なる特性に目を向けるのをやめれば、できるだけ理解を深めるための共通の基礎が見つかりだす。もちろん、どちらのアプローチにも良し悪しがある。両者は、実は互いに補い合うものなのだ。

したがって、ありとあらゆる本が、少数の種類の文字からなり、文法というルールに従っているのと同じように、宇宙のあらゆる物体は、少数の種類の素粒子のみからなり、それらが自然界の基本的な力によって相互作用している。

驚いたことに、あなたを取り囲む世界は――ピンの頭も、人も、惑星も、原始銀河団も――たった三種類の素粒子で構成されている。アップクォークと、ダウンクォークと、電子だ。そして、文字が集まって単語や文、段落、本になるのと同じく、この三種類の粒子が原子や分子、化合物など、まさにあなたが思いつくかぎりのものを作り上げる。

自然界の基本的な力については、物理学者が知っているのは四つだけだ。そのうちふたつは非常に短い距離で作用する。原子核のスケールでしか働かないのだ。だから強い核力と弱い核力と呼ばれている。残りのふたつ――電磁力と重力――は、広く世界で経験できる。電球のスイッチを入れたりワイングラスを落としたりしたことのある人ならだれでも知っているように。

ここではあれこれ細かいことがらは省いている。ニュートリノ、不安定な素粒子、反物質、力の伝達粒子、有名なヒッグス・ボソン、ダークマター（暗黒物質）、超対称性粒子、テトラクォーク、あるかもしれない第五の力――まだまだ挙げられる。あなたに興味があれば、一般向けの素粒子物理学の本を手に取ればいいので、このテーマに深くは分け入らないが、ニュートリノとダークマターについては本書でのちほどまた説明する。

時空と重力波について語るうえで重要なことがひとつある。重力の不可思議さだ。重力の明らかな影響についてはだれでもよく知っている。ところがなぜか、重力は自然界のほかの基本的な力とはまるで違う振る舞いを見せる。アルベルト・アインシュタインによれば、それは、重力が空間や時間と密接に結びついているからなのだ。

では、これをアイザック・ニュートンに説明するとしよう。もちろん、ニュートンは重力の真の性質を知らなかった。彼はただ、ある距離だけ離れているふたつの質量のあいだに働く引力を便利に記述する、普遍的な公式を導き出したにすぎない。しかしその時代の大半の人と同じく、ニュートンは空間と時間をそれぞれ独立した絶対的な概念と見なしていた。

実のところ、空間と時間に対するニュートンの見方は、われわれ自身の直感的な考えとよく似ている。空間はただそこにある。ずっとあり続ける、三次元の虚空だ。物体（素粒子や惑星など）は、空間上のある位置に置けたり、ある位置から別の位置へ動かせたりする。ここで基準点を決めれば、ほかのすべての位置はたった三つの座標で特定できる。するとその基準点を起点にして、三つの数で、ほかの位置に到達するのにどれだけ前後、左右、上下に移動しなければならないのかがわかる。空間は三次元の方眼紙のようなものだ。何もない不変の背景であり、宇宙のあらゆる事象は、これを背景として繰り広げられる。

では時間はどうか？　自然の仮想的な時計は、退屈な一日を構成する一瞬一瞬を刻み、宇宙の誕生からの秒をすべて刻んでいる。時間は宇宙の絶対確実なメトロノームであり、唯一無二のタイムスタンプであらゆる事象に標識をつけている。おっと、それに一次元だ。基準となる瞬間を決めれば、どんな事象が起きた時間を示すのにも、ひとつの数で事足りる。

ニュートンのように空間と時間を想像することは、あなたにも難なくできるにちがいない。空間や時間に対する自然な考え方なのだ。われわれの脳は、この便利な見方を思いつくようにできている。

だが残念ながら、その見方はまちがっている。

アインシュタインは、空間と時間が結びついていることを明らかにした。三次元の空間と一次元の時間は、実は織り合わさって四次元の時空となっているのだ。

アインシュタインは、空間と時間が絶対的なものではなく、相対的なものであることも明らかにした。当たり前だが、それだから彼の革命的な理論は相対性理論と呼ばれている。空間上の二点間の距離はどうなるか？　答えは、だれに尋ねるかによる。光速の半分の速度で移動している人にとっては、空間上の二点間の距離は、静止している（二点に対して静止している）人にとっての距離よりずっと短くなる。同様のことは、ふたつの事象の時間間隔についても言える。速く移動するほど、その人の時計はゆっくり時を刻む。唯一絶対的な――どの観測者にとっても、その人の運動にかかわらず同じ――ものは、時空上の（ふたつの位置における）ふたつの事象を結ぶ四次元の距離なのである。

さらに、アインシュタインは、質量が（そしてエネルギーも）四次元の時空に影響を及ぼすことも明らかにした。直線は、恒星やブラックホールのような大質量の物体の影響を受けて、わずかに曲がる

（小惑星やリンゴのような小さくて軽い物体の場合、影響は完全に無視できる）。その結果、光線や惑星など、直線をたどるものは何であれ、大質量の物体があると、曲がった道筋に沿って動くようになる。われわれが重力と感じているものは、実は、時空の湾曲がほかの物体の運動に及ぼしている影響なのだ。また、ここで「時」空の湾曲と言っているので、時間も大質量の物体があると影響を受ける。ブラックホールに近づくと、時計の進み方がどんどん遅くなっていくのである。

このすべてがめちゃくちゃなように思えたら、映画『インターステラー』の宇宙飛行士ジョセフ・クーパーの話を聞いてみよう。乗組員仲間のアメリア・ブランドやドイルとともに、クーパーは、巨大なブラックホール「ガルガンチュア」のまわりを回る惑星でたった数時間過ごす。惑星はブラックホールのそばを回っているので、時空が大きく歪み、そこでの時間はカタツムリのようにゆっくり進む。クーパーとブランドとドイルがエンデュランス号に戻ったとき、四人目の仲間、ニコライ・ロミリーは二三歳も年を取っていた。

時空の大きな湾曲は、ガルガンチュアそのものの外見にもはっきり現れる。このブラックホールを過熱したガスの平たい円盤が取り囲み、そこから物質がブラックホールに落下している。ふつうなら、円盤のこちら側しか見えないはずだろう。向こう側はブラックホールの背後なのだから。ところが時空の湾曲のおかげで、向こう側からの光が曲がってガルガンチュアを回り込んでくる。その結果、ブラックホールは明るいリングに囲まれているように見える。

ときにはキップ・ソーンの関与が、ダブル・ネガティブの視覚効果アーティストやコンピュータ・アニメーターには厄介だったにちがいない。ダブル・ネガティブはロンドンの会社で、ソーンの時空の方程式を息を呑むような場面に仕立て上げる役目を任されたのだ。このカルテク〔訳注：カリフォルニア工科大学のこと」の物理学者に最終決定権が与えられず、科学的な正確さを妥協せざるをえないこともあった。ソーンが二〇一四年の著書『「インターステラー」の科学』で語っているとおり、映画監督のクリストファー・ノーランは観客を必要以上に混乱させたくはなかった。それでも最終的に、ソーンは大いに満足した。「最初にこの映像を目にしたとき、本当にうれしかった！」彼は書いている。「史上初めて、ハリウッド映画で、ブラックホールとそれを囲む円盤が、われわれ人類が恒星間旅行を実現したときに実際に見えるように描かれたのだ」

＊＊＊

このように、時空の湾曲が光路の屈曲や時間の流れに及ぼす影響を説明し、視覚化することはできる。しかし、この四次元の構造は、ましてやその湾曲など、どうやって想像すればいいのだろう？

一九一七年、アルベルト・アインシュタインが、みずからの新理論を語る小著をものした。『特殊および一般相対性理論について』（金子務訳、白揚社）だ。その後、ほかにも相対性理論の本を書く人が現れた。なかでもとくに面白い本のひとつは、宇宙論者のジョージ・ガモフによる『不思議の国のトムキンス』（伏見康治訳、白揚社）［原著刊行一九四〇年］だ。今でも版を重ねており、それには十分な理由がある。私は若き十代のころ、ハンガリーの物理学者エヴァ・フェニェーが書いた『空間と時間のガイドツアー』［原著刊行一九五九年］というまた別の本をむさぼり読んだ。また、あなたが本気でこのテーマに没頭したければ、キップ・ソーンが一九九四年に世に出した大著『ブラックホールと時空の歪み：アインシュタインのとんでもない遺産』（林一・塚原周信訳、白揚社）を読むべきだ。これは六〇〇ページを超えるが、一般読者向けに書かれている。

四次元を視覚化するのに一般に使われる手口は、ずいぶん単純で、次元をひとつ無視するというものだ。もちろん、時間次元を無視する気はない。だが、空間次元はひとつ捨ててもかまわない。すると、ふたつの空間次元とひとつの時間次元が残る。その結果、時空はわれわれになじみ深い三次元になるのだ。

二次元の空間では、物は前後と左右にしか動けず、上下の動きはない。そこで、二次元の水平面で生じる動きにだけ注目しよう。

この面を直線状に移動するふたつのものを思い浮かべてもらいたい。ひとつは恒星の光で、秒速三〇万キロメートルで進む。もうひとつは惑星で、同じ方向に進むが、速度は一万分の一しかなく、秒速わずか三〇キロメートルだ。どちらも、外部からの影響がなければ、速度は大きく違っても、同じ直線の経路をたどる。

さてここで、同じ平面上で、直線の経路から一億五〇〇〇万キロメートルほど離れた場所に太陽を置いてみよう。太陽の質量が時空に湾曲を生み出すことはわかっている。その結果、光線の経路も惑星の経路も曲がる。しかし一方で、奇妙なことが起きている。光線の経路は、ほんのわずかな量しか曲がらない――第3章で、太陽による光の湾曲効果を再び取り上げよう。ところが惑星（これを地球としよう）の経路は、はるかに大きく曲がる――その末に円軌道になる。いったいどうなっているのか？どちらも同じ湾曲の影響を受けるとしたら、同じだけ曲がった経路をたどるはずだと思わないだろうか？

いや、そう思ってはならない。なぜなのか。ここで語っているのは、空間上の経路ではなく、「時空上の経路だからだ。本当に起きていることを知りたければ、先ほどの二次元の空間に時間次元を加え、三次元の時空で運動を考える必要がある。この時空で、時間は第三の空間次元（上下）に相当する。つまり、新たな三次元座標系ができたわけだ。（水平面上の）x軸とy軸には、三〇万キロメートル（光が一秒間に進む距離）ごとに目盛がある。垂直方向［訳注：以下、垂直というのは水平面（空間次元）に対しての意味］のz軸にも、同じように一秒間隔の目盛がついている。

では再び光線に注目しよう。時刻〇で、光線は空間上のある点に存在している。一秒後、光線は空間を三〇万キロメートル進んでいる――水平面上でひと目盛にあたる。だが、三次元の時空では、光線は上へもひと目盛進む。なにしろ一秒経ったわけだから。そのため時空上で、光線は四五度の角度で傾いた経路に沿って進む。

さて、今度は地球に目を向けよう。一秒間に地球は三〇キロメートルしか進まない。われわれの惑星が空間を三〇万キロメートル進むのには、一万秒かかる（三時間とほぼ四七分だ）。そのため、三次元の時空における地球の経路（「世界線」）は、光線の経路に比べてずっと傾きが小さい。角度にしてわずか二〇秒ほどだ（一秒は一度の三六〇〇分の一）。なにげなく見た人にとって、光線は明らかに斜めに進んでいるが、惑星はほとんどまっすぐ上に――ほぼ垂直に――進んでいる。

ここまではいい。では、この図に太陽を加えたらどうなるだろう？　話を単純にして、太陽は空間上で動かないものとする。その速度は毎秒〇キロメートルだ。すると、それは三次元の時空で完全に垂直方向へ動く。しかし、太陽の質量は時空に小さな湾曲を生み出す。その結果、光線の世界線も惑星の世界線も、ほんのわずかだが曲がる。どのようになるかは次のとおりだ。

光線の斜めの世界線はわずかに曲がるが、速度が大きいので長い距離は曲がらない。すぐに光線は、太陽の質量で曲がった時空の領域を出てしまう。すると、前と同じように垂直方向から四五度傾いた、

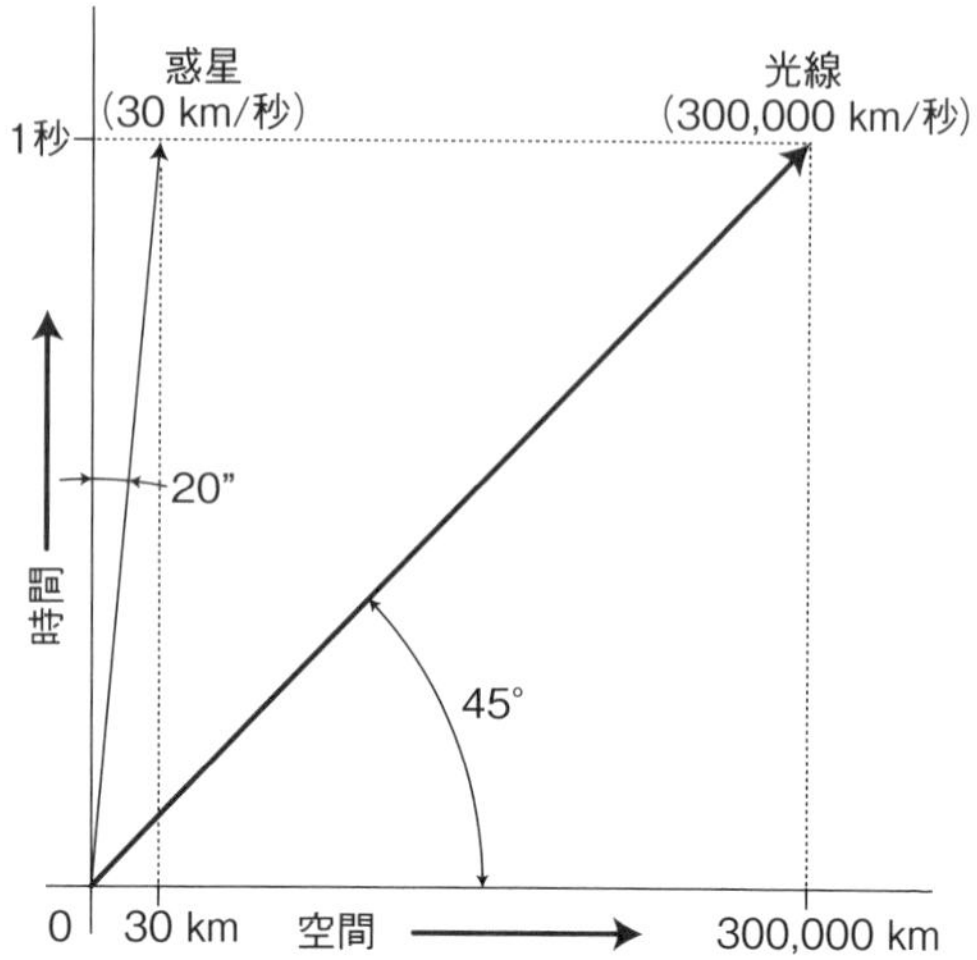

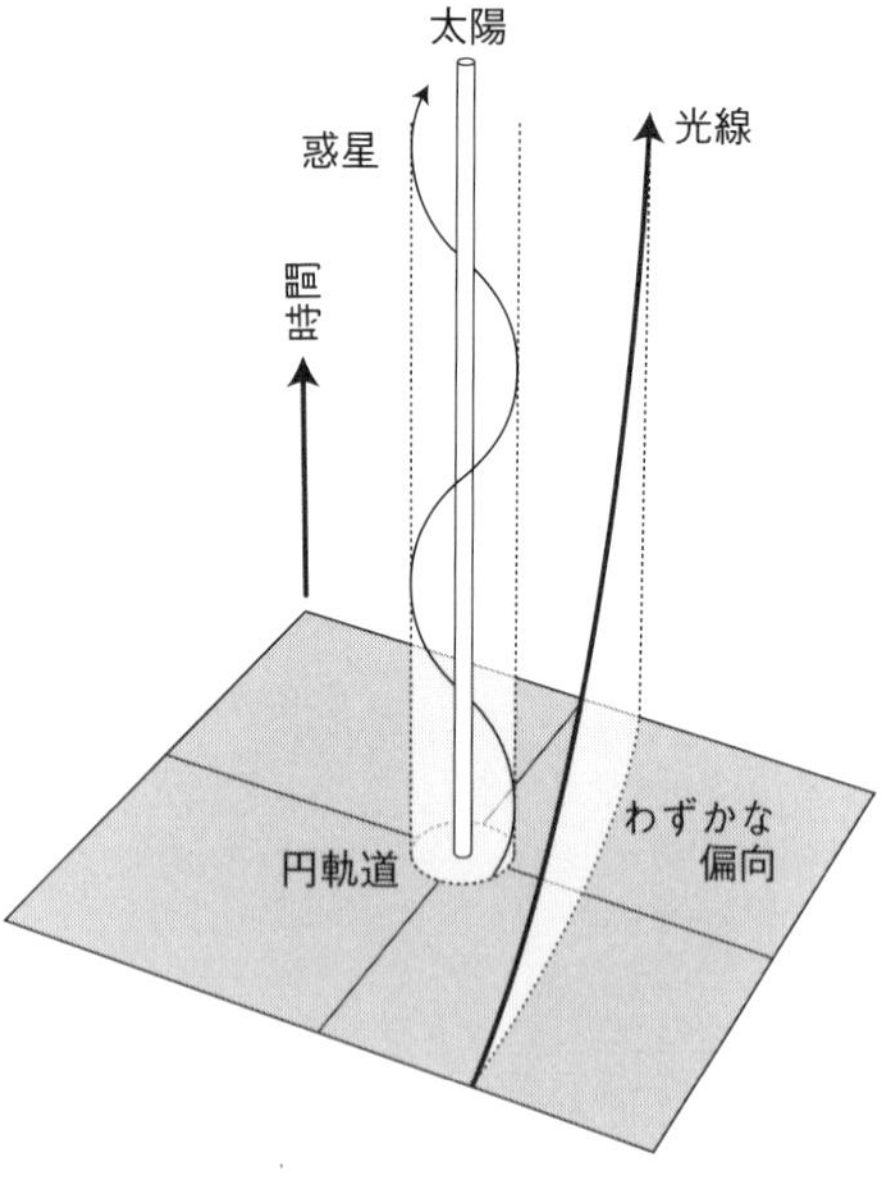

時空では、秒速 30 万キロメートルで進む光線の「世界線」は 45 度傾いているが、秒速わずか 30 キロメートルで進む惑星の世界線はほぼ垂直になる（**上図だが、角度は正確でない**）。どちらの世界線も太陽がもたらす時空の湾曲によってわずかに曲がるが（**下図**）、空間座標（**水平面**）に投影すると、惑星は光線よりはるかに大きく向きを変える。

直線的な時空の経路を進む。ただし、傾く方角は今度はわずかに違っている。空間を示す二次元の面に投影すると、光線の経路はわずかに進路を変えたことがわかる。

一方、地球は曲がった時空の領域にとどまる。つねに二〇秒の角度だけ傾いた、ほぼ垂直な経路をたどって時空を進みつづける。だがこの小さな傾きの方角は、太陽の質量によって生じる湾曲のために、つねにゆっくりと変わる。ほぼ八〇〇万秒（三か月ほど）経つと、傾きの方角はまるまる九〇度変わっている。空間を示す二次元の面にこれを投影すると、地球が太陽のまわりを四分の一だけ公転したことがわかる。

しかしそれも決して大きな湾曲ではない！　八〇〇万秒で、地球は時空を「上に」八〇〇万目盛進む。そのあいだに、空間を二億三六〇〇万キロメートルばかり進んでいる。この距離は、水平面での（八〇〇万ではなく）八〇〇目盛よりも少ない［訳注：先述のように、空間でのひと目盛は、光が一秒間に進む距離三〇万キロメートル］。時空における地球の経路の湾曲は、目で見てもほとんどわからないだろう。まだ、ほぼ完璧に垂直な線なのだ。

一年経つと、地球は太陽のまわりをまる一周公転している。空間上の距離では、九億四〇〇〇万キロメートルを少し超えたぐらいだ。だがそのために三一五〇万秒かかっている。時空における地球のらせん状の世界線は、直線とほぼ見分けがつかない。太陽が極端に大質量ではなく、結果的に時空の湾曲が小さいためだ。それでも、時間次元を無視して空間を示す二次元の面でのみ見れば、地球の経路は大きく曲がり、最終的におなじみの円軌道となっている。そのあいだに、猛スピードで進む光線は、一番近い恒星までの距離のほぼ四分の一まで達している。

こうしたことは、初めて聞く人にはかなり理解しづらいし、私は「四」次元の時空を視覚化するように求めてさえいなかった（わからなかったら、あなたは明日の朝や来週に、いつでもここまでのページを読みなおせる）。ともあれ、あなたはもう、時空や一般相対性理論の特性を理解したいときに、われわれの日常的な直感ではうまくいかないわけを知っている。

またそれは、良い教訓でもある。ブラックホールの衝突や、時空の極端に大きな湾曲や、重力波を扱う場合に、直感は信頼できない。むしろ、アインシュタインの一般相対性理論にもとづくスーパーコンピュータの計算に頼る必要がある。アインシュタインを信頼するなら、その計算結果を受け入れなければならないのだ。

＊　＊　＊

ひとつにはこれが理由で、キップ・ソーンは『インターステラー』の製作プロジェクトにとても満足していた。ダブル・ネガティブのような視覚効果制作会社には、カルテクの理論物理学者よりはるかに高性能のコンピュータが自由に使える。その結果仕上がった映画の場面は、ソーンのような科学者に、新しい貴重な知見を与えてくれる。『「インターステラー」の科学』に彼はこう書いている。「私にとって、こうしたカットは実験データのようなものだ。そんなシミュレーションがないと自分ではわからなかったことを、明らかにしてくれるのだから」

ところで、科学者は新たな知見を手に入れたらどうするか？　もちろん論文を公表する。そしてまさにそれをソーンはおこなった。なんと二本も。一本は『インターステラー』のワームホールについて、もう一本は同じ映画の巨大なブラックホール「ガルガンチュア」についてだ。どちらもインターネットで検索できる。最初の論文は「『インターステラー』のワームホールを視覚化する」というタイトルで、権威ある『アメリカン・ジャーナル・オブ・フィジックス』に掲載された。もうひとつの論文「宇宙物理学および映画『インターステラー』における、回転するブラックホールによる重力レンズ効果」は、別の学術誌『クラシカル・アンド・クウォンタム・グラビティ』に載っている。どちらの論文も、共著者にオリヴァー・ジェイムズとユージェニー・フォン・タンツェルマンとポール・フランクリンが名を連ねている。ジェイムズはダブル・ネガティブのチーフ・サイエンティストで、フォン・タンツェルマンは同社のCG（コンピュータ・グラフィックス）担当責任者で、フランクリンは同社の共同創立者のひとりにして、視覚効果担当責任者でもある。理論物理学者がインターネット・ムービー・データベース（IMDb）にエグゼクティブ・プロデューサーとして載るのもすてきだが、特殊効果の専門家がarXiv.org――世界最大の物理科学論文の電子保管庫――に名を残すのも同じぐらいすてきなことだ。

＊＊＊

ただひとつ、ソーンは小さな落胆に耐えなければならなかった。当初、彼は『インターステラー』に重力波が登場することを期待していた。なにしろ彼はＬＩＧＯプロジェクトの共同創立者のひとりであり、もしかしたら、このとらえにくい時空のさざなみが、映画の公開された年に初めて直接検出されるかもしれなかったのだ。あいにくクリストファー・ノーランは、重力波を加えると物語の筋立てがずいぶん複雑になりすぎるだろうと考えた。ともあれ、重力波――ＧＷ１５０９１４――の最初の検出は、映画の正式公開日から三二三日経ってからのことだった。

ひょっとしたら、キップ・ソーンは続編に取りかかっているのかもしれない。

第2章　相対的に論じると

ライデンは詩的な街だ。

ニューウェ・レイン通り三六番地の家の壁に、E・E・カミングズの詩がある。大きな字で書かれた詩は、全部で高さ七メートルほどもある。冒頭はこうだ。

時間は星をはがしながら立ち上り
と夜明けだ
詩をまき散らしながら　空の通りのなかを光が歩いてくる

〔『カミングズ詩集』（藤富保男訳編、思潮社）より引用〕

何が言いたいのかは明確でないが、響きがすばらしい。

カミングズの詩だけではない。その詩は、続き番号で二三番だ。オランダの首都アムステルダムから四〇キロメートルあまり南に位置するライデンの歴史的な中心街には、ほかにも壁の詩が一〇〇ぐらい存在する。

なかでもひとつの詩が目立つ。ブールハーフェ博物館——オランダ国立科学・医学史博物館——の東側の壁に書かれている。しかし、それは声を出して読み上げにくく、多くの人にはなじみの薄い言語で書かれ、しかもたった一行しかない（左上のとおり）。

これは詩に見えないかもしれない。アルベルト・アインシュタインによる、一般相対性理論の場の方程式だ。この方程式が、等号で隔てられたふたつの部分からなることはわかるだろう。左辺が右辺と等しいという意味だ。左辺は時空の湾曲を表している。右辺は質量（とエネルギー）の分布を表す。質量の分布が変わると、時空の湾曲が変わる。時空の湾曲が変わると、物体が動きだす——第1章で見たように。

$$R_{\mu\nu} - \frac{1}{2} R\, g_{\mu\nu} + \Lambda\, g_{\mu\nu} = \frac{8\pi G}{c^4} T_{\mu\nu}$$

アインシュタインの場の方程式は、数学の言語で書かれている。だが、人の言葉に最高にうまく翻訳したのは、アメリカの明敏な物理学者ジョン・アーチボルド・ホイーラーで、その翻訳はこうだ（ちなみに彼は、キップ・ソーンの師でもあった）。「物体は時空に曲がり方を教え、時空は物体に動き方を教える」やはり詩なのである。

ブールハーフェ博物館の壁に書かれた方程式は、アインシュタインの理論の発表から一〇〇年を記念して記され、二〇一五年十一月の式典で、オランダ人物理学者のロベルト・ダイクグラーフによって披露された。ダイクグラーフは現在、アインシュタインが人生最後の二一年間働いたプリンストン高等研究所の所長を務めている。いかにもそれにふさわしい。

ブールハーフェ博物館から一五分歩くと、ラーム通り二番地にブールハーフェの保管庫がある。博物館の修復班の責任者ポール・スティーンホルストは、ある物を私に見せてくれた。階段をひとつ上がって、N1・01という部屋に私を案内する。そこは温度や湿度が完全にコントロールされ、ずらりと並ぶ松材のキャビネットに、物理学のコレクションが収められている。ポールはJ410の引き出しを開けると、アイテムV341 80を取り出す。小さくて濃紺色をした厚紙の箱だ。「ウォーターマンの極上の万年筆」と蓋に記されている。

ほどなく、私はアルベルト・アインシュタインの万年筆を手にしていた。一九一五年に発表された一般相対性理論の論文の元原稿も含め、一九一二年から一九二一年までなんでも書くのに使われた万年筆だ。時空の湾曲、場の方程式、重力波――どれもこの優美なFüllfeder〔訳注：ドイツ語で万年筆のこと〕(とアインシュタインは呼んでいたはずだ)から舞い出てきたのだ。

「六次の隔たり」という言葉をご存じだろうか? これは、だれでも知人のつながりをせいぜい六回たどれば地球上のどの人ともつながるという考えだ。万年筆は人ではないが、ある意味で、私はたった二回でこれまでで最も偉大な物理学者とつながっている。

ところで私はこの評価をでっちあげているわけではない。アインシュタインは実際に歴史上最も偉大な物理学者と考えられている。少なくともそれは、著名な科学者一〇〇名を対象として、一九九九年に『フィジックス・ワールド』誌がおこなった調査の結果だった。同じ年に『タイム』誌は、アインシュタインを「今世紀の人」に選んだ。物理学者に限ったものでなく、「人」なのだ。

1947年、ニュージャージー州プリンストンでのアルベルト・アインシュタイン。

＊＊＊

だれもがアルベルト・アインシュタインを知っている。立派な口ひげに、ぼさぼさの髪、だぶだぶのセーター、サンダル——彼はそんな格好で象徴的な科学者となった。絵葉書やマグカップやTシャツに顔が残っている物理学者など多くはない。確かに、UPI〔訳注：アメリカの代表的な通信社〕のカメラマン、アーサー・サスに、七二歳の誕生日に舌を出して見せたのがひと役買っている。だが実際には才能こそが、彼を科学のスターの座に押し上げたのだ。

一般相対性理論を書き記したころのアインシュタインよりも、自分のほうが宇宙についてはるかによくわかっていると知ったら、あなたはびっくりするかもしれない。そのころは、だれも月の裏側を見ていなかった。冥王星はまだ発見されていなかった。天文学者には太陽のエネルギー源がわかっていなかった。渦巻星雲の正体——われわれの天の川銀河のような銀河であること——は、はっきりしていなかった。ほとんどの科学者は、宇宙が果てしなく前から存在していると考えていた。パルサーやクエーサーや系外惑星の発見はまだ数十年先だった。反物質、ニュートリノ、クォーク——一九一五年、これらの言葉はアインシュタインにはちんぷんかんぷんだっただろう。銀河団やガンマ線バースターやダークマターもそうだったはずだ。

一九一五年の科学者が確実に知っていたのは、重力が途方もなく弱い力でありながら、宇宙を支配しているということだった。たとえば電磁力は重力よりはるかに強い。しかし、電磁力には正と負がありうる。引力と斥力だ。宇宙全体では、この正反対の力が打ち消し合う。ところが重力は必ず引力だ（反重力はまだSFの域を出ていない）。そのため、恒星や惑星の運動は——もちろん、人が転んだりリンゴが落ちたりする動きも――このひとつのか弱い力に支配されている。

　重力は非常に弱い力だと私が言ったのを疑う人のために、私の言葉が正しいことを証明する簡単な実験を紹介しよう。紙を細かくちぎって机に落とそう。ひらひら落ちるのは、地球の重力のためだ。あなたが天井へふわふわ浮かび上がらないようにしているのと同じ力である。ここで小さなプラスチックの櫛《くし》を用意し、自分の髪を梳《す》くか、ウールのセーターでこする。それから机の紙切れの数センチメートル上に櫛をかざす。さあ、何が起きるか？　紙切れはたちまち櫛の静電気によって引きつけられる。ほらどうだ、静電気を帯びた櫛の電磁力は、丸ごと一個の地球の重力よりもはるかに強い！　だから重力は自然界で真に弱い力なのである。

　古代ギリシャ人は、電磁力をよく知らなかった（さらに言えば、強い核力と弱い核力のことはまったく知らなかった）。また重力のこともあまり知らなかった。アリストテレスは、すべての物体に、宇宙の中心へ向かう自然な傾向があると考えていた。さらに、宇宙の中心を地球が占めているとも考えていた。だから物は下へ落ちる。実に単純だ。そのうえ彼は、重い物が軽い物より速く落ちると信じていた。ひょっとしたら、羊皮紙と壺で実験したのかもしれない。

　あいにくアリストテレスは、アポロ一五号のデイヴィッド・スコット船長が月面で羽毛とハンマーを落とした映像を見ていなかった（映像はユーチューブですぐに見つけられる）。月には大気がないので、空気抵抗がない。そして空気抵抗がないと、羽毛はハンマーとまったく同じペースで落ちる。奇妙な光景だ（また、月の重力はわれわれがふだん感じている重力の六分の一しかないので、羽毛もハンマーも、地球上でハンマーが落ちるときの六分の一の速度で落下する）。

　言い伝えによれば、ガリレオ・ガリレイが、このような実験を一五八九年にイタリアのピサの斜塔で初めておこなった。実験はかなり単純なものだ。重さの異なるふたつの球を用意する。たとえば、ひとつは鉛製、もうひとつは木製だ。どちらも、空気抵抗の影響をあまり受けないように、十分な大きさと重さがなければならない。塔へのぼり、ふたつの球をまったく同時に落とす。どちらが先に地面に着くだろう? 同時に地面に当たっていれば、アリストテレスの誤りを証明したことになる。

だが、ガリレオが本当にその実験をしたという信頼できる記述はない。確かにそう記しているが、思考実験として記した可能性が高い。それに、本当に斜塔から球を落としたのだとしても、彼が最初でないことは間違いない。一五八五年、フランドルの物理学者で数学者でもあったシモン・ステヴィンが、友人のヤン・コルネッツ・デ・フロート(のちにオランダの都市デルフトの市長になる人物)とともに、デルフトの新教会の塔でその実験をおこなったのだ。それについては、ステヴィンが一五八六年に上梓した本に詳しく記録されている。私はステヴィンの話がとても好きだ。新教会は父の生地にとても近いからである。

ともあれ、一六世紀の終わりごろには、アリストテレスの誤りが証明された。ようやくだ(第1章で語ったとおり、地球を中心に据えるアリストテレスの考えは、数十年前にコペルニクスによってすでに否定されていた)。しかし、ステヴィンもガリレオも、重力の本質については古代ギリシャ人と大差ない考えしかもっていなかった。たとえば、アリストテレスと同じく、宇宙における恒星や惑星の運動が、地球上での鉛の球やリンゴの運動と同じ力に支配されているとは考えていなかった。ニュートンがそれに気づいたのは、さらに数十年あとのことだ(ちなみに、木から落ちたリンゴがニュートンの頭に当たったという話も言い伝えである)。

ニュートンは一六八七年の夏に、重力にかんする自説を出版した。科学論文ではなく、Philosophiae

Naturalis Principia Mathematica（『自然哲学の数学的原理』）というラテン語の三巻組の総合的な書物としてだ。最初の英語版の出版は一七二八年で、著者の死後一年以上経ってからだった。『プリンキピア』〔訳注：ラテン語の原タイトルの一部をとった通称〕出版から二世紀も経たずして、一八七九年三月十四日にウルム（現在のドイツにある）で、パウリーネ・アインシュタイン＝コッホが最初の子アルベルトを産んだ。アルベルト・アインシュタインはニュートンの誤りを証明することになる。

ガリレオ・ガリレイについての言い伝えはすでに話した。アイザック・ニュートンについてのそれも語った。アルベルト・アインシュタインについての言い伝えは、本書を埋めつくしてしまうほどたくさんある。すばらしいことに、彼の人生にかんする実話は、少なくとも言い伝えに劣らず刺激的だ。伝説の人だけのことはある、とあなたは言うだろうか。

アルベルトがまだ一歳のとき、ユダヤ人の両親はウルムからミュンヘンへ転居した。父ヘルマンは弟と、電気機器を製造する小さな工場を営んでいた。母は家を守り、家族の世話をしていた。一八八一年の十一月には、アルベルトの妹マヤが生まれた。ときどき伯母（母の姉）のファニーが、娘のヘルミネ、エルザ、パウラを連れてやってきた。幼いアルベルトは、女たちに囲まれて育った。妹が大好きだったし、いとこのエルザとよく遊びたがった。

アルベルトは特別な子どもだったのか？　そうでもなかった。まあ、おとなしくて内向的だった。幼少期にバイオリンを習っていて、上手でもあった。そして、ほかの子どもがあまり興味をもたないものに夢中になった。たとえば、五歳のときに父親からもらった方位磁石だ。方位磁石のケースをどう回しても、針は同じ方向を指す。まるで、針が空間自体にある何かの影響を受けているように見える。びっくりじゃないか！　しかし父親のヘルマンには、息子が史上最高の科学者になるとは想像だにできなかった。
アルベルトの父にはほかに心配事があった。一八九四年に自分の会社が倒産したのだ。一家はミラノへ移った――イタリアでは運がヘルマンに味方をするかもしれないと。当時一五歳のアルベルトは、ミュンヘンのルイトポルト・ギムナジウムにかよっていたので、そこにとどまった。そのころには、彼は物理学に強く興味を募らせていた。目指すは、チューリヒの名高いスイス連邦工科大学で学ぶことだった。

アルベルトは女の子にも大いに興味をもった（前にも言ったとおり、彼はそんなに特別ではなかった。十代の男の子はたいてい、女の子に大いに興味をもつものだ）。女の子もアルベルトに大いに興味をもった。アルベルトは縮れた黒髪ときれいな黒い瞳をもつハンサムボーイで、マリー・ヴィンテラーはそんな彼に魅せられた女の子のひとりだった。マリーの母は鳥類学者ヨースト・ヴィンテラーで、スイスのアーラウにあったアールガウ州立学校の教師をしていた。アルベルトはアーラウで二年学ぶあいだ、ヴィンテラーの家に滞在していた。すぐに彼とマリーは恋に落ちた。

一八九六年九月、アルベルトは学校の試験にすばらしい成績で通った。少なくとも、物理科学は。「歴史のことはよく知らない……フランス語もとったけどよく知らない」――サム・クックが一九六〇年にリリースしたヒット曲『ワンダフル・ワールド』の歌詞の一部は、アインシュタインが書いていてもおかしくなかった。だが物理学と代数学と幾何学では、彼は満点をとった。そして一七歳にして、連邦工科大学に入ったのである。

＊＊＊

一七歳の少年に、自分が物理学の難問をいくつも解決する人物になると想像できただろうか？　それはどうかと私は思う。だが、アルベルト・アインシュタインがそうした問題に気づいていたのは間違いない。あるものは何十年も謎のままで、それはニュートンの重力理論にとって不都合な知らせとなる可能性を秘めていた。

ニュートンの理論のすばらしいところは、それによって天文学者が太陽系の惑星の運動をついに理解できたことにある。ニュートンの方程式を使えば、たとえばある惑星が今から二〇年後にどこにあるかを比較的簡単に予測することができた。あるいは、半世紀前にどこにあったかを示すことも——基本的に同じような計算なのである。

「比較的簡単」というのは、太陽系がそもそも複雑な状況だからだ。ひとつの太陽とひとつの惑星だけなら、ニュートンの方程式を適用するのは朝飯前だろう。実際には、ひとつの惑星の運動に、太陽系内のほかの惑星の重力もやや影響を及ぼす。たとえば土星の軌道を予測するには、木星の重力も考慮しなくてはならない。あるときは木星の重力によって土星はわずかに減速し、またあるときはわずかに加速する。こうした外乱をすべて計算に入れるのは、朝飯前ではない。晩飯まで食べられなくなるほどの大仕事だ。

ニュートン理論にとってきわめて重要な試金石は、一七八一年に現れた。その年、イギリスの天文学者ウィリアム・ハーシェルが、土星軌道の外側に新惑星を発見した。天王星である。すぐに天文学者たちは、ニュートンの方程式をもとに新惑星のその後の軌道を予測した。当然ながら、ほかの主要惑星の重力も考慮に入れた。ところが、ほどなく天王星が予測された軌道から少しずつ逸れていることがわかった。ニュートンの万有引力の理論は、結局のところ間違っていたのだろうか？　それとも、天王星をあちこちへ引っぱるもうひとつの惑星があるのだろうか？

一八四〇年代、数学者たちはニュートンの方程式を反転させた。通常は、惑星の場所がすべてわかっているとして、それによって各惑星の軌道が正確に計算できる。だが、この計算を逆向きにできるとしたらどうだろう？　その場合、天王星の逸れた軌道から始めて、逸脱の原因となる未知の惑星が見つかりそうな場所を割り出すことになる。フランスのユルバン・ルヴェリエが、この挑戦を受けて立った。

今では、この謎を解くコンピュータ・ソフトを簡単に作成できるだろう。天文学の学生なら、だれでも一日かそこらでできるはずだ。しかしこのころは、書き物机に鉛筆と紙、対数表の時代だった。ルヴェリエは、何か月もかけて信頼できる答えにたどり着いた。

彼の努力は実を結んだ。一八四六年九月、ルヴェリエの予測した位置のそばに新惑星が見つかった。彼は、ベルリン天文台のヨハン・ガレにみずからの予測を記した手紙を送っていたのだ。ものの数時間と経たずに、ガレと助手のハインリッヒ・ダレストは海王星と呼ばれることになるものを発見した。

これであなたにも、海王星がときに「机上の惑星」と呼ばれるわけがわかるだろう。計算をもとにして見つかったのだ。その計算では、ニュートンの方程式が利用された。そのため、太陽系八番目の惑星である海王星の発見は、ニュートンの万有引力理論の勝利と見なされた。

これは実は、科学の通常のプロセスである。まず観察する。ここでは、リンゴの落下や惑星の運動が対象だ。どこかの天才が、観察結果をきれいに説明する理論を考えつく。ここでは、アイザック・ニュートンと彼の万有引力理論だ。その理論による予測が次々と確かめられると、科学者はどんどん理論の妥当性に自信がもてるようになる。こうして海王星がニュートンの妥当性を確かめたのである。

　海王星の発見から一〇年ほどして、ルヴェリエは九番目の惑星を探しはじめた。ただし、天王星の軌道より外側ではなく、太陽系で最も内側の惑星である水星の軌道より内側である。なぜか。天王星と同じく、水星も変わった振る舞いを見せたからだ。

　水星が太陽を回る軌道は、完全な円ではない。明らかに偏心していて、軌道を周回するあいだに、太陽までの距離が変わる。おまけに軌道自体が少しずつ回転する――水星の太陽に最も近づく地点（近日点）が、時間とともにずれていくのだ。一九世紀半ば、このいわゆる近日点移動はかなり正確に測られていた。角度にして、一世紀あたりおよそ六分の一度で、ニュートンの理論から予測されるよりも大きいことがわかったのである。ルヴェリエの計算によれば、水星の近日点移動の九二・五パーセントは、ほかの惑星の重力による外乱に帰すことができたが、七・五パーセント（一世紀あたり四三秒）は説明がつかなかった。海王星の発見が何か役に立つわけでもなかった。海王星は遠すぎるし、動きもゆっくりすぎて、水星の軌道にそれとわかる影響を及ぼしはしないのだ。

　そこでルヴェリエは、水星の軌道の内側にまだ見つかっていない別の惑星があるにちがいないと提唱した。そんな近くの惑星が発見を免れていたことなどありえただろうか？　確かにありえた。太陽にとても近い惑星は、太陽とほぼ同時に空へ昇って沈む。そのため、昼間にしか空になくて、見えないのだ。それが見えるかもしれない珍しいタイミングが、ふたつだけある。ひとつは皆既日食で、明るい光を放つ太陽面が月に覆い隠されるときだ。もうひとつは太陽面通過で、その惑星が地球から見てたまたま太陽面のこちら側を横切るときである。

　ルヴェリエは、天王星の変わった振る舞いをもとに、海王星の存在を見事に予測していたので、水星軌道の近日点移動も、それまで知られていなかった「水星の内側の」惑星によって説明できると確信していた。そして、太陽のそばにくっついていると自身で想定した惑星の名前までこしらえた。ローマ神話の火の神にちなんでヴァルカンと。

だが困ったことに、ヴァルカンは見つからなかった。日食のあいだも、予想された太陽面通過のあいだも（今ではヴァルカンは存在しないことがはっきりわかっている）。そのためアルベルト・アインシュタインは、一九世紀の終わりにチューリヒで物理学や数学を学びはじめたころ、ニュートンの万有引力の理論が苦境に陥っていることに気づいていた。その理論では、水星の軌道のゆっくりした近日点移動は説明しきれなかったのだ。いったい何が間違っていたというのか？

若きアルベルトは、もうひとつの厄介な問題にも気づいていた。それは光の速度と関係していた。光は途方もなく速く進む。事実、速すぎて科学者はその速度を測るのに苦労した。わかりやすく言えば、ニューヨークでレーザーポインターのスイッチを入れたら、その光はたった〇・〇一三秒でロサンジェルスに届く（地球の湾曲が障害にならなければ）。一七世紀の後半になってようやく、デンマークの天文学者オーレ・レーマーが光の速度をかなりいいところまで推定した。今では毎秒およそ三〇万キロメートルとわかっている（厳密には、真空の空間で秒速二九万九七九二・四五八キロメートル。とても幸運なことに、メートル法の単位を選べば光速がうまいことキリのいい数になる。ほかの単位では、光速の値は覚えにくい。たとえば、時速六億七〇六一万六六二九マイルや――年輩のイギリスの読者ならおわかりだろうが――二週間（fortnight）で一・八〇三兆ファーロング（furlong）などでは）。

レーマーの実験からわずか一五年後の一六九〇年、オランダの物理学者クリスティアーン・ホイヘンスが有名な著書『光についての論考』〔邦訳は『科学の名著　ホイヘンス』（原亨吉編、朝日出版社）に安藤正人ほか訳で所収）を刊行した。ホイヘンスはその時代屈指の科学者だった。土星の環の真の姿を明らかにし、土星最大の衛星タイタンを発見し、また火星の表面に暗い斑紋を見つけた最初の人でもある。彼は、力学と光学を大いに進歩させ、振り子時計も発明した。

『光についての論考』（もとはフランス語で刊行された）でホイヘンスは、光は波の現象だと主張した。光を池の水面に広がる波と考えよう。水や音の波と同じく（あとでわかるが重力波とも同じく）、光の波もいくつかの性質で特定することができる。だから、最初にどんな種類の波にも見られる一般的な性質を知っておくのは得策だ。

まず、波には「振幅」がある。水の波の場合、振幅は、山と谷の高低差のちょうど半分になる。音波や光波の場合、振幅はエネルギーの尺度だ。音では音量、光では光度である。重力波の場合、振幅は波の強さとなる。強い波ほど、時空の湾曲に及ぼす影響は大きい。

次に、波には「速度」もある。池のさざなみは毎秒一メートルぐらいで広がる。空気中の音波は毎秒およそ三三〇メートルで伝わる。光波は――また重力波も――光速で進む。毎秒約三〇万キロメートルだ。

最後に、波には「周波数（振動数）」もある。これは単純に、静止した点で見た場合に毎秒通り過ぎる波の山の数だ。おもちゃのアヒルを池に浮かべると、水面の波の周波数は、アヒルが上下する速さになる。波の山同士が近いと――つまり「波長」が短いと――周波数は高くなり、アヒルはすばやく上下する。波長が長いと、波は引き伸ばされて周波数が低くなり、上下運動はゆっくりになる。

周囲の世界を見れば、波の伝播には伝わる媒質が必要なことは明らかなようだ。池のさざなみは水のなかを伝わり、音波は空気のなかを伝わる。ならば、科学者がエーテル――空っぽの空間のすべてを満たしているとする謎めいた物質——の概念を思いついたのもほとんど不思議はない。エーテルこそ、光波の伝わる媒質というわけだった。

だが、一九世紀終わりの物理学者を悩ませたことに、エーテルが存在する証拠は見つからなかった。そんな物質があるとしたら、われわれの惑星は、太陽のまわりを回るあいだにいろいろな向きでそのなかを通ることになる。すると地球はエーテルに対して速度をもつだろう。そしてそれは、光速の測定で明らかになるはずだ。

なぜなのかを示そう。遠くの恒星から秒速三〇万キロメートルでエーテルのなかを伝わる光を考えよう。太陽のまわりを回る地球の軌道速度は、ほぼ秒速三〇キロメートルだ。そのため、地球が「流れに逆らって」恒星のほうへ進むとき、光波は相対速度にして秒速三〇万三〇キロメートルでやってくると考えられる。逆に地球が「流れに乗って」光波と同じ方向へ進むときには、相対速度は二九万九九七〇キロメートルになるはずだ（太陽系もエーテルのなかを進んでいるとするともう少し複雑になるが、これでイメージはつかめるだろう）。

そこへアメリカの物理学者、アルバート・マイケルソンとエドワード・モーリーが登場する。一八八七年の春——アルベルト・アインシュタインが八歳の誕生日を迎えたばかりのころ——に、ふたりはオハイオ州クリーヴランドで精巧な実験を開始した。ここで実験の詳細に立ち入る必要はないが、ふたりが干渉計を使っていたとわかると面白い。二〇一五年九月に重力波を初めて直接検出したのと同種の機器である。

マイケルソンとモーリーの装置は非常に高感度だったため、異なる方向で光速のわずかな違いも測ることができた。ところが何も見つからなかった。どの方向を調べても、光波はつねに秒速三〇万キロメートルという同じ速度で進んでいた。まるで、地球が宇宙を進みながら、想定上のエーテルを一緒に引きずっているかのようだった。当時はだれも、この結果について満足のいく説明ができなかった。

したがってアインシュタインには、そのころ一般に知られていたどの理論でも説明できない観測結果がふたつあることがわかっていた。水星の軌道の近日点移動が過剰なことと、光速の恒常性である。

それを解決するものはひとつあった。アルベルト・アインシュタインの相対性理論だった。

＊＊＊

一八九六年の秋、一七歳のアルベルト・アインシュタインはチューリヒの連邦工科大学で、数学と物理学を専攻する四年間の課程に入った。当初はガールフレンドのマリーと交際を続けていた。やがてミレヴァ・マリッチと出会うと、彼の世界は一変した。セルビア人のミレヴァは、アルベルトの学年で唯一の女子学生だった。マリーと同じくアルベルトよりいくつか年上だったが、マリーと違って物理学のあれこれを知っていた。ふたりは恋に落ちた。

四年後、アルベルトは課程を修了し、中等学校［訳注：ほぼ日本の中学・高校に相当］で数学と物理学を教える免状を贈られた。しかし彼は、教師になるよりも、博士論文の研究に取りかかりたいと思った。できればオランダのライデンで。ライデン大学は、当時の大物理学者のひとり、ヘンドリック・ローレンツの本拠地で、アインシュタインは彼を大いに尊敬していた。ローレンツの成果は、アインシュタインの相対性理論の土台を形成することとなる。

一九〇一年にアインシュタインは、ローレンツのもとに近づきたくて、また別の科学の巨人、ヘイケ・カメルリング・オネスのライデン大学低温物理学研究室に職を求めた。だが、カメルリング・オネスは返事をよこそうともしなかった。アインシュタインだけでなく、オランダの物理学にとっても損失だった。アインシュタインは結局、スイスのベルンにあった連邦特許局の局員となる。友人でクラスメートだったミケーレ・ベッソの父親が、親切にそのポストを手配してくれたのだ。あまり面白い仕事ではなかったが、特許局での静かな日々は、物理学理論に取り組むのに十分すぎるほどの時間を彼に与えてくれた。

そのあいだ、運命はあまりアルベルトに優しくなかった。一九〇一年の春、アインシュタインは、はずみでミレヴァを妊娠させた。翌年一月にふたりの娘リーゼルが生まれたが、その子について詳しいことはわかっていない。アインシュタインの伝記作家たちも、一九八六年までリーゼルの存在さえ知らなかった。彼女は知的障害をもっていたかもしれず、おそらく一九〇三年の秋に猩紅熱《しょうこうねつ》で死んだのだろう。アルベルトの父ヘルマンが亡くなった翌年だ（リーゼルがミレヴァの友人の養子になり、一九九〇年代まで生きていたと考えている人もいるが）。ともあれ、アインシュタインは娘に会うことがなかったようだ。

アルベルトとミレヴァは一九〇三年の一月にベルンで結婚した。長男のハンス・アルベルトは一九〇四年の五月に生まれた。アインシュタインはあまり子育てに関わらず、それどころか家のことはまるでやらなかった。当時、それらは女性の仕事と見なされていたのだ。そのためミレヴァは、物理学の夢をあきらめた。一方でアインシュタインは、水星の軌道と光速の不変性という謎を解き明かすべく、探究に乗り出した。

それは二段階のプロセスだった。一九〇五年には、特殊相対性理論が誕生した。四次元時空の概念を考案したかつての師、ヘルマン・ミンコフスキーの成果をもとに、アインシュタインは空間も時間も相対的な概念であることを示したのだ。二点間の距離は？　それはだれに尋ねるかによる。同じことが、事象のタイミングにも言える。互いに動いているふたりの観測者は、異なる答えを出す。しかもどちらも正しい。さらばニュートン。絶対的な空間や絶対的な時間なんてものは存在しないのである。

特殊相対性理論は単純な理論ではない。そこにひそむ内容を完全に理解しようとしたら、複雑な変換方程式と呼ばれるものを修得しなければならない。それでも、要点は容易に把握できる。光速のかなりの割合にあたる速度で飛んでいる宇宙船は、端《はた》から見ている人には縮んで見える。飛ぶ方向に沿って短くなるのだ。これをローレンツ収縮という。さらに、あなたが十分に速く進んでいると、じっとしている人からはあなたの時計の進みが遅くなるように見える。これが時間の遅れだ。ふだんの生活でこの影響に気づかない理由は、ひとえに光がとても速く進むからである。Ｆ１ドライバーさえ、ローレンツ収縮や時間の遅れの影響をはっきり受けるほど速くは走らない。

特殊相対性理論の基本的な前提のひとつは、光速は観測者の動きや速度によらず、どの観測者にとっても同じというものだ。まさにマイケルソンとモーリーが測定したとおりで、アインシュタインは彼らの結果をそのまま受け止めたのである。すると、アインシュタインの方程式から、光速より速く進めるものはないことになる。光速は、自然界における究極の根本的なスピード・リミット（制限速度）なのだ。

一九〇五年に続けて出した論文で、アインシュタインは有名な方程式$E=mc^2$を導き出した。間違いなく、これは史上最も有名な方程式だ。エネルギー（E）は質量（m）に変換でき、逆もまた可能だということを示している。それは特殊相対性理論から必然的に得られる結論であり、光速（c）とも密接に結びついている。ともあれ、われわれが生きていられるのは、この方程式の正しさゆえなのだ。第５

章で見るとおり、太陽は質量をエネルギーに変換して輝いている――アインシュタインは当時知らなかったことだが。また、われわれも含め、地球上の生命は皆、太陽のエネルギーなしに存在しえない。

一九〇五年に発表されたもうふたつの論文は、ほかのテーマを扱っていた。ひとつは分子の運動で、もうひとつは光子、つまり光の粒子の存在である。後者の論文で、アインシュタインは一九二一年にノーベル物理学賞を受賞した。すべてを考え合わせれば、一九〇五年はアインシュタインの「奇跡の年」と言えた。彼はチューリヒの大学で博士号も取得している。まだ二六歳だった。

アインシュタインによる探究の第二の段階は、一般相対性理論の構築だった。「一般」とは、一様な直線運動という特殊なケースだけでなく、あらゆる状況で使えることを意味していた。一般相対性理論は「加速度」運動を扱う。加速度運動は、なんらかの力(重力や、ロケットエンジンによる噴射など)が速度の変化や方向の変化を引き起こすときに見られる。アインシュタインがこの理論を完成させるのには一〇年を要した。その年月のあいだに彼は、ベルンからチューリヒへ、チューリヒからプラハへ移り、プラハからチューリヒに戻ってから、今度はベルリンへ引っ越していた。またその年月で、次男が生まれ(一九一〇年にエドゥアルト)、アインシュタインは最初のガールフレンドであるマリーに(ミレヴァがエドゥアルトを身ごもっていたときに)悲痛なラブレターを書き、いとこのエルザの魅力に取りつかれた。それどころか、アインシュタインが第一次世界大戦の始まった一九一四年にベルリンへ移ったとき、ミレヴァと息子たちはチューリヒにとどまり、アインシュタイン自身はエルザとふたりの娘(イルゼとマーゴット)と一緒に暮らしさえした。

そのころまでに、アインシュタインは大いに尊敬される物理学者となっていた。一九一一年には、初めてライデンを訪れたおりについにヘンドリック・ローレンツに会った。そして、やはりオランダにあったユトレヒト大学のポストを差し出されたが、それを断ってプラハへ行き、そこで一九一二年にオーストリア生まれの物理学者ポール・エーレンフェストに会って友人となった。このころにアインシュタインは、私がブールハーフェ博物館の保管庫でつかのま手にしたウォーターマンの万年筆を使いだしたのだ。それからベルリンで、フンボルト大学の理論物理学教授となり、新たに設立されたカイザー・ヴィルヘルム理論物理学研究所の所長と（一九一六年に）ドイツ物理学会の会長に就任した。

＊＊＊

一般相対性理論は新たな重力理論だ。奇妙に思えるかもしれないが、そうではない。これは、煎じ詰めればアインシュタインが一九〇七年に最初に提示したいわゆる等価原理となる。この原理によれば、重力と加速度運動に実は違いがないのである。

窓のない部屋にあなたが入ったとしよう。するとあなたは、地球の重力によって部屋の床に押しつけられている。さてここで、あなたの友人は宇宙船に乗って窓のない部屋に入り、宇宙船は空っぽの空間のなかで上に加速されているとする。重力を及ぼす惑星は周囲にないのに、友人も床に押しつけられる。それは、宇宙船の一部として船室全体が上に加速されているからだ。

アインシュタインの等価原理によれば、このふたつの状況のあいだに根本的な違いはない。つまり、あなたと友人の宇宙飛行士では、ありとあらゆる実験で同じ結果が得られるはずなのだ。そのため、加速する宇宙船のなかで時間の進みが遅くなるのなら、重力の強い環境でもそうなるにちがいない。アインシュタインが一九一一年にローレンツに説明したとおり、建物の地下室よりも二階のほうが、時計はほんの少し速く進む。二階のほうが地球の重力場はほんの少し弱いからである。

アインシュタインは、それから数年かけてこの問題にじっくり取り組んだ。やがて彼は、チューリヒ時代にクラスメートだった友人マルセル・グロスマンの助けを借りて、この問題を進展させるのに必要だった複雑な数学を構築した。一九一五年の秋、彼は狂ったように知的活動に打ち込み、ハーバーランド通り五番地にあったエルザの家の屋根裏部屋をほとんど出ることがなかった。机には古風な電話（それに万年筆！）があり、床にはすり切れたカーペットがあり、壁にはアイザック・ニュートンの肖像画がある部屋を。一時期、いとこといちゃつくのを控えすらしたように私には思える。

十一月のうちにアインシュタインは、一般相対性理論の種々の側面にかんする独創的な論文を四本仕上げた。四次元の幾何学、質量とエネルギーと時空の湾曲、現在ライデンのブールハーフェ博物館の壁を飾っているあの有名な場の方程式、そして最後に、水星軌道の過剰な近日点移動にかんする正しい予測といった側面だ。最後の問題は、大質量の太陽の非常に近くで見られる時空の湾曲によって説明することができた。

ミッションはなし遂げられた。

アインシュタインは、論文をプロイセン学士院の木曜会合で、一九一五年の十一月四日、十一日、十八日、二十五日と四週続けて発表した。水星の近日点移動にかんする成果を載せた三本目の論文は、愛する妹マヤの三四歳の誕生日に発表された。二重のお祝いだった。ときおり彼は読み上げるのをやめ、黒板に式を書きなぐった。その部屋にいた年輩の物理学者は皆すぐに彼の成果を理解できたのだろうか？　きっとできなかっただろう。一般相対性理論が物理学に革命を起こすと気づいただろうか？　少なくとも何人かは気づいたかもしれない。年下の仲間の才能に圧倒されただろうか？　ほぼ間違いなくそうだ。

アルベルト・アインシュタインはこのとき三六歳だった。

＊＊＊

アインシュタインが人気の的になるのは、さらに四年後だった。第3章では、そのいきさつを詳しく語ろう。このときまでに、彼はミレヴァと離婚し（一九一九年二月十四日）、六週間と経たずにエルザと結婚していた。一九二〇年にはライデン大学で客員教授の地位を与えられ、長年にわたり年に一か月以上は、一九一二年にローレンツの後釜にすわったエーレンフェストとともに過ごした。アインシュタインはオランダ学士院と英国王立協会の外国人会員にもなった。そしてノーベル物理学賞を受賞し、ニューヨークを訪問し、アジアを遍歴して、チャールズ・チャップリンと友達になった。

アルベルトとエルザは、一九三三年の初めにアメリカへの三度目の訪問から戻る段になって、アドルフ・ヒトラーが首相になったドイツへ戻らないことに決めた。なにしろアインシュタインにはユダヤ人の血が流れていたのである。彼はドイツ帝国の敵と見なされた。彼が書いた本は焼かれ、ベルリン近郊のカプートにあった夏の別荘は接収されて、ヒトラー・ユーゲント［訳注：ナチスドイツの青少年組織］のキャンプとなった。ベルギーに九か月滞在したあと、アルベルトとエルザはイギリスへ移り、そこからまたアメリカへ戻った。一九三三年の秋、アインシュタインは新設されたプリンストン高等研究所にポストを得た。その数週間前に、親友のエーレンフェストがうつ病に悩まされて自殺している。

アルベルト・アインシュタインは一九五五年四月十八日に世を去った。腹部動脈瘤破裂により、プリンストン病院で七六歳の生涯を閉じたのだ。死の直前に送った手紙のひとつは、同年三月に亡くなった友人ミケーレ・ベッソの家族に宛てたものだった。「私たちのような、物理学を信じる人間には、過去と現在と未来の区別はしぶとく続く幻にすぎないとわかっています」と彼は書いている。結局、時間は相対的なものなのである。

アインシュタインの手書きの文字は、ライデンのヴィッテ・ローゼン通り五七番地にあるエーレンフェストの家に今でも見られる。世界じゅうの研究者が、そこを訪れたおりに、二階の客間を出た廊下の壁にサインを頼まれていたのである。壁のサインの数々は、さながら物理学の名士録だ。ニールス・ボーア、ポール・ディラック、ヴォルフガング・パウリ、エルヴィン・シュレーディンガー、アルベルト・アインシュタイン。

エーレンフェストの家からほど近いフルーンホーフェン通り一八番地には、もうひとつ、壁の詩がある。アルゼンチンの作家ホルへ・ルイス・ボルヘスのもので、こう締めくくられている。

Tu materia es el tiempo, el incesante
Tiempo. Eres cada solitario instante.

（おまえは時間でできている。絶え間のない
時間だ。どの孤独な瞬間もおまえなのだ）

第3章　アインシュタインを審理にかける

七億五〇〇〇万ドルは、だれもがもう確信しているものを確かめるために費やすとしたら、大金だろうか？　これは、NASAが重力探査機Bにかけた費用だ。二〇〇五年、この探査機は、測地歳差と慣性系の引きずりというふたつのわずかな相対論的効果を測定することで、アインシュタインの予言の一部が正しいことを証明した。

だが、そのプロジェクトが開始された一九六三年当時、宇宙には新たに見つけるべきものがとてもたくさんあるので、明白に思えるものを確かめるだけのために多額の金を使うのは無駄だと主張する人もいた。

フランシス・エヴェリットはため息をつく。そんな主張をしょっちゅう耳にしてきたのだ。エヴェリットは重力探査機Bの実験に携わる主任研究員だった。スタンフォード大学のオフィスで、彼はプロジェクトの紆余曲折の歴史を語る。同僚数人から受けた妬みについても。科学では、金を手に入れると敵ができる。それは確かだ。

八二歳のエヴェリットは、この金の問題について長期的な視点をもっている。最初の構想から、正式な始動を経て科学的成果の獲得まで、重力探査機Bのプロジェクトはおよそ半世紀を要した。これは宇宙科学プログラムとしても非常に長い。だから、費用の総額をこのすべての期間で均《なら》せば、一年あたり一四〇〇万ドルにしかならない。これは、NASAの二〇一六年予算の〇・〇〇一パーセントにも満たない。そのうえ、アインシュタインの理論の定量的な検証は、ほとんどなされていなかった。つまり、重力探査機Bにはそれだけの値打ちがあったのである。

それでも、そこにはもっともな疑問があるように思える。そもそもなぜアインシュタインの理論をチェックするのか？　彼は史上最も偉大な物理学者だ。彼が相対性理論で成功を収めたのは、だれもが確かだと言うのではないのか？

実は、ノーだ。

少なくとも、科学者はどんなものも確かだとは言わない。ひょっとしたら明日、持論と矛盾する観測結果が新たにもたらされるかもしれないのだ。水星の軌道の観測結果が、ニュートンの万有引力理論による予測と完全には一致しなかったときのように。科学のプロセスを思い出してほしい。観察結果を理論で説明する。理論から予測をする。実験で予測を検証する。予測が確かめられたら、理論への信頼が増す。確かめられなかったら、何かが間違っているにちがいない。もとの理論をアレンジするか、新しい理論を考案する。実験をまたやりなおす。これが科学的手法である。

したがって、予測の検証は科学の基本だ。フランシス・エヴェリットは、重力探査機Bのもとになる考えを着想したスタンフォード大学の物理学者、レナード・シッフのこんな言葉をよく引き合いに出す。

「実験なき理論に何の意味がある？」

＊　＊　＊

重力探査機Ｂと測地歳差と慣性系の引きずりについては、本章の終わりで改めてもっと詳しく語る。まずは、一世紀ほどさかのぼろう。アルベルト・アインシュタインが一般相対性理論を打ち立てたところだった。それは、われわれを囲む世界で観察できることを、すべてうまく説明していた。リンゴの落下も、惑星の公転も、水星の過剰な近日点移動も。すばらしい。だが、一般相対性理論は本当に重力と時空に対する最終的な答えだったのか？　アインシュタインは正しかったのだろうか？

アインシュタインはみずから、自分の新理論を検証する手だてを三つ思いついていた。第一の手だては、そもそも彼が新理論に取り組みだすきっかけとなった観測結果のひとつを、うまく説明できるかどうかの確認だった。その観測結果とは、水星の奇妙な振る舞い――楕円軌道そのものがニュートン理論による予想よりわずかに速く回転していること――である。そして確かに、その理論で水星の近日点移動が完全に説明できた。

一方、残るふたつの検証手段は、一般相対性理論による具体的な予測にもとづいていた。ひとつは星の光の屈曲で、もうひとつは重力赤方偏移だ。要するにアインシュタインは、私を審理にかけよと言っていた。もし私が正しければ、星の光は大質量の物体によって曲げられ、光の波長が強い重力場のなかで変化するはずだ。そんなものが何も見つからなければ、私は間違っているから、みんなでまたやりなおさないといけない、と。

星の光の屈曲から説明しよう。地球から見える太陽をイメージしてほしい。太陽の向こうには星々がある。もちろん、太陽が明るすぎるから、その星々はあなたには見えない。だがそこにある。日々、太陽が空のどの場所にあるのかは正確にわかっている。

ここで、ある星からの光を太陽の縁《へり》すれすれで観測するとしよう。その光は、ときには数十年、あるいは数百年以上も、われわれの望遠鏡に向かってまっすぐ宇宙を進んでくる。だがそれから、太陽のそばを通る。太陽は大質量の物体なので、第1章で言ったとおり、時空に局所的な湾曲を生み出す。その結果、光線の経路が曲がる。光はわずかに異なる方向へ進み、われわれの望遠鏡には到達しない。

しかし、その光が望遠鏡に入らなくても、われわれにその星は見えるのだろうか？　もちろん、見える。その星からは、ほかにも光線が、わずかに違う方向へ出て、やはりまっすぐ進んでいる。本来なら、そうした光は望遠鏡の脇へ抜けてしまうはずだ。ところが太陽のそばを通る瞬間、その経路も時空の湾曲によって曲がり、光が望遠鏡に到達する。

これが、アインシュタインの一般相対性理論による予測である。われわれは、時空の湾曲によって曲がった経路を進んできた星の光を見ることができる。時空の湾曲がなければ、太陽の縁すれすれを通る光は、太陽の縁にある星として見えるだろう。ところが、太陽のそばを通る光は、屈曲してわずかに違う経路をとるため、その星は太陽の縁から実際より少し離れて見える。つまり、その星が「違う」場所に見えるのだ。

ある意味で、太陽はレンズのような働きをする。すぐそばの星々が見えている領域をやや拡大するのだ。太陽からの見かけの位置が離れると、その効果は観測できないほど小さくなる。だが太陽の縁のそばでは、どの星もほんのわずか外へ押し出される。ほら、こうして時空の湾曲が星の光の屈曲を引き起こすのである。

この話には、意外な脇道がある。それを知る人は多くはないが、ニュートンの万有引力理論も星の光の屈曲を予測していた。どうも変な話に思える。なんといっても、光には質量がないのではないか？　質量のないものがどうやって太陽のような大質量の物体に引きつけられて進路を曲げられるというのか？　では、ふたつの物体——地球とリンゴ——が、どちらも太陽から同じ距離を保って公転しているとしよう。地球はリンゴよりはるかに質量が大きい。そのため、リンゴが受ける重力は、地球が受ける重力よりずっと弱い。一方、質量の小さい物体では、同じ加速度を生み出すのに弱い力で済むようになる。じっさい、シモン・ステヴィンとヤン・コルネッツ・デ・フロートは、デルフトにある新教会の塔から質量の異なる球を落として、それを実証した。質量の異なる球で言えることは、地球とリンゴでも言える。どれも同じ程度だけ加速されるのだ。その結果、同じ経路で太陽を周回することになる。

したがって、ニュートンの理論では、重力加速度は質量によらない。リンゴも惑星と同じ程度だけ加速される。電子のようにきわめて質量の小さい素粒子さえ、同じ大きさの重力加速度を受けるのだ。惑星やリンゴや電子の質量は、結果的に式にはいっさい現れない。すると、光のように質量がゼロであっても、ニュートンの理論では重力加速度が予測される（光速が大きいので、結果的な屈曲の大きさは当然とても小さくなる）。

一九一一年にアインシュタインは、太陽による星の光の屈曲について最初の予測をおこなった。だがあいにく、ニュートンと同じ値が得られた。角度にして一秒弱だ。ふたつの理論が同じ値を予測するのなら、どんな実験でもどちらの理論がいいと確証を与えることはできない。ところが、一九一六年にアインシュタインは、自分が数学的なミスを犯していて、一般相対性理論では、実はニュートン理論による値のおよそ二倍の屈曲が予測されることに気づいた。一秒弱ではなく、なんと一・七五秒だった。

日常生活では、一・七五秒の屈曲は、そんなに大きくはない。あなたへ友人が、一二〇メートルの距離から懐中電灯の光を向けたとしよう。あなたはその光の来る方向を厳密に測定する。それから友人が、懐中電灯を一ミリメートルだけ動かす。その方向の変化が、一・七五秒だ。きっとそれを測るのは難題にちがいない。

問題がもうひとつある。この効果は、明るい太陽の縁の近くでしか見られない。白昼に星を見ようとし、ましてやその位置を測定しようとしたことなどあるだろうか？　それは、遠くで舞うホタルを、はるか手前に投光器がある状況で見ようとするのにも似ている。だれかに投光器を消すか、せめてどうにかして覆いをかけるかしてもらいたくなるだろう。

そんな手だてが、星の光の屈曲を測定するという問題でも解決策となった。ときたま太陽は、手前を横切る月によって一時的に覆い隠される。皆既日食のときには、明るい太陽面が月によって完全に遮られて――これを掩蔽《えんぺい》という――背景の星々が見えるようになるのだ。

そこで、このプランで行くことになった。皆既日食の写真を撮れば、太陽のそばの星々が写る。同じ領域を数か月前か数か月後に観測すると、そのときには時空を湾曲させて光を曲げる太陽があいだにない。二枚の写真で星々の位置を比べ、日食中の屈曲の量を測る。

イギリスの天文学者アーサー・スタンリー・エディントンが、そのプランを実現するうえで決定的な役割を果たした。アインシュタインの一般相対性理論発表のニュースは、一九一六年初め、イギリスにはなかなか届かなかった。戦争のさなかだったためだ。しかしライデンの物理学者たちは、その新理論をちゃんと知っており、優れた天文学者で数学者でもあったウィレム・ド・ジッターが、『王立天文学会月報』に理論のことを記した。エディントンはたまたまその学会の書記を務めていたので、アインシュタインの最新の成果について、イギリスの科学者では最初に知った。彼はまた、アインシュタインの有数のファンで特使のひとりにもなった。

それより前、ドイツの観測隊が一九一四年八月二十一日の皆既日食の際に星の光の屈曲を測定しようとしたが、主に戦争のために失敗に終わっていた。だがエディントンは、自分の成功を信じており、フランク・ダイソンの協力も得た。ダイソンは、ロンドンのすぐ東にあるグリニッジ天文台の台長で、イギリスの王室天文学者（一六七五年にジョン・フラムスティードが初代として就いた名誉職）の称号も受けていた。

私には、このふたりの天文学者が、アインシュタインの正しさを証明するエディントンの計画について議論していたところが想像できる（念のため、この会話は全部私のでっちあげだ）。

「最高のチャンスは、一九一九年五月二十九日の皆既日食だろう」ダイソンが切り出す。

「その日食のどこがそんなに特別なんですか？」エディントンは尋ねる。

「うむ、日食としては非常に長いんだよ。ほぼ七分だ。写真を撮る時間がたくさんある。それだけじゃない――日食のあいだ、太陽はおうし座にいる。有名なヒヤデス星団の比較的明るい星に囲まれるんだ。星の位置を測るチャンスがふんだんにある」

「良い話ばかりですか？　但し、といった話は？」

「うーむ、そうだな……」ダイソンは言う。「皆既食帯のほとんどは、アマゾンの熱帯雨林とアフリカのジャングルだ。二か所だけ、行きやすい場所がある。ブラジル北東部のソブラルと、ギニア湾に浮かぶプリンシペ島だ」

「それはいい」エディントンが応じる。「ならば観測隊をふたつ組織しましょう。日食のあいだに片方が曇っても、まだ大丈夫。両方がいい天気で、同じ結果が得られたら、説得力が増します」

もちろん、それは言うほど簡単なことではない。民間の飛行機が飛びはじめる前の時代だったから、人も望遠鏡もカメラもすべて船で運ばなければならず、旅は何週間もかかった。ブラジルではメインの望遠鏡が暑さでだめになり、グリニッジの天文学者、チャールズ・デイヴィッドソンとアンドルー・クロメリンは、はるかにちゃちな道具に頼るしかなかった。一方、プリンシペ島ではエディントンと時計職人のエドウィン・コッティンガムが、雲に悩まされた。持ち帰って使い物になった写真乾板は、皆既食の最後の一分ほどのあいだになんとか露光した何枚かだけだったのである。

あなたは皆既日食を見たことがないかもしれない。たいていの人は見ていない。部分日食なら見ていて、それでも太陽面の一部だけ月に隠されるが、部分日食と皆既日食は実はまるで比較にならない。あなたが実際に皆既日食を見たことがあったら（二〇一七年八月二十一日のアメリカの広い地域で見えたものを見ているかもしれない）、きっと同感だろう。空は鋼色《はがねいろ》になる。昼間に活動する動物たちは静かになる。暗闇が訪れ、惑星や恒星が見えだし、自然からの尊い贈り物のように、太陽の銀白色のコロナが月の黒いシルエットを囲んで広がる。まさに魔法だ。

私は皆既日食を十数回見たことがある（まったくもって中毒性がある。一度見たら、もっと見たくなる）。だから、エディントンとコッティンガムがきっとどう感じたのかがわかる。一九九八年の二月、カリブ海に浮かぶアルーバ島で、その日ほぼずっと、皆既食がほとんど始まる直前まで、空は雲に覆われていた。その場にいた人は皆、落ち着いていられなかった――雲が時間までにどかなかったらどうしよう（幸い、雲はどいてくれた）。一年半後の一九九九年八月の日食では、家族を連れてトルコへ行った。フランスやドイツよりも晴れる確率がずっと高かったのである。それでも、日食前日、地平線上に小さな雲がひとつ現れると、とても不安になったのを覚えている。別に、アインシュタインの正しさを証明しに行ったわけでもないのに。

ともあれ、一九一九年の日食で写真を撮り、星々の位置を測定し、エディントンはその年の十一月六日木曜日に、王立天文学会と王立協会の合同会議で結果を発表した。確かに、ヒヤデスの星々の像はどれも、皆既中の太陽の縁から外側へずれていた。また確かに、屈曲の量はアインシュタインの予測とよく一致していた（のちに、アインシュタインに師事していた大学院生のひとり、イルゼ・シュナイダーが、もし一九一九年の観測で予測が確かめられなかったらどう思ったでしょうかと尋ねた。「だったら神様を不憫に思っただろうね」アインシュタインは堂々と答えた。「ともあれ理論は正しいんだ」）。

翌日、『ロンドン・タイムズ』紙はその結果の記事を載せた。見出しはこうだ。「科学に革命――宇宙の新理論」さらに二日後の十一月九日の日曜日、『ニューヨーク・タイムズ』紙は一面に記事を載せ、その上には、私がこれまでに見たなかでもとりわけ記憶に残る見出しが四つ並んでいた。

天空で光はすべて歪む
日食観測の結果に科学者ら熱狂
アインシュタインの理論の勝利
星々は見える場所や計算された位置にはないが、だれも案じる必要はなし

（私はとくに「だれも案じる必要はなし」のくだりが好きだ。そう、宇宙はごたごたしているが、どうか気を揉まないでほしい）。

アルベルト・アインシュタインが一般相対性理論を打ち立てた四年後、ついに広く世界がその理論を知った。そして人々は魅了された。前年に終わったばかりの第一次世界大戦の恐怖を味わったあとで、だれもが何か良いニュースを欲していたのだ。人類が宇宙の謎を解き明かすほどすばらしいことがあるだろうか？　それに、ドイツとイギリスがもう戦争をしていない今、ドイツ人の理論の正しさをイギリスの天文学者が証明したとは、すてきなことではないか。アインシュタインもエディントンも筋金入りの平和主義者だったし、彼らとともに多くの人は、科学の国際協力が戦争の解毒剤となることを願っていた。たちまち、アインシュタインは世界的に有名になった。

それからだいぶ経って、一部の科学者がエディントンの測定結果の正確さと、さらには科学的な誠実さまでも疑いだした。なにしろ、エディントンは一般相対性理論の威力を一番最初から固く信じ、アインシュタインの正しさを必死に証明しようとしていたのだ。ちょっと必死になりすぎていた可能性はないか？　ひょっとすると、アインシュタインの予測に合わないデータを捨てていたのでは？　測定誤差を過小評価してはいないか？　見いだしたい結果を見いだしたのではないか？

私はそうは思わない。確かに、一九一九年の写真乾板は質が悪かった。位置の不確かさはかなり大きく、角度で五分の一秒ほどあった。今日の天文学者は、何かをあえて確信する前に、結果に対して高い統計的有意性を求める。だが、ソブラルとプリンシペ島で撮影した写真を一九七九年に改めて分析したところ、エディントンが一九一九年に見出したのと同じ結果が得られた。データはアインシュタインの理論と合っていたのだ。

その後の日食観測でも、さらに高い信頼性をもって同じ結論に至った。そのうえ、超高感度の宇宙望遠鏡のおかげで、もはや星の光の屈曲を測定するのに日食を利用する必要もなくなった。ヨーロッパのガイア計画では、二〇一三年十二月に観測衛星が打ち上げられ、角度にして四万分の一秒というきわめて高い精度で星々の位置を測定している。友人が一二〇メートルでなくほぼ八五〇〇キロメートルの距離から懐中電灯を一ミリメートル動かしたときに、あなたが方向の変化に気づくほどの精度だ。観測衛星ガイアは非常に高感度なので、全天で太陽による光の屈曲効果を測定できる。木星や土星のような巨大惑星によるはるかに小さな影響さえ、検出できる。

さらに、いまや天文学者は巨大な銀河や銀河団の重力レンズ効果をふつうに観測している。太陽と同じく、それらは時空を湾曲させ、背景の天体——この場合、きわめて遠い銀河——が発した光の経路を曲げる。星の光の屈曲は遍在するのだ。やはり、確かにアインシュタインは正しかった。少なくともこの点では。

＊　＊　＊

一般相対性理論を検証しうる第二の予測は、重力赤方偏移だった。アインシュタインがローレンツに、地下室より二階のほうが、時計はほんの少し速く進むと言ったのを覚えているだろうか？　一般相対性理論から、強い重力のなかでは時計の進みが遅くなると予測されるわけだ。あなたがニューヨークのマンハッタン南端部で地上にいるとしよう。あなたの妹は五四〇メートル上の、フリーダムタワー（1《ワン》ワールドトレードセンター）のてっぺんにいる。ここでレーザーポインターを取り出そう。それは特定の波長の光を発する。緑のレーザーポインターだと、波長はふつう五三二ナノメートルだ（一ナノメートルは一〇億分の一メートルなので、五三二ナノメートルは〇・〇〇〇五三二ミリメートルにあたる）。このレーザーポインターをあなたの妹に向けよう（念のため言うが、これは思考実験だ。実際に他人の顔にレーザーポインターを向けてはいけない。目を痛めつけるからである）。妹が見る波長はいくらになるだろう？　五三二ナノメートルではなく、わずかに波長が伸びて、わずかに色が赤みがかる。なぜなら、妹の側のほうが時間が速く流れているからだ。

その仕組みを説明しよう。第2章で見たとおり、波長は周波数と関係している。地上で、あなたのレーザーポインターは波長五三二ナノメートルの光を発する。これは、周波数では五六三・五兆ヘルツにあたる。ヘルツは、一秒間に通り過ぎる波の山の数だ（自分で計算してみたければ、簡単だ。光速を波長で割れば、それに対応する周波数が得られる）。

フリーダムタワーのてっぺんでも、レーザー光の速度は変わらない。なにしろ、アインシュタインによれば光速はつねに不変なのだから。しかし重力は地上よりわずかに弱いので、時間はわずかに速く流れる。五六三・五兆個の波の山が通り過ぎるちょっと「前」に、一秒が経っているのだ。つまり、あなたの妹が見る光はわずかに低い周波数となるわけで、それはわずかに長い波長にあたり、わずかに低いエネルギーで、わずかに色が赤みがかる。これが重力赤方偏移だ。

言うまでもなく、その効果は途方もなく小さい。高い塔から見下ろすとき、足もとの世界が少し赤っぽく見えるわけではないのだ。この効果の小ささは、こう言えばわかるだろうか。エヴェレストの頂上では、海水面に比べて時間が年におよそ三万分の一秒速く進む。あなたの妹がレーザーポインターの波長のごくごくわずかな増加を検出するには、きわめて高感度の測定機器が必要になる。その増加は〇・〇〇〇〇〇〇〇〇〇〇〇〇一パーセントにも満たないはずだ。

ハーヴァード大学のロバート・パウンドとグレン・レブカは、そんな測定機器を実際に作り上げた。一九五九年、アインシュタインが世を去って四年後に、ふたりは重力赤方偏移を測定する最初の厳密な実験をおこなった。当時は、エンパイア・ステート・ビルが世界で最も高い建築物だった。だがパウンドとレブカは、自分たちの機器をニューヨーク市までもって行く必要がなかった。機器は途方もなく感度が高かったので、ハーヴァード大学ジェファーソン研究所の高さ――たった二二・五メートル――で、四〇〇兆分の一の精度をもって十分に効果を検出できた。

ここではパウンドとレベッカの実験を詳しく説明するつもりはない。実験はかなり複雑で、放射性の鉄、ヘリウムの詰まったマイラーバッグ〔訳注：強化ポリエステルでできた袋〕、コーン型のスピーカー、ガンマ線吸収体、シンチレーションカウンター〔訳注：放射線による閃光を電気パルスに変換してカウントする装置〕などを用いる。だが重要なのは、実験が成功を収め、結果はアインシュタインの一般相対性理論と見事に一致していたということだ。

こうしてパウンドとレブカは、重力が増すと時間の進みは遅くなるというアインシュタインの予測を確かめた。相対性理論では、もはや絶対的なものは何もない。時間の流れさえ絶対的ではないのだ。それも、重力が機構になんらかの影響を及ぼすために、時計の歯車の回転に時間がかかるわけではない。むしろ、実は時間そのものが減速しているのである。あらゆる物理的プロセスが、強い重力場のなかでは、より長い時間をかけて繰り広げられる。

十代のころ、私にはそれがとうてい理解できなかった。自分の腕時計の針が、なんらかの理由でゆっくり進むのは想像できたが、自分の心臓の鼓動も遅くなり、体細胞の老化のペースも落ち、事実上長生きできるようになるとは考えにくかった。科学ではなく、魔法や幻想のように思えた。ところが、まさにそれが起きているのである。

だが一方で、私の疑念はある意味で妥当なものだった。時間そのものが強い重力場のなか（ブラックホールのそばなど）で減速するのなら、一秒一秒が通常より長くなる。宇宙空間で異なる座標系をもつ人は、確かに私の心臓の鼓動が遅く、私がより長く生きることになると気づく。しかし、「私」は何も変化に気づかない。自分の一秒が伸びたことに気づきようがないのだ。心拍数は、健康なときに一分間に八〇回のまま。平均寿命は八〇年あまりで変わらない。時間が減速しても、私には何の得にもならない。私の脳の働きさえ減速するので、増えた時間でより多くの本を読んだり中国語を学んだりできるわけでもない。

ともあれ、一五歳の私には、すべてが難しい考えだった。たいていの人にとってもそうだと思うが。だから私は、一九七一年の秋におこなわれた面白い実験のことを読んでびっくりした。物理学者のジョセフ・ハーフェルと天文学者のリチャード・キーティングが、とても特殊な旅の友——原子時計——とともに、民間の旅客機に乗って世界を一周したのだ。チケットの総額はおよそ八〇〇〇ドルで、それには実験者の飲食代も含まれていた。面白いだけでなく、安上がりでもあったのである。

ハーフェルとキーティングはまず、二台の原子時計を、地球の自転と同じ方向へ飛ぶ東行きの便に乗せて世界を一周した。次に彼らは、同じ時計（ふたりがもち込んだ時計は乗客名簿に「ミスター・クロック〔時計様〕」と正式に記されていた）を、地球の自転と逆方向の西行きの便に乗せて地球を一周した。その象徴的な一枚の写真がある。ふたりの科学者と機器がシートをまる一列占領し、若い客室乗務員が自分の腕時計を見ている。まるで何か時間の遅れの徴候が現れているかのように。ハーフェルとキーティングはもう世を去っているが、客室乗務員はまだ存命ですてきな話を語れるかもしれない。残念ながら、私は彼女を突き止められなかったが。

上空では、重力が地上よりほんの少し弱いので、原子時計はほんの少し速く進むと考えられる。この「重力による」時間の遅れは、すでにパウンドとレブカによって、重力赤方偏移として明確に実証されていた。だが、ほかに「運動による」時間の遅れもある。アインシュタインが一九〇五年に唱えた「特殊」相対性理論で予測されていた効果だ。わかりやすく言えば、速く動くほど、その人の時計は遅く進むというものである。

重力による時間の遅れは、この東行きと西行きの便でほぼ等しくなる。なにしろ、どちらの便もほぼ似たような高度を飛んでいたのだから、重力の影響は同じなのだ。一方、運動による時間の遅れは、両者で異なる。どちら向きの便でも、旅客機はおおよそ同じ速度で飛んでいる。だがそれは、あくまで下の地表に対する速度だ。この場合、地球の中心に対する速度を考える必要がある。地球の中心を原点とする三次元の座標系を考えよう。地球はこの座標系のなかで回転している。地表面は、それぞれの緯度で決まった回転速度をもっている。あなたが地球の自転と同じ方向にあたる東行きの便で飛べば、座標系に対するあなたの速度は増す。西行きの便では、速度が減る。そして速度が違うと、時計の進みも違ってくる。

ワシントンDCの空港に着陸したあと、ハーフェルとキーティングは機内から出した原子時計をアメリカ海軍天文台のものと突き合わせた。すると予想どおり、高速で飛んでいたあいだに数十ナノ秒増減していた。アインシュタインの予測と完璧に一致していたのである。

原子時計は、原子や電子のレベルでの基本的なプロセスを計時に利用している。ハーフェルとキーティングの実験は、自然界のどの物理的なプロセスも、時間の遅れによって減速するという事実を見事に証明していた。物理学者は、まだ時間の本質については無知かもしれないが、高速で動いている観測者や強い重力場のなかにいる観測者にとっての時間が減速することは、ちゃんと知っているのである。

これは宇宙飛行士にとって朗報だ。国際宇宙ステーションは地球のまわりを数百キロメートルの高度で回っている。この高度では重力が弱まるので、宇宙飛行士の時計は、重力による時間の遅れのおかげで加速する。ところが、宇宙ステーションは秒速八キロメートルほどで飛んでおり、この高速運動のため、時計は運動による時間の遅れのおかげで減速する。周回している宇宙ステーションにとって、後者の効果のほうが前者の効果より大きい。正味の効果としては、宇宙ステーションに乗り込むと、地上にいる場合ほど速く年をとらなくなる。宇宙ステーションで六か月過ごした宇宙飛行士は、七ミリ秒得することになるのだ。

しかし、なぜこれが重要なのか？　どれも、ミリ秒やナノ秒、一兆分の一未満、あるいは角度にして何分の一秒かだ。これがわれわれの日常生活に、何か影響があるというのか？　多次元やブラックホールや不可解な数が好きなマニアやオタクの界隈だけの楽しみにすぎないのではなかろうか？

ある意味で、アインシュタインの一般相対性理論の重要性は、われわれが日常生活で目にするようなものを超越している。われわれが住む世界の根本的な特質を教えてくれるからだ。知りたい、理解したいという衝動は、われわれをヒトたらしめる重要なもののひとつなのである。

だが、われわれの日常生活で測定可能な効果が、実はある。多くはないが、それでもあるのは確かだ。たとえば、あなたのカーナビは、技術者が一般相対性理論の効果を考慮に入れなかったなら使い物にならないだろう。予約をしたレストランに着く代わりに、溝や川にはまってもおかしくない（第1章で、「われわれは、一般相対性理論が何もわからなくても、まったく問題なく生きていける」と書いたときにコメントした顕著な例外がこれだ）。

あなたのカーナビには、あなたの居場所がわかる。そのようにしてカーナビは、ニューヨークからサンフランシスコまでガイドしたり、知らない町の迷路のような道を抜けさせたりすることができるのだ。

あなたの位置を算出するために、この機器は全地球測位システム（GPS）を構成するいくつかの人工衛星からシグナルを受け取る。そうした人工衛星はおよそ三〇機、二万キロメートルほどの高度で地球のまわりを飛びまわっている。どの衛星も原子時計を積んでいる。三機以上のGPS衛星から受け取った時計のシグナルを比較することで、あなたのカーナビはそれぞれの衛星からの距離を割り出す。すると三角測量によって、あなたの位置――経度、緯度、高度（標高）――が得られる。

しかし、こうした衛星はまさに地球のはるか上空を動いているので、GPS衛星の時計には、重力と運動の両方による時間の遅れが作用する。搭載されたソフトウェアがそうした効果を修正しなければ、算出されるあなたの位置は一時間で何メートルもずれる。したがってここに、アインシュタインの理論によるナノ秒オーダーの時間のずれが実際に物を言う、日常的な状況がある。今度カーナビを起動したら、そんなことを考えてみよう。

＊＊＊

パウンド-レブカの実験と、ハーフェル-キーティングの実験は、相対性理論の比較的よく知られた検証だが、ほかにもたくさんおこなわれている。アイヴズ-スティルウェルの実験、ケネディ-ソーンダイクの実験、ロッシ-ホール、フリッシュ-スミス。まだまだある（たいていは、ふたりの白人男性の実験者にちなんでいる。だが例外もある。エトーワシの実験はエトとワシという物理学者にちなむのではなく、ヴァーシャーロシュナメーニのロラーンド・エトヴェシュ男爵とワシントン大学にちなんでいる）。ここですべての実験を説明するつもりはないが、高速で動くミュー粒子の寿命であれ、月の軌道運動の加速であれ、得られた結果は、特殊相対性理論も一般相対性理論も、ますます高い精度で繰り返し裏づけている。

だから確かに、さらなる検証に七億五〇〇〇万ドルを費やすのは、疑問視されかねないことだったかもしれない。とくに、ジョセフ・ハーフェルとリチャード・キーティングが、自分たちと原子時計をジェット機で世界一周させるのに支払った八〇〇〇ドルと比べれば。

だが一方で、重力探査機Bは、まだ検証されていない効果を確かめるために構想され、計画を立てられた。時間の遅れではなく、重力赤方偏移でもなく、星の光の屈曲でもない。測地歳差と慣性系の引きずりだ（もしかしてと思っているかもしれないが、そう、重力探査機Aも存在し、それは一九七六年に、重力赤方偏移をパウンドとレブカよりはるかに厳密に測定した）。

測地歳差はド・ジッター歳差と呼ばれることもあり、その名は一九一六年に初めて説明したライデンの数学者、ウィレム・ド・ジッターにちなんでいる（ド・ジッターについては、学会誌の記事でアインシュタインの一般相対性理論をイギリスに紹介した人物としても覚えているかもしれない）。それは要するに、時空が大質量の物体のそばで湾曲することによって直接もたらされる効果なのである。

空っぽの空間で自転している球がぽつんとあるとしよう。外からの力が何もなければ、球の自転軸はずっと同じ方向を指しつづける。ここでその自転する球を、地球周回軌道上に置く。ニュートンなら、自転軸が元の方向のまま変わらないと考えるだろう。遠くのある星の方向を指していたら、軌道を何周してもそのままのはずだ。ところがアインシュタインは、違う予測をする。地球があるので、時空は地球のそばで曲がっている。球の自転軸は、この曲がった時空のなかでは確かに決まった方向を指しつづける。だが、時空が平坦な遠方から見れば、その方向が非常にゆっくりと移動するのに気づくだろう。初めは遠くのある星の方向を指していても、軌道をたくさん回ると、照準が狂う。これが測地歳差だ。

重力探査機Bは、アインシュタインの一般相対性理論による予測を初めて宇宙で検証した この宇宙機の望遠鏡は、右上に突き出ている。４枚の太陽電池パネルのすぐ上にあるつぶれた円錐形の構造物は、ジャイロスコープを収めたデュワー瓶［訳注：あいだが真空になった二重壁の容器］だ。

慣性系の引きずりも、視覚化しやすい。あなたもきっと、トランポリンの上に置いたボウリングの球を思わせる時空の湾曲のイラストを見たことがあるだろう。トランポリンの平坦な面は時空を表し、ボウリングの球は、太陽やブラックホールなどの大質量の物体だ。ボウリングの球がトランポリンの面を変形させるのと同じように、大質量の物体は時空に局所的な湾曲を作り出す。

トランポリンのたとえは完璧ではない。ひとつのたとえで完璧なものはない。しかし、慣性系の引きずりという現象に限れば有用だ。あなたがトランポリンの脇に立っているとしよう。ボウリングの球が作る凹みは、見事なまでに対称だ。この状況で、ボウリングの球に上から手を押し当てて、球を回してみよう。トランポリンの面が球とともに回りだすだろう。だが、回転する球に付いていくことはできないので、凹みはもう対称にはならない。あらゆる座標線［訳注：トランポリンの面を覆う方眼のこと］がねじれて渦巻状のパターンになる。これが慣性系の引きずりだ。

慣性系の引きずりにおける「慣性系」は、いわゆる静止座標系であり、つまりここで扱っている時空の座標系だ（トランポリンの面）。この座標系に一個の惑星（ボウリングの球）を置くと、時空が曲がる。その湾曲が、先述の測地歳差を生み出す。そして惑星を回転させると（ボウリングの球を回す）、曲がった時空が回転に引きずられる。少なくとも、ごくわずかには。これが、惑星を周回する物体の自転軸の、さらなる——はるかに小さな——歳差を生み出す（このタイプの慣性系の引きずりは、回転による慣性系の引きずりといい、オーストリアの数学者ヨーゼフ・レンゼと物理学者ハンス・ティリングが一九一八年に初めて予測した。そのため、これはレンゼ＝ティリング効果とも呼ばれている）。

スタンフォード大学では、物理学者のレナード・シッフとウィリアム・フェアバンクが、一九六〇年からこのふたつの効果を測定してみようかと考えていた。一九六二年には、二八歳のフランシス・エヴェリットも加わった。エヴェリットはそれ以前にロンドンで地質学を学んでいた。だが、古地磁気の分野で五年を費やして、物理学のほうが面白いと思った。そこでさらに二年ペンシルヴェニア大学に通い、低温物理学を専攻したのだ。

スタンフォードに入ってからは、エヴェリットのそうしたすべてが役に立った。シッフとフェアバンクが提案した実験では、超高精度のジャイロスコープ——ピンポン玉サイズの完璧な球体——を利用し、できるかぎり精度良く測定するため、これを磁化して絶対零度付近まで冷やすこととなった。

プロジェクトが動き出すのには長い年月がかかった。当初は、ほとんど資金の提供がなかった。エヴェリットは今も、自分の給料をシッフとフェアバンクがどうやって払うことができたのか、不思議に思っている。またそれ相応に、ほとんど進歩もなかった。それからNASAが関与すると、良いことも悪いこともあった。プロジェクトにはずみがついた一方、NASAが何度かプロジェクトを打ち切り寸前に追い込んだのである。一九七〇年代の終わり、スペースシャトル計画がスタートし、NASAは重力探査機Bをシャトルに載せて飛ばそうとした。費用のかかる有人計画では、得られるかぎりの科学的な大義名分が利用できたのだ。やがて一九八六年、チャレンジャーが爆発事故を起こし、七名の宇宙飛行士が亡くなった。とたんに、NASAではだれも、もう危険をはらむ物理学実験に資源をつぎ込みたがらなくなった。デモ機をシャトルに乗せる予定さえも中止になった。

続く数年で、NASAの長官も次々に代わり、予算も増減し、連邦議会の公聴会も幾度となく開かれた。そしてついに、一九九〇年代の初め、主にプロジェクトマネージャーだったブラッド・パーキンソンのおかげでミッションが承認された。今でもエヴェリットは、一九八〇年代半ばにパーキンソンが加わったことが、重力探査機Bの迷走した歴史で最大の決め手になったと確信している。科学者ではなく、空軍大佐で発明家で技術者でもあったパーキンソンは、全地球測位システム（GPS）開発の功労者とされ、いわばどのひもを引っぱればいいのかを知っていた。さらにスタンフォードのチームは、一九九二年から二〇〇一年までNASAの長官を務めたダニエル・ゴールディンから、多大なサポートも得た。

二〇〇四年四月二十日、ついに重力探査機Bがカリフォルニアのヴァンデンバーグ空軍基地から打ち上げられた。シッフもフェアバンクも生きてそれを目にすることはできず、エヴェリットはちょうど七〇歳になっていた。だがエヴェリットにとって、待った甲斐はあった。

約一年のあいだ、重力探査機Bの四つのジャイロスコープは、宇宙機に封じ込められて、太陽の放射、微小流星体、温度変化から守られ、ほぼ何の外乱も受けない自由落下の状態で地球を周回した。また二四〇〇リットルを超える超流動ヘリウムが、デリケートな科学機器を絶対温度でわずか一・八度に保っていた。

ジャイロスコープのローターは、完璧な球形だったので、その局所的な座標系――地球近傍のわずかに曲がった時空――に対して回転軸の方向を維持した。一方、重力探査機Bに固定された望遠鏡は、ペガスス座にある遠くの星を自動追尾していた。測地歳差と慣性系の引きずりは、ジャイロスコープの方向を、探査機本体に対して非常にゆっくりとずれさせる。高感度の超伝導量子干渉素子（SQUID）は、磁化したローターの向きの変化を、〇・〇〇〇五秒未満の角度まで測定できた。

船でプリンシペ島へ行って日食の写真を撮るのとはまったく違い、その実験は確実だった。ハーヴァード大学ジェファーソン研究所の地下室から最上階へガンマ線を飛ばし、波長のわずかな変化を測定するよりもはるかに複雑だった。また、原子時計を民間の旅客機で世界一周させるよりも圧倒的に金がかかった。それでもこの実験は、アインシュタインの一般相対性理論を検証するまたとない機会となった。

一般相対性理論からの小さなずれが見つかったら、途方もない影響をもたらすだろう。

重力探査機Bのデータ解析には、何年もかかった。相対論的効果はとても小さく、測定のノイズは大きかった。やがて、最終的な結果が二〇一一年の春に発表された。そしてそれは、アインシュタインの予測とよく一致していた。そうでなかったなら、このプロジェクトはあなたのところの新聞の一面を飾っていたにちがいない。なんといっても、「アインシュタインは間違っていた」はいい見出しになる。だがそうではなく、またもやアインシュタインは正しかった。測地歳差は年に六・六秒、慣性系の引きずりは〇・〇三七秒だった。途方もなく小さな効果だが、ほぼぴったり予測どおりの値だ。一般相対性理論が、これまでこんなに高い精度で検証されたことはなかった。だからフランシス・エヴェリットに、プロジェクトの七億五〇〇〇万ドルという費用にそれだけの値打ちがなかったと言ってはいけない。

＊　＊　＊

では、われわれはついにアインシュタインの理論の真偽を明らかにし終えたのだろうか？　とんでもない。

一般相対性理論は、現在の形では、空間と時間と重力の性質に決着をつけたのではないのかもしれない。なぜなら、この理論は量子力学——二〇世紀の物理学のもうひとつの大きな柱——とはまったく相容れないからだ。この問題には第12章で立ち返ろう。いずれ科学者は、これらふたつの理論のどちらかによる予測を完全には裏づけない実験結果に出くわすことになるにちがいない。水星軌道の奇妙な振る舞いがニュートン理論に従っていなかったように。これは、地平線上に浮かぶ小さな雲のようなもので、初めはなんでもなくても、激しい雷雨になる可能性を秘めている。その結果が、もっと新しくて優れた理論に道をつける手がかりになるかもしれない。

ならば、二〇一五年九月に重力波が初めて直接検出されたことが、ここ数十年で最大級の科学の発見と称えられたのも、驚くにあたらない。一世紀も前のアインシュタインによる予測が、これまでずっと、直接確かめられていなかったのだ。それはまた、宇宙で最も謎めいた対象——ブラックホール——を調べる新たな手だてにもなる。

この新たな道具は、われわれに時空の謎を解く鍵を与えてくれるのだろうか？

第4章　波の話と酒場のけんか

フィリップ・モリソンは、杖を振るしかなかった。

一九七四年六月十日の月曜日。数十名の物理学者が、マサチューセッツ工科大学（ＭＩＴ）での、相対性理論にかんする第五回ケンブリッジ会議に集まっていた。招待講演、寄稿者の口頭発表、ポスター発表、質疑応答のセッション——ごくふつうの流れだ。よくある科学系の会合だった。

重力波のトピックになるまでは。会議に出ていた著名なふたり、ジョー・ウェーバーとディック・ガーウィンが討論をしていたが、それが論争になった。やがて大声で相手の悪口を言いだした。次にふたりは、立ち上がり、聴衆の前で互いに迫り寄った。目に怒りをたたえ、口を固く結び、こぶしを握りしめて。

いい、いい、いい、なんだと、やるのか？

ポリオにかかったＭＩＴの物理学教授、モリソンがそのセッションの司会だった。彼が「おやめなさい、おふたり」と言ってもどうにもならなかった。今にでも、酒場のけんかのようなことになりそうだった。モリソンに何ができただろう？　魔法使いが魔法の杖を振るように、彼はふたりの闘士のあいだで自分の杖を掲げた。それが効いた。血は流されずにすんだ。

では、いったい何の騒ぎだったのか？　簡単に言えば、ジョー・ウェーバーが重力波を検出したと主張した。ディック・ガーウィンはウェーバーの言うことを信じられず、彼が疑念を抱くのには十分すぎるほどの理由があった。それどころか、ほとんどだれもウェーバーの主張を信じなかった。当時、一部の物理学者はそもそも重力波の存在すら疑っていた。人々が感情的になったのも不思議はない。

＊＊＊

重力波にまつわる混乱は、一九一六年、アルベルト・アインシュタインその人にまでさかのぼる。なぜか？　一般相対性理論の予測は、すべてが一般に思われるほど明確なわけではない。確かに、水星の近日点はニュートン理論の予想より速く移動する。星の光は時空の湾曲によって曲がる。時間は強い重力場のなかで減速する。それらはまだ単純な予測だった。しかし、もっと明確でない予測もあったのであり、重力波の存在はそうした予測のひとつと言える。少なくともアインシュタインにとってはそうだった。

数学の観点から見れば、一般相対性理論の場の方程式は、電磁気にかんするマクスウェルの方程式に多少似ている。一八六〇年代、スコットランドの物理学者ジェイムズ・クラーク・マクスウェルは、電気と磁気が実はコインの表と裏なのではないかと初めて言及した。彼はまた、光が電磁波の現象だとも提言した。一世紀半経った今も、彼の方程式はTシャツにプリントされるほど有名だ（物理学の学生ぐらいしか着る人はいないだろうが）。同じことは、アインシュタインの場の方程式にも言える。

だが、似ているとはどう似ているのだろう？

マクスウェルの電磁理論はかなり単純明快だ。電荷を加速させると、電磁波が生じる。われわれはその産物を、光や電波などとして身のまわりでとらえている。だから単純に、同じことが一般相対性理論でも言えると期待するかもしれない。「重力荷《じゅうりょくか》」（質量のある物体）を加速させると、重力波が生じる、と。筋が通っているようにも思える。確かにアインシュタインは、一九一五年の終わり、場の方程式の最終版を考え出したあとにそう考えていた。

しかし、電磁気と重力では大きな違いがある。電荷と磁荷には正と負がある。そして引きつけ合ったり斥け合ったりする。ところが質量はつねに正だ。負の質量などというものはない。そのため、重力はつねに引力で、斥力にはならない。

一九一六年の初め、ここからアインシュタインは、「光波のような重力波はない」と結論づけた。ドイツの数学者カール・シュヴァルツシルトへの手紙にもそう書いている。アインシュタインの込み入った議論には、スカラー、テンソル、密度、双極子、それにユニモジュラー座標系が関わっていた（これらがどんなものかは知らなくていい。ただ、一般相対性理論が簡単なものではないということを強調したくて挙げただけだ）。

その後、同じ年にアインシュタインは、ライデンのウィレム・ド・ジッターから計算に別の座標系を使うことを提案され、自分の考えを完全に翻した。それが結果に大きな違いをもたらした。重力波は確かに存在する、とアインシュタインは結論づけたのだ。またそれは、光速で伝わる――マクスウェルの電磁波のように。六月、アインシュタインは最新の結果をベルリンのプロイセン学士院に提出した。「重力場の方程式の近似的積分」と言ってもさほどわくわくしないかもしれないが、これは画期的な論文だ。重力波について初めて公表されたものなのである。

だがそれは間違っていた。

一九一七年の秋、フィンランドの物理学者グンナー・ノルドシュトルムが、アインシュタインの論文の重大な誤りを指摘した（興味がある人のために言うと、擬テンソルの導出と関係があった）。この誤りのせいで、アインシュタインが一九一六年に思いついた重力波の式は的を外していた。となると、「重力波について」という単純なタイトルで一九一八年一月に公表された彼の論文こそが、画期的と呼ばれるべきだ。「私は本題に戻らなければならない」アインシュタインは最初の段落に書いている。「なぜなら、前に発表した論文があまり平明でなく、そのうえ残念な計算間違いによって台無しになっていたからだ」自分のミスに正直であることは、とくに科学ではつねに望ましいことなのである。

だが、一九一八年の論文もすべての人を納得させたわけではなかった。重力波をとりわけ声高に批判した人物は、よりにもよってアーサー・スタンリー・エディントンだった。そう、アインシュタインの有数のファンで、一般相対性理論をいち早く広めた人である。そして彼自身、著名な宇宙物理学者だった。エディントンは、重力波は一般相対性理論がもたらす数学の気まぐれで、物理的な意味はないと考えていた。そして、重力波が光速で進むというアインシュタインの結論にも異を唱えた。一九二二年に、彼が「重力波は思考の速度で伝わる」と語ったというのは有名な話だ。空想の産物というのを陰険な言い方で表現したものである。

一九二〇年代から三〇年代にかけて、重力波の概念に特段注目する人はいなかった。なにしろ、存在したとしても、おそろしく小さくて検出できないはずだからである。科学者が予測を裏づけることも反証することも、不可能に見えたのだ。ほとんどの人は、重力波のことをすっかり忘れてしまった。

一九三六年になってようやく、アインシュタインがそのテーマに立ち返った。そのころには、彼はアメリカに住み、プリンストン高等研究所にポストを得ていた。すばらしい場所に、すばらしい人と頭脳が集《つど》っていた。アインシュタインはとくに、自分の息子ほども若かったネイサン・ローゼンとの研究を楽しんだ。ふたりで一緒に、一般相対性理論や量子力学、ワームホールに取り組んだ。そして重力波にも。それでアインシュタインとローゼンは、結局のところ重力波は存在しないという驚くべき結論に至った。どうやらエディントンはずっと正しかったようだと。ほどなくふたりは、当代一流の物理学専門誌『フィジカル・レビュー』に論文を投稿した。論文のタイトルは「重力波は存在するか？」だ。内容は、「いや、存在しない。理由はこうだ」というものだった。

むろん、アインシュタインとローゼンは間違っていた。二〇一六年二月に重力波の最初の検出を発表した、ＬＩＧＯ科学コラボレーションとＶｉｒｇｏコラボレーションの一〇〇〇人を超える科学者が証明済みだ。だから、論文が掲載されなかったのは幸いと言える。『フィジカル・レビュー』の編集者ジョン・テートは、論文の原稿を査読者に送ったが、査読者は、掲載しないように勧告した。「私の見るかぎり」彼は書いていた。「アインシュタインとローゼンによる［重力波の存在に対する］否定はありえない」

今日、匿名の同業者に科学論文の査読をしてもらうというのは、とくに物理科学においてはふつうのことだ。しかしあの当時には、『フィジカル・レビュー』でさえ、かなり新しい取り組みだった。アインシュタインもそれをまるっきり知らなかった。ヨーロッパでは、雑誌は送られてきた論文をそのまま掲載していたのだ。アインシュタインは拒絶に激怒し、その後二度と『フィジカル・レビュー』で論文を公表しようとはしなかった。代わりに彼は、フィラデルフィアの『ジャーナル・オブ・フランクリン・インスティテュート』というはるかに規模の小さい雑誌にその論文を投稿した。この雑誌は査読をおこなっておらず、論文はすぐさま受領され、掲載された。

だが一九三六年の秋に、事態が変わった。ネイサン・ローゼンがソヴィエトでポストを得るために去り、ポーランド出身の物理学者レオポルト・インフェルトがアインシュタインの新たな助手になったのだ。そのインフェルトに、宇宙論者のハワード・ロバートソンは、アインシュタインとローゼンがどこで間違えていたかを説明した（実は、ロバートソンがあの『フィジカル・レビュー』に送られた論文の査読者だった）。インフェルトが自分のボスに問題の存在を告げるころには、アインシュタイン自身も間違いに気づいていた。遠くキエフの地にいたネイサン・ローゼンさえ、難解な数学的内容をもつ、その問題に行き着いた。

こうして結局、一九三七年の一月に『ジャーナル・オブ・フランクリン・インスティテュート』に載った論文は、大きく修正されたバージョンとなっていた。アインシュタインはタイトルも変えた。一九一八年の論文（これも前の論文の修正版だった）と同じく、単に「重力波について」だ。主旨は、そのとらえがたい波が存在しないことは証明できないが、存在することも確言できないというものだった。

いまや、一般相対性理論は誕生からほぼ二五年経っていた。それでも、この理論から予測されそうに見えたものの存在について、科学者たちの見方は一致していなかった。続く二〇年でも、状況は変わらなかった。一九五五年にアインシュタインが世を去ったころも、重力波の物理的実在はまだ大いに論議の的で、その特性はほとんどわかっていなかったのである。たとえば、アインシュタインの死後三か月も経たないうちに、ローゼンが、重力波はいかなるエネルギーも運べないと主張した。言い換えれば、物理的実在はないということだ。ところが一年半後、意見が変わりだした。とくに、理論物理学者のフェリックス・ピラニとリチャード・ファインマン、それに宇宙論者のヘルマン・ボンディが、重力波がエネルギーを運ぶものとなることを立証してからだ。重力波は実在する物理的現象の領域に入った。唯一残る問題は、それをとらえることだった。

＊　＊　＊

この先話を続ける前に、重力波とは何かについてきちんとしたイメージをもっておく必要がある。あなたもきっと、「時空の生地にできたさざなみ」という決まり文句を聞いたことがあるだろう。ブラックホールが合体して、二次元の面に渦状のうねりが生じるアニメーションも見たことがあるかもしれない。ではこの興味深いアインシュタイン波を、さらに別のやり方で説明してみよう（「アインシュタイン波」は正式な用語ではない。だが私はその響きが好きなので、本書ではたびたび「重力波」の同義語として、勝手ながらそれを使わせてもらう）。

まずは、知っておくべき最重要事項から。アインシュタイン波は、水面の波や音波、さらには光波とも違い、空間のなかで「波打つ」のでも「さざなみを作る」のでもない。空間自体の現象なのだ。これを視覚的にとらえるために、まず一次元の「空間」を考えよう。直線だ。縄跳びの縄をぴんと張ったとする。片端を規則的に上下させれば、この縄に波を立てることはできる。しかし、アインシュタイン波を理解したい場合、このイメージは完全に間違っている。この波は、空間自体の（そして空間のなかでの）波なのだということを思い出してもらおう。空間が一次元なら、その一次元のなかでのさざなみをイメージしなければならない。

樹脂製の縄跳びの縄には、若干弾性がある。ある場所では少し伸び、別の場所ではわずかに縮むことができる。だから縄の全長は変わらない。そしてまた、一次元の直線のままでもある。それでも、縦波（長さ方向の疎密波）が縄のなかを伝わっていくことはできる。縄に一ミリメートル間隔で目盛がついているとしよう。この縄のなかを縦波が伝わる場合、まず目盛同士が離れてから、また近づくのが見えるだろう。これが、一次元の重力波を視覚的にとらえる簡明な方法だ。空間が交互に伸縮を繰り返すのである。

では次に、方眼紙のような二次元の空間に話を進めよう。この場合もまったく同じだ。二次元空間での重力波は、よくあるように方眼紙が波打つ様子で表現してはいけない。むしろ、二次元の面の﹅な﹅か﹅を伝わるさざなみを視覚的にとらえようとすべきだ。その結果、ある場所では方眼紙のマスが伸び、別の場所では縮む（いや、もっと正確に言えば、あるマスが、あるときにはある方向へ伸び、次の瞬間には縮むのである）。波と垂直の方向に、空間は交互に伸縮を繰り返す。それはまるで、「空間密度」の高い領域と低い領域が平面のなかを伝わっていくかのようだ。

ならば、三次元空間でのアインシュタイン波はどうなるだろう？　まあ、いきなり仮想の四次元における奇妙なさざなみを思い浮かべる必要はない。「空間密度」のさざなみが伝わっていくだけのことだ。立方体からなる三次元の方眼紙をイメージすれば、通り過ぎる波と垂直の方向に立方体の各辺が伸び縮みすることがわかる。

三次元空間での波は、もちろん三次元になる。よくある画像や動画はそれを二次元で表し、互いのまわりを回るふたつのブラックホールが水平面にしか重力波を発していないような、誤った印象を与えている。そうではなく、波は全方向に広がっている。方向によって強弱はあるにしても、イメージにだまされて軌道面内にだけ発されているように思い込んではいけない。

したがってこれが、アインシュタイン波を正しく視覚化するやり方である。実は、ボウルに入ったゼリーが空っぽの空間を表すものとして、ゼリーをトントン叩いたときに広がる「密度のさざなみ」とあまり変わらない。

重力波の周波数と振幅は、その発生源によって大きく異なりうる（波という現象の周波数、波長、振幅、速度のことを忘れてしまっていたら、第2章に戻るといい）。互いのまわりをきわめて近い距離で回るふたつのブラックホールを考えよう。一秒間に一〇〇回転していると想定する（とても現実的な数値だ）。アインシュタインの理論から、この連星ブラックホールは周波数二〇〇ヘルツの重力波を発する。ある距離にいる観測者から見て、毎秒二〇〇個の「波の山」が通過するということだ。重力波は光速（秒速三〇万キロメートル）で進むので、波長は一五〇〇キロメートルとなる。

振幅についてはどうだろう？　重力波の振幅は強さの尺度となる。それは、時空がどのぐらい伸び縮みするかを教えてくれる。ここでふたつの事実を知っておく必要がある。第一に、振幅は距離が遠のくほど小さくなる。互いのまわりを回る連星ブラックホールのそばでは、時空のさざなみは、遠く離れたときより強い。実のところ、振幅は距離に反比例する。単純に言えば、波が五倍遠くに行くと、強さは五分の一になるのだ。

（これは奇妙に思えるかもしれない。なにしろ、重力の強さや、光源の明るさは、距離の二乗に反比例するのだから。ふたつの惑星を五倍遠ざけると、相互に働く重力の強さは二五分の一になる。恒星が一〇倍遠くになると、明るさは一〇〇分の一になる。だがこうした場合、重力場や光波のエネルギーを考えている。ところがアインシュタイン波では振幅の話をしており、振幅は距離に反比例するのだ）。

知っておくべき第二の事実は、重力波の振幅はおそろしく小さいということだ。先ほど私は、空っぽの空間をボウルに入ったゼリーになぞらえた。しかし、なぞらえるならコンクリートのブロックのほうがいいだろう。ゼリーをそっと叩くと、全体が震えだす。ところが、コンクリートのブロックを大槌《おおづち》で叩いても、ブロックを伝わるさざなみにはほとんど気づくまい。それは、コンクリートがゼリーよりははるかに硬いからにほかならない。これと同じように、時空は途方もなく硬い。曲げたり伸ばしたり縮めたりするのが容易ではない。ほんのわずかなさざなみさえ、作るのにたくさんのエネルギーが要る。

したがって、初めに想定した、互いのまわりを回るふたつのブラックホールが発する重力波のシグナルはこうなる。速度は光速。周波数は二〇〇ヘルツ。したがって波長は一五〇〇キロメートル。振幅は、観測者とブラックホールの距離に反比例するが、いずれにせよ途方もなく小さい。

ふたつのブラックホールがはるかに大質量だったらどうなるだろう？　互いのまわりを一秒間に一〇〇回転のままなら、周波数は（もちろん波長も）まったく変わらない。ところが振幅は、質量が増すので大きくなる。

だが、振幅は互いのまわりを回るブラックホールの加速度にも依存する。ブラックホール同士がさらに近づくと、さらに高速で回転し、振幅はいっそう大きくなる。周波数も増す。ブラックホール間の距離が縮まると、軌道周期が短くなるからだ。そのため、ふたつのブラックホールがらせんを描きながら互いに近づくと、重力波のシグナルは振幅と周波数の増大を示す。まさにそれを、ＬＩＧＯ検出装置が二〇一五年九月に観測し、初のアインシュタイン波として記録したのである。

まだまだ語ることはあるが、それはのちの章に譲る。ここからもっと刺激的な話をしよう――ふたりの科学者が会議の聴衆の前で殴り合いをしかけたときのような。

＊　＊　＊

ジョセフ（ジョー）・ウェーバーは戦いを十分に心得ていた。第二次世界大戦当時、アメリカ海軍の少佐だった彼は、一九四二年五月、日本軍によって燃える鋼鉄のガラクタにされた、沈みゆく空母レキシントンから命からがら逃げ出した。このときジョーは、三三歳になろうとしていた──生まれたのは、アーサー・エディントンがプリンシペ島で雲を呪ったあの日の一二日前だ。

戦後、ウェーバーは、ワシントンDCのすぐ北東のカレッジパークにあるメリーランド大学で、電気技術者として働いた。マイクロ波分光学で博士号も取り、レーザーとメーザーの基礎を考案した。一九六四年にほかの三人にノーベル物理学賞を受賞させた装置開発へ向かう、最初の行動だった。

相対性理論と重力に対するウェーバーの興味は、一九五〇年代半ば、ウェーバーが物理学の第一人者ジョン・アーチボルド・ホイーラーとともにプリンストンとライデンで一年間の研究休暇を過ごしたときにわき起こった。曲がった時空、ブラックホール、時間の遅れ、重力波──どれもすごい！　ウェーバーは、この分野のすべてを学びだし、一九六一年に『一般相対論と重力波』（藤田純一訳、講談社）と題した小著をものした。

だが、そのころにはもう、彼は自分を有名にすることとなる考えを公表していた。あるいは、悪名高くした考えと言う人もいるかもしれない。ジョー・ウェーバーは、アインシュタイン波の探索に乗り出すことにした。アインシュタイン波については、長年にわたり理論面の議論がとても多くなされており、いまや本格的に取り組み、装置を作り、実験をおこなってそれをとらえることに挑むべきときだった。

プランは単純だ。地球上にある何かのサイズについて、極微の周期的な変化を測るだけでいい。なにしろ通過する重力波は、空っぽの空間と、そのなかにあるすべてのものを伸縮させるのだ。コンクリートのブロックは、重力波の通過に応じてほんのわずか伸び縮みする。だが、サイズの変化はかぎりなく小さいので、測るのは至難の業だ。しかも定規は使えない。定規もまた伸び縮みするからである。

ところがウェーバーには解決策があった。固有周波数（固有振動数）だ。

ほとんどの物体には、振動が共鳴（共振）して増幅しやすい固有周波数というものがある。ワシントン州のシアトルのすぐ南、タコマに住んでいる年輩の人に訊いてみるといい。彼らは、一九四〇年十一月に、その町とキトサップ半島を結ぶものとしてできたばかりの巨大な吊り橋が劇的に崩落したのを覚えているだろう。どうやら橋の固有周波数が、タコマ海峡を渡る強風の主な周波数と一致してしまったらしい。橋全体が共振しだし、振動してねじれ、ついにはポッキリ折れた。橋崩落の場面――ユーチューブで探すといい――には愕然とさせられる。

さてここでウェーバーのプランの出番だ。巨大なアルミニウムの円柱を検出器として使う。それを精密加工すると、ある厳密な固有周波数をもつようになる。これを鋼鉄のワイヤーで吊るし、環境の振動から隔離する。全体を真空のタンクに入れるのも、同じ理由だ。そして円柱に圧電センサーをつける。それで待つ。

重力波が存在するとしたら、幅広い周波数をもっているだろう。超新星爆発、星同士の衝突、連星ブラックホール――どの宇宙物理学的現象にも、固有のしるしとなる周波数がある。それは地球に到達するなり、アルミニウムの円柱に極微の振動を引き起こす。うまくすれば、アインシュタイン波のなかに、アルミニウムの円柱の固有周波数と同じ周波数をもつものもあって、円柱が共振しだすことも期待できる。そうなると、振動が大きくなり、測定できるようにさえなるかもしれない。さらに、波が通過して何秒か経っても、バーは振動しつづける。音叉《おんさ》を叩いたときのように。圧電センサーは、バーのすばやい伸縮を記録し、小さな震えを電気シグナルに変換する。

一九六〇年代の初め、ウェーバーはポスドクのボブ・フォワードと、最初の「共振型重力波検出器」

ジョー・ウェーバーが重力波実験のディスプレイをチェックしているところ。背後にあるのは、彼が作ったアルミニウム製の共振型バー検出器のひとつを収める真空タンク。

と呼んだものを製作し配置した。あるいは「共振型バー・アンテナ」や単に「ウェーバー・バー」ともいう。果たして、それはときどき極微のシグナルをとらえた。定常的に存在する振動のバックグラウンドノイズから、何かが際立っているように見えたのだ。遠くの銀河で起きた超新星爆発？　われわれのいわば宇宙の裏庭で起きた中性子星の衝突？　それとも、天の川銀河の中心で何か未知の活動的なプロセスが生じたのか？　それはわからない。

（私が初めてウェーバーがロバート（ボブ）・L・フォワードと共同研究したと知ったとき、「妙だな、『竜の卵』（山高昭訳、早川書房）の著者と同じ名前だ」と思った――『竜の卵』は、一九八〇年に原著が刊行された、中性子星の表面の生命を語るSF小説だ。そして同一人物だとわかる。彼は一九六五年にメリーランド大学を卒業していた）。

ウェーバーの実験が実際に衆目を集めだしたのは、一九六八年に、そっくり同じ二台の検出器を使ってからだった。一台は、カレッジパークにあるメリーランド大学のキャンパスに、もう一台は、一〇〇〇キロメートルほど西に離れた、シカゴにほど近いアルゴンヌ国立研究所に設置された。狙いは、誤検出を排除することにあった。ボルティモア通りをトラックが走るとカレッジパークのバーを振動させるとしても、シカゴのバーは振動させない。一方、超新星爆発や星同士の衝突による重力波は、両地点で同時に記録されるはずだ。いや、波の速度を考えると、発生源の方向によっては、少なくともほんの一瞬のずれで。

二本のアルミニウムのバー・アンテナは、それぞれ長さが一メートル半、径がおよそ六五センチメートルで、重さは一四〇〇キログラムあった。固有周波数は一六六〇ヘルツで、ふたつの中性子星の衝突によるアインシュタイン波として妥当な範囲内にあった（中性子星については第5章で語ろう）。したがって、もはやふたつのシグナルの同時検出――「一致」と呼ばれる現象――を待つだけの問題だった。

ウェーバーは長く待たずに済んだ。一九六八年十二月三十日から一九六九年三月二十一日にかけて、一七もの一致が検出されたのだ。まさか偶然によるものとは思えなかった。六月初旬、オハイオ州シンシナティで開催された相対論をテーマとした会議で、彼が初めてその結果を公表すると、拍手喝采をもって迎えられた。直後の六月十六日には、『フィジカル・レビュー・レターズ』に、彼の論文「重力放射発見の証拠」が載った（重力放射とは、今では廃れているが、重力波の同義語にほかならない）。

興奮はすぐに疑念に変わった。まず、宇宙物理学者はイベント（事象）発生の純然たる数をいぶかった。ウェーバーのバー・アンテナの感度を考えれば、中性子星の衝突による波は、地球から数百光年以内で発生したのでなければならなかった。そんな狭い空間のなかで、三か月に一七回も衝突が起きるというのは、完全にありえなかった。一方、波がはるかに遠くから来たとすれば――たとえば天の川銀河の中心での何か未知の活動的なプロセスによるものだとすれば――それに関わるエネルギーは途方もなく大きくなければならない。

実験科学者も疑いをもった。科学界で妥当と見なされるには、実験結果は再現可能である必要がある。しかし、モスクワ大学では、ウラジーミル・ブラジンスキーがウェーバーの結果を再現できなかった。ニュージャージー州ホルムデルのベル電話研究所では、アンソニー（トニー）・タイソンが何も見つけられなかった。ロチェスター大学のデイヴィッド（デイヴ）・ダグラスも、否定的な結果を出した。グラスゴー大学のロナルド（ロン）・ドリーヴァーの実験でもイベントはゼロだった。一方ウェーバーは、メリーランドの「重力波天文台」から新たな検出を報告しつづけていた。

トニー・タイソンは今でも、ベル研で物理学研究所の所長だったアル・クログストンとの議論を覚えている。タイソンが自分はウェーバーの結果を検証する実験をするつもりだと言ったとき、クログストンはまるっきり乗り気ではなかった。理由は主に、タイソンと研究所にとって何のメリットもないように思われたからだ。ウェーバーの誤りが証明されたら、何も得るものはない。一方、正しさが証明されても、ストックホルムに招待されるのはウェーバーであってタイソンではない。ならばなぜわざわざやるのかというわけだった。それでもタイソンは、超高感度の共振型検出器をこっそり作りはじめた。彼はデイヴ・ダグラスと手を組み、ふたりで一九七一年にウェーバーとの共同研究まで始めた。ホルムデルの数値をロチェスター大学のものと比べ、データをメリーランド大学と共有し、装置の感度を高め、より優れた解析ソフトウェアを作成したのである。

ほどなくタイソンは、ウェーバーが存在しないものを見ているのだと確信した。ウェーバーはすばらしい考えをめぐらす聡明な技術者だったが、データ解析や統計についてはいいかげんだった。彼は、さまざまなバー・アンテナの数値の一致を確定するのに用いているアルゴリズムを公表しなかった。用いる基準をくるくる変えていたら、必ずや好きなだけ多くの「一致」が見つかるだろう。

ウェーバーはつまらないミスもしでかした。天の川銀河の中心からのシグナルを見つけたと主張したのだ。天の川銀河の中心が空高くにあるときに、とくによく検出されたからで、するとアインシュタイン波は、真上から届くほうが、横から届くよりも強いシグナルをバーに生じさせるはずだ。それは正しいが、タイソンから、地球が重力波にとっては透明であることを気づかせられる羽目となった。透明だと、天の川銀河が地平線より下の一番低い場所になったときにも、同じぐらいシグナルが強くなるはずなのだが、ウェーバーはいっさい報告していなかった。

その後ウェーバーは、自分の測定値とホルムデルやロチェスター大学のデータのあいだに一致を見つけたとも主張した。そのシグナルは確かに、ノイズとほとんど区別がつかなかったものの、まったく同時に現れているように見えた。だがその後、タイソンとダグラスが、ウェーバーは東部夏時間を用いた一方、自分たちは世界時を採用していたため、四時間ずれていたことに気づいた。なんとも恥ずかしい話だった。

ジョー・ウェーバーにとって、それはジェットコースターのような時期だった。ラボで長いこと孤独な研究を続け、絶えず自分の研究への批判に応じていた。一九七一年の夏には、妻が心臓発作で死んだ。それでもウェーバーは不屈の人で、あきらめなかった。一九七二年の三月、五二歳で再婚した。今度の相手は、カリフォルニア出身の二八歳の天文学者、ヴァージニア・トリンブルで、ウェーバーはダンスの稽古を受けはじめた。

しかし酒場のけんかは続いていた。一九七四年になるころには、多くのウェーバー・バーの実験が世界じゅうでおこなわれていた。タイソンとダグラスは、いまや四トンの装置を操り、低温エレクトロニクスを駆使して、つねに存在する測定ノイズと戦っていた。それでも何も見つからなかった。ドイツのミュンヘンでは、マックス・プランク宇宙物理学研究所で、ハインツ・ビリングとアルブレヒト・リューディガーとロナルト・シリングが大型のバー検出器を建造し、イタリアのフラスカーティではグイド・ピッツェーラとカール・マイシュバーガーが同じことに取り組んだ。結果は検出ゼロだった。それから、ニューヨーク州ヨークタウン・ハイツにあるＩＢＭのトマス・Ｊ・ワトソン研究センターで、リチャード（ディック）・ガーウィンが作った小型の装置もあった。重さが一二〇キログラムしかなかったため、とりわけ強力な重力波でないと検出できそうにないが、それでも何も見つからなかった。

ディック・ガーウィンは軽々に論じられるような人物ではなかった。一九五二年には、二四歳でエドワード・テラーのもとで水素爆弾の研究をおこなっていた。異能の物理学者で、国家安全保障にかんして高い評価を受けた政府顧問でもあり、大統領直属科学諮問委員を二期務めた。しかも彼は、データの扱い方をウェーバーよりもよく把握していた。

トニー・タイソンは、すでに一九七二年の十二月、ニューヨーク市で開かれた大きな会議で、重力波をめぐってジョー・ウェーバーと衝突していた（その会議は、第六回テキサス相対論的宇宙物理学シンポジウム。ニューヨーク市はテキサスではないが、第一回がテキサスで、そのまま名前が残った）。しかしそれは、おおよそ礼儀正しい科学的な議論だった。データにかんして意見を異にしていたが、タイソンとウェーバーは互いに敬意をもっていた。何年もあと、ふたりは友人――のような間柄――にさえなった。

一方、ガーウィンとの一九七四年六月のケンブリッジ会議での衝突は、まるで違っていた。ひょっとしたら、ウェーバーが自己弁護に疲れてしまったからかもしれない。あるいは、胸の奥では、何かが間違っていると気づいていたのかもしれないが、もはや知るべくもない。ともあれ、彼はガーウィンの批判を個人攻撃ととらえ、ためらわずに反撃した。フィル・モリソンが仲裁に入るまで。

四〇年以上も経ってこの出来事を振り返り、ヴァージニア・トリンブルは今も亡き夫を不憫に思っている。「みんなが投票で彼を島から追い出したのよ」人気テレビシリーズ『サバイバー』を引き合いに出して、彼女は私に言った。「ジョー・ウェーバーと二八年連れ添っていなければ、『論議を呼ぶ』という言葉の意味はわからないでしょう。［物理学界］は部族でした。それで結局、ガーウィンはその部族のなかでも一番の頑固者だったのです。ジョーにとって、あの人は悪の化身でした」

トリンブルは、著名な宇宙物理学者・天文史家となり、バー検出器による重力波検出をめぐる論争には関わらなかった。また、彼女のキャリアは、ウェーバーとの関係によって傷つきはしなかった。ウェーバーの死後、トリンブルはチェヴィー・チェイスにあった家を売り、得た金でアメリカ天文学会のジョセフ・ウェーバー天文計測賞を創設した。二〇〇二年から、この賞はウェーバーのような心意気をもつ人に贈られている。作り方を心得て最良の検出器を作り、それを使って見える対象を把握しようという気性の人に。

ケンブリッジでの対決以後も、ウェーバーとガーウィンの論争は続いた。会議ではなく、『フィジックス・トゥデイ』の誌面上で。一九七五年の六月には、プリンストンの物理学者フリーマン・ダイソンが、ウェーバーに降伏を勧める書簡を送った。「優れた人は、自分が間違いを犯して考えを改めたことを、公然と認めるのを厭わないものです」ダイソンは書いている。「あなたは自分の誤りを認めるだけの強さをおもちです。認めれば、あなたの敵が喜ぶでしょうが、ご友人がたはもっと喜ぶでしょう」それでもウェーバーは折れなかった。

そのころまでに、ほとんどの科学者はウェーバーの主張には確証がないと判断していた。バー検出器のテクノロジー自体に間違いがあるからではなく、どうやら重力波がそのようにして測るには弱すぎるからのようだった。一九七〇年代の中ごろからは、おびただしい数の共振型検出器がさまざまな場所で作られ、稼働された。大きさも、形も、素材も、重さもまちまちで。なかでも最高クラスのものは、超高感度で、振動ノイズ（トラックの通過など）から絶妙に隔離され、極低温、つまり絶対零度（摂氏マイナス二七三度）近くまで冷やされ、極微のシグナルを検出する超伝導量子干渉素子を備えていた。そのなかの一台が何かを見つけたように見えたときもあったが、データは批判者には十分納得のいくもののではなかったし、大半の検出器は今では退役している。一方、ウェーバーは一九八〇年代の終わりに全米科学財団からの資金援助を断たれていた。一部私財を投じながら、彼は二〇〇〇年九月に亡くなるまでバー検出器を稼働しつづけた。彼の作った装置のいくつかは、今もメリーランド大学構内の小さな車庫のような建物に鎮座し、ただほこりをかぶっている。

＊＊＊

悲しい話だ。ジョー・ウェーバーが気の毒に思えてならない。だがこれは、往々にして先駆者の宿命と言える。研究の新分野を切り拓くのは、最高に難しいことなのだ。追い求めていることが簡単なら、みんながもうしているだろう。あなたが最初なら、理由はともかく成功しない可能性が高い。

アインシュタイン波に関わる研究でのちにノーベル賞を共同受賞することになるひとりの天文学者は、一九七四年六月の相対性理論にかんする第五回ケンブリッジ会議に出席していなかった。彼は、ウェーバー・バーの論争を知りもしなかったのである。当時二三歳だったラッセル・ハルスは、プエルトリコのアレシボ電波天文台で、博士論文の研究の一環としてパルサーを観測していた。その夏ハルスは、重力波の存在について、最初の（間接的な）証明へ導く発見をなし遂げた。

だが、その話を掘り下げる前に、中性子星とは何かを理解しておく必要がある。では、宇宙物理学の速習コースに備えてしっかりベルトを締めなおそう。

第5章　星の生涯

カール・セーガンを覚えているだろうか？　惑星科学者で、天文学を一般に広め、一九八〇年の全米公共放送網のテレビシリーズ『コスモス』で司会を務めた人物だ。放送されたのが、あなたが生まれる前のことだったら、ネットで検索するといい。とても観る価値のある番組だ。

番組の第九回は、クラシック音楽とともに、アップルパイを作るところがスローモーションで大写しになって始まる。それから正装した給仕が銀の大皿にパイをのせ、ケンブリッジ大学の大食堂を、セーガンのもとへと運ぶ。セーガンは、広い部屋の奥に優雅にしつらえられたテーブルに着席している。パイが目の前に置かれると、セーガンはカメラのほうを向いてこう言うのだ。「ゼロからアップルパイを作りたかったら、まず宇宙を作らなければなりません」

確かにそのとおりだ。ビッグバンがなければ、銀河も、恒星や惑星もないだろうし、ましてやアップルパイなどあるわけがない。身のまわりにあるどんなものにも、それぞれのたどった歴史がある。椅子にも、猫にも、車のキーにも——それらを真に理解するには、出自を知らなければならない。

同じことは中性子星にも言える。セーガンのフレーズを言い換えれば、中性子星とは何かを知りたかったら、まず星の進化を知らなければならない、となる。なにしろ、中性子星は恒星の骸《むくろ》なのだから。重力波の話をするためには、中性子星のことをしっかり知る必要があるので、星の生涯について入門コースをこれから受けてもらおう。そして最後にまたセーガンのアップルパイに戻る。

＊　＊　＊

恒星は重要な存在だ。ひとつには、生物にエネルギーを供給するからである。たとえば地球上の生命は、太陽からのエネルギーにすっかり依存している。太陽のエネルギーがなければ、地球は黒くてとても冷たい岩塊となる。何も生き残れない。

われわれがそこまで太陽に依存しているのなら、太陽がどのようにして活動し、何でできているのかを知っておいたほうがいい。エネルギーの出どころはどこか？　どれだけ長くもちこたえるのか？　太陽が死んだらどうなるのか？　こうした疑問の答えを天文学者が知ってから、まだ一世紀も経っていない。なにしろ、太陽は実験室で調べられないし、太陽の素材のサンプルを顕微鏡で見ることもできないのだ。

ならば、産業革命の初めごろ、太陽が石炭でできていると考えた人がいたのもほとんど不思議はない。石炭は、新たに登場した奇跡のエネルギー源だった。その黒いものをたくさん積み上げるとと、光りはじめると考えられたのだ。一九世紀の科学者はもう少し現実的で、太陽はゆっくり収縮しているか、ひょっとしたら絶えず隕石の爆撃を受けているのかもしれない、と考えた。どちらのプロセスも、エネルギーを放出する。

だがみんな間違っていた。太陽は収縮していない。むしろ大きくなっている。気づかないほどゆっくりとではあるが。またもちろん、隕石や彗星がずっと太陽に飛び込んではいるが、衝突の頻度は太陽の発する熱や光を説明するには圧倒的に低すぎる。さらに石炭については、もしも太陽が「石炭火力発電所」だったとしたら、六〇〇〇年ほどしかもたないはずだ。これは一部の創造論者の世界観とは合っているかもしれないが、実際には地球の生命がたどってきた歴史の五〇万分の一にも満たない。

ここでセシリア・ペインの出番だ。一九歳のときにペインは、アーサー・エディントンの日食観測隊がアインシュタインの一般相対性理論の確証を得たこと——第3章で語った話だ——を知り、天文学に興味をもった。四年後、イギリスを出てハーヴァード大学天文台で特別研究員となり、天文学の博士号をラドクリフ・カレッジ〔訳注：ハーヴァード大学と提携関係にあった女子大学で、現在はハーヴァードに吸収されている〕で同学史上初めて取得した。そして一九二五年の論文で、太陽がおおかた水素という自然界で最も単純な元素でできていることを示した。ほかの恒星も同じにちがいないので、ペインは事実上宇宙の組成を明らかにしたことになる。だとすれば、ほとんどの人が彼女の名を聞いたこともないというのは、ずいぶん情けない話だ。

今では、太陽は七一パーセントが水素で、二七パーセントがヘリウム（自然界で二番目に単純な元素）で、ほんの二パーセントがそれより重い元素だとわかっている。「巨大」という言葉はふさわしくないかもしれない。「ばかでかい」のほうがいいだろう。直径はなんと一四〇万キロメートルで、地球の一〇〇倍を超える。太陽がビーチボールだとすれば、地球はビー玉ほどにすぎない。頭でイメージしてみるといい。さらに、太陽がビーチボールのように「中空」だとしたら、地球サイズの青いビー玉が一三〇万個以上も収まることになる。なんともすごい。

では、水素とヘリウムのばかでかいボールが、どうやって不断のエネルギーの流れを生み出すのだろう？　それは簡単で、核融合による。いや、そんなに簡単ではないかもしれない。アメリカの物理学者ハンス・ベーテがその詳細を明らかにするのに、一九三〇年代の終わりまでかかったのだから。だが詳細を気にしなければ、実に単純だ。太陽のコア（中心部）では、上の層の重みでガスが強く圧縮されている。密度は鉛の一三倍。こうした極端な環境では、原子「核」同士が「融合」を始める。これが核融合だ。また、一九五〇年代初頭にアメリカで史上初めて開発された水素爆弾の実験の映像を見たことがあれば、核融合がエネルギーを、それも莫大なエネルギーを放出することは知っているだろう。

ひとつ思考実験をしてもらおう。太陽のコアで一秒だけ核融合反応のスイッチを入れてから、スイッチを切ることができたとする。この一秒間で何が起こるだろうか？（びっくりさせてしまいそうだが、起こることは、想像しがたいとしても事実だ）。

たった一秒で、五億七〇〇〇万トンの水素ガスが核融合反応に関与する。一辺六〇〇メートルを超えるコンクリートの立方体に相当する質量だ。あなたが本当に大きな数が好きなら、水素原子核3.4×10^{38}個と言っておこう。そう、一秒間にだ。こうした軽い水素原子核（実は一個の陽子）が融合して、より重いヘリウム原子核になる。ヘリウム原子核は陽子のおよそ四倍の質量をもつので、水素原子核が四個、核融合というブラックボックスに入るごとに、ヘリウム原子核が一個出てくるのだ（それでもまだ数が多く、3.4×10^{38}を4で割るとわかるように、8.5×10^{37}個になる）。

ところで今、大きな数の科学的表記法を取り入れた。なじみがない方のために説明すると、これには小数点の移動が関係している。3.4×10^{38}とは、3.4から0を書き加えながら小数点の位置を右に三八個ずらした数だ。すると、340,000,000,000,000,000,000,000,000,000,000,000,000になる。同じように、3.4×10^{-20}なら、小数点の位置を左に二〇個ずらさなければならず、

0.000,000,000,000,000,000,034となる。天文学は大きな数を扱う科学だ。天文学の本で、ところどころ科学的表記法を用いないと、とても多くの木を消費してしまうことになる。

このように、一秒ごとに莫大な数の陽子（水素原子核）が融合してヘリウム原子核になる。ここから込み入った話になる。先ほど、ヘリウム原子核は陽子のおよそ四倍の質量をもつと言った。実は、四倍よりちょっとだけ少ない。五億七〇〇〇万トンの水素から、五億六六〇〇万トン「だけ」ヘリウムができる——〇・七パーセント減るのだ。では、減った四〇〇万トンはどうなったのか？　もう見当がついているかもしれないが、エネルギーに変換されたのである。$E=mc^2$——またもやアインシュタインの登場だ。

したがって、この一秒間の思考実験で、太陽は四〇〇万トンの質量を失ったことになる。事実上それだけ目方が減ったというわけである。そもそもそれで太陽がなくならないのかと案じる人のために、ちょっと計算をしよう。太陽がこれまで四六億年（一四京五〇〇〇兆秒）のあいだ一定のペースで質量を失っていたとしたら、現在は生まれたときより6×10^{23}トン少ない。しかしそれは、総質量2×10^{27}トンの〇・〇三パーセントにすぎない。ちっともすごくはない。じっさい、事実上目方が減ったという話に戻れば、一〇〇キログラムの人の場合、〇・〇三パーセントは三〇グラムにしかならないのだ。

失った質量のすべてがエネルギーになるわけではない。四個の水素原子核が融合して一個のヘリウム原子核になるとき、二個の陽電子と二個のニュートリノも生み出される。だが、二個の陽電子の質量は水素原子核の〇・一パーセントにも満たないし、ニュートリノの質量はほぼゼロだ。ひとまず、これらの粒子は無視していいだろう（しかしニュートリノにはあとでまた戻る）。そのため、結局のところ太陽は、毎秒四〇〇万トンの質量を純粋なエネルギーに変換している。これは莫大なエネルギーだ。四〇京ギガジュール［訳注：ギガは一〇億］、つまり全人類が一年間に消費するエネルギーのおよそ一〇〇万倍を、一秒間に生み出している。太陽の一秒ぶんの核エネルギーを利用できさえすれば、西暦一〇〇万二〇〇〇年までエネルギー危機はなくなるだろう。

一秒間の思考実験をここで終え、核融合反応が奇跡的に停止したとする。生じたエネルギーはどうなるだろう？　このエネルギーは、高エネルギーのガンマ線として生じたものだが、そのガンマ線は太陽内部にほとんど閉じ込められている。前にも言ったとおり、コアの密度は非常に高いので、一五〇〇万度のガスはほぼ不透明だ。ガンマ線の光子は遠くまで進めず、ガスの粒子と強く相互作用する。その結果、先の一秒間に放出されたエネルギーは吸収され、再び放出されて、太陽のなかでランダムな方向に散乱し、また吸収され再放出されるというのを繰り返す。とうていすばやく進めはしない。

完全な真空では、光は秒速三〇万キロメートルで進む。あなたは単純に、太陽内部の放射が二秒ちょっとで表面に届くと思ったかもしれない。なにしろ、たった七〇万キロメートルの旅なのだから。ところが実際には、太陽が不透明なせいで、一〇万年ほどかかる。したがって、思考実験の一秒間に生じた四〇京ギガジュールの核エネルギーは、一〇万年後まで太陽表面に到達しない。太陽表面からは、その光はわずか八分二〇秒で、真空に近い惑星間空間を旅して地球に届く。

当然だが、するとわれわれが今太陽から受け取っているエネルギーは、およそ一〇万年前に生み出されたものだということでもある。われわれには、原初のホモ・サピエンスの時代にまでさかのぼる太陽エネルギーが降り注いでいると言ってもいい。そして、何かの理由でたった今太陽内部の核融合反応が停止しても、まだ五〇〇〇世代ほどは無事に過ごせるはずだ。

こうしていまや、太陽が何でできていて、どうやってエネルギーを生み出しているのかはわかっている。同じ説明が、夜空のあらゆる星に対しても成り立つ。どれも、水素とヘリウムの核エネルギープラントで、毎秒途方もない量のエネルギーを汲み出している。しかしわれわれが追い求める中性子星のことを知るには、星の誕生と死についても知る必要がある。

＊＊＊

星々はずっとあったわけではなく、この先永遠にあるわけでもない。生まれてからその生涯を送り、死ぬのである（もちろん星は実際には生物ではないが、この比喩は便利すぎて捨てられない――本職の天文学者さえ、星の誕生と死について語る）。われわれの太陽は中年の恒星だ。四六億年ほど前に生まれ、余命はあと五〇億年ある。

遠い昔に太陽が生まれたとき、それを記録する人がいなかった。また頼れるタイムマシンもないので、遠い未来の太陽の死を見届けることもできない。ならば、どうやって太陽の生涯の始まりと終わりのことがわかるのか？　太陽が年をとる過程さえ、ゆっくりすぎてわれわれにはわからない。われわれに手に入るのは、現在のたった一枚のスナップ写真だけなのだ。

いや、本当にそれだけだろうか？　なにしろ太陽はわれわれに見える唯一の恒星ではないのだから。あなたがエイリアンで、ヒトのライフサイクルを調べるのが仕事だとしよう。あいにくあなたのＵＦＯは、地球に降りた翌日にまた飛び立ってしまう。その一日のあいだでは、個体が年をとるのには気づけない。だが注意深く見まわせば、ヒトの生涯におけるさまざまな段階が目にとまる。病院で生まれている赤ん坊。校庭で遊んでいる子ども。恋愛中の若いふたり。しわや腹回りの肉と戦っている中年の大人。車椅子の老人。葬儀。すべてが合わさって、ヒトの生涯をありありと描く一枚の絵となっている。

恒星の場合も同じだ。われわれは、どの星のゆっくりした進化にも気づけない。だが天の川銀河を見まわせば、恒星の生涯におけるさまざまな段階が目にとまる。そうして天文学者は、星の進化の物語を組み上げることができたのである。

恒星のレシピはこうだ。大量のガスを用意する。それを十分に小さな体積に押し込む。そして待つ。こんなに簡単。あとは自然がやってくれる。

恒星間の空間は、実は空っぽではない。ガスで満たされている。多くの場所で、ガスは熱くて希薄だ。一立方センチメートルあたり原子一個にも満たない。ほとんどの物理学者はそれを完全な真空と呼ぶ。しかし一部の場所では、冷たい星間ガス雲が濃密になりえて、最大で一立方センチメートルあたり原子か分子が一〇〇万個に達する。それだけあれば、粒子がいくらか重力を感知しだす。

そして十分に大量のガスが十分に小さな体積の空間に存在すると、自然と重力が圧倒的になる。ガス雲がみずから収縮するが、それは、構成する粒子を重力が互いにできるだけ近くへ引きつけるという単純な理由による。

左右の手でつかんだ雪をできるだけ近くに固めようとしたことがあるだろうか？　もちろん、しまいには雪玉になる。物質を固めるのに、球以上に効率的な形はない。だからこそ、われわれの太陽も含め、恒星は球形をしている（ちなみに惑星でも同じことが言えるが、レンガや山や小惑星には言えない。それらには十分な自己重力がないので、電磁力に支配されている素材の強度に打ち勝てないのである）。

重力が希薄な星間ガス雲を引き寄せて高密度の球体にできるというのは、わかりやすい。だが、この重力による収縮がなぜ止まるのかは、そこまで明白ではない。実は、生まれたての星のコアにあるガスによる圧力が、内向きの重力に逆らう外向きの力を及ぼすからなのである。この圧力が高くなると、それ以上ガスを圧縮しにくくなる。

核融合反応の点火は、恒星のコアにあるガスを加熱し、さらに圧力を増す。じっさい、太陽のコアの圧力は二五〇〇億気圧ほどもある。それだけあれば、上に載っているガス層の重さに耐えられる。重力に耐えられるのだ。いずれ恒星は、宇宙物理学者が静力学平衡と呼ぶ状態になる。この状態の星をさらに押し縮めたとしよう。するとコアの密度が高まる。そして核融合反応が加速し、温度と圧力が上昇する。その結果、星は再び膨張し、もとの平衡状態のサイズになる。

これはまた、恒星は幅広いサイズになりうる――そして実際にそうなっている――ということでもある。恒星の初期の直径は、収縮するガス雲の質量に左右される。質量が大きいと、コアの密度が高くなる。密度が高いと、核反応が激しくなる。核エネルギーが大きいと、温度と圧力が高くなる。結局、太陽よりはるかに大きなサイズで静力学平衡に達する。こうして自然は、大質量で、高温で、明るい巨星をこしらえているのだ。

一方、もとのガス雲が小さいと、コアの密度は低いままだ。核融合は、そもそも始まったとしても、ゆっくりしたペースで進む。恒星内部は比較的低温のままで、圧力は非常に高くはならない。そして恒星が太陽のサイズの一〇パーセントほど――木星ぐらいの大きさ――にまで収縮してようやく、静力学平衡に達する。するとほら、低質量で、低温で、比較的暗い矮星のできあがりだ。

矮星なんてどうでもいいと思うのなら、考えなおしてほしい。まず第一に、それはもっと大きくて明るい親類よりもはるかに数が多い。ここで語っている対象は「自然界」であり、自然界では小さなものが大きなものよりつねに数が多いことを忘れないでもらいたい。ネズミはゾウよりも多く、小石は岩よりも多く、小惑星は惑星よりも多い。必ずそうだ。しかし、数が多いだけでなく、矮星は巨星よりはるかに長生きでもある。

ちょっと待って。長生き？　どうしてそんなことが？　小さければ、巨星に比べて使える核燃料が少ないのではないのか？　確かにそうだ。矮星は、いわば燃料タンクが小さい。ところが矮星は大変な倹約家でもある。核融合がゆっくりしたペースで進み、使える水素の量が比較的少なくても、数百億年反応を続けられるのだ。

矮星が遅くて経済的な宇宙のコンパクトカーだとしたら、巨星は燃費の悪い宇宙の大型車だ。巨星ははるかに多くの燃料を積んでいるとしても、やたらに使うのである。ほどなく供給できる水素を使い果たす。宇宙で最も質量の重い恒星は、一〇〇万年ほどしか生きられない。

われわれの太陽はその中間あたりだ。重すぎず、軽すぎず。先述のとおり、今の年齢は一〇〇億年という寿命の半分ぐらいにあたる。しかしほかの恒星と同様、永遠には生きられない。また天文学者は太陽と似たような星でのちの段階を観測しているので、太陽がいつ、どのように死ぬのかはわかっている。

今後数十億年のうちに、太陽のコアにある水素は、どんどんヘリウムに転換されるために枯渇していく。だが、ずっと外側の、この新たにできたヘリウムだらけのコアを取り巻く分厚い殻では、まだ水素の核融合が続いている。その結果、外側の層は次第に宇宙空間へ向けて膨張していく。われわれの太陽はゆっくりと巨星になる。今から一〇億年以内に、太陽のエネルギー出力は、地球の海が蒸発しだすほど高くなっているだろう。

一方、ヘリウムのコアは次第に大きくなり、重くなっていく。ヘリウム原子核がどんどん密に詰め込まれ、ついには今からおよそ五〇億年後、密度が十分に高くなると別の核反応に火が点く。量子力学の詳細については説明を割愛するが、ヘリウムは融合していっそう重い元素になっていく。最初は炭素、次に酸素だ。

ヘリウムの核融合では、水素の核融合よりはるかに大きなエネルギーが生み出される。その余分なエネルギーのおかげで、太陽は膨張して赤色超巨星になり、直径が優に一億キロメートルを超える。哀れな水星と金星。これらふたつの内惑星は呑み込まれ、岩石や金属は過熱した蒸気となって太陽の外層に混ざる。これは最大規模の惑星破壊だ。

地球はどうだろう？　実は、すんでのところで、この地獄の試練から逃れられそうだ。太陽が、星のフィーバーとでも呼びたい現象――終わりが近づいている確かな徴候――を示すからである。具体的には、脈動を始め、およそ二四時間ごとに膨張と収縮を繰り返す。また副作用として、外層の水素がゆっくり宇宙へ吹き飛ばされる。こうして質量が失われると、惑星をとらえる太陽の重力が弱まり、惑星の軌道が広がる。この効果は水星や金星を救うには小さすぎるが、地球はぎりぎり生き延びそうで、岩石質のマントルが惑星規模の赤熱する溶岩の海になる（生き延びるといっても、水星や金星に比べればのことだ）。

それから一〜二万年以内に、太陽の外層の大半は吹き飛ばされ、色とりどりの泡となって広がる。現在までに、天文学者は、天の川銀河でそうしたつかの間の泡を何千もリストアップしているが、もっと多くあるにちがいない。歴史的な理由で、それらは惑星状星雲と呼ばれている。一八世紀の終わりにそれを初めて記述したウィリアム・ハーシェルが、望遠鏡で見た惑星の円盤像に似ていると思い、その名前がついたのだ。

このあいだに、ヘリウムの爆発的な核融合が停止する。宇宙の目がまたたく間に、太陽のヘリウムはほとんど炭素と酸素に転換されてしまう。重力に逆らうエネルギー産生がないので、コアが収縮しだし、それがずっと続いて、やがて白色矮星という異様なものが残る。太陽のもとの質量の半分ぐらいが、地球ほどの球体に詰め込まれたものだ。その密度は、一立方ミリメートルあたり約一キログラム。

白色矮星は、最初はきわめて高温だ。表面温度は摂氏一〇万度にもなるかもしれない。だが表面積は小さいので、多くの光を発しない。知られているなかで最も近い、一〇光年にも満たない距離にある白色矮星さえ、肉眼では見えない。やがて白色矮星は、残っている熱を冷たい真空の宇宙に放射しながら、ゆっくり冷えていく。

最後に残るのは、黒くて不活性の縮退物質［訳注：ここでは詳細に触れないが、電子の縮退圧というものに支えられながらぎゅうぎゅう詰めになった状態の物質］のかたまりだ。星の燃えかすである。

太陽よ、安らかに眠れ。

＊＊＊

ところで中性子星はどこへ行ったのか？　先にこう言っておくべきだったかもしれない――太陽は中性子星になるほど重くない。白色矮星自体がかなり奇妙なものだが、中性子星はそれよりずっと異様だ。それを作るには、まず太陽より少なくとも九倍重い星が要る。

前にも言ったように、大質量星は生き急いで若死にする。寿命は一〇億年単位ではなく一〇〇万年単位だ。まるで、われわれの太陽のような星の進化を、ＤＶＤプレーヤーの早送りボタンを押して加速させているかのように見える。水素の核融合から、外層の膨張、ヘリウムの点火、炭素・酸素のコアの形成、水素の外層の喪失――このすべてがはるかに急速に起こるのである。

だが、それから事態はまるで違う方向へ進む。理由は単純だ。太陽よりは<u>る</u><u>か</u><u>に</u>重い星では、外層がコアに重くのしかかる。すると、炭素・酸素のコアの密度と温度が太陽の場合よりはるかに高くなり、密度は一立方ミリメートルあたり三キログラムを超え、温度は摂氏五億度ほどになる。これで十分に、もう一段上の核融合反応が始まる。ただし、今度は星のコアにある核融合エンジンが、水素でなく炭素で動くのだ。

細部までは述べないが、一〇〇〇年ほどで（星の質量による）、炭素はネオン、マグネシウム、ナトリウム、そしてより多くの酸素に転換される。相当な宇宙の錬金術がそこでおこなわれているのだ！　炭素が尽きると、星のコアがまた収縮を始める。密度と温度がいっそう高い値になる——とても高いので、ネオンがマグネシウムに転換されるのである。

ここから流れは一気に加速しだす。わずか数年後、ネオンもほとんどなくなる。いまや、星のコアは酸素とマグネシウムで構成されている。これが収縮すると、酸素の核融合が始まり、このとき酸素は、ケイ素と、少量の硫黄とリンに転換される。このプロセスが続くのは、ほんの一年ほどだ。そして星のコアは酸素を使い果たしてまた収縮し、およそ摂氏三〇億度にまで加熱される。それから一日もしないうちに、ケイ素が核融合を起こして、アルゴン、カルシウム、チタン、クロム、さらには大量の鉄とニッケルなど、さまざまな重い元素ができる。これはもう、われわれの太陽のコアで目にした、穏やかで安定した核融合のプロセスではない（太陽の水素の大半がヘリウムにゆっくり転換されるのに、何十億年もかかることを思い出してもらおう）。むしろ、天文学的な規模での熱核爆弾、宇宙の大量破壊兵器なのである。

この恒星という時限爆弾を半分に割ると、タマネギに似ている。コアには鉄とニッケルがある。もちろん固体金属の形態ではない。途方もなく高密度かつ高温ではあるが、すべてガスなのである。鉄・ニッケルのコアのまわりには、ケイ素と硫黄の殻がある。その外側は、酸素とネオンとマグネシウムからなる別の層が取り巻いている。さらに上には、酸素、炭素、ヘリウム、水素の層が順に続く。ただし、そのころにはほとんどの水素が宇宙空間に逃げ出してしまっているだろう。層の境界では、低温の核融合反応がまだ起きている。星のタマネギは、核エネルギーに満ちあふれているのだ。しかし終わりの時は近い。

破局はコアで始まる。ケイ素がすべてなくなると、恒星の核融合エンジンはガス欠になる。実は、鉄とニッケルは自然に核融合してさらに重い元素にはならないのだ。核融合は、より高い結合エネルギー（つまりより高い安定性）をもつ原子核を生み出す方向へ進むのだが、鉄やニッケルはすでに最大の結合エネルギーをもっている。ひとことで言えば、自然には、それらをより重い元素に転換すべき理由が見当たらないのである。

重力はすぐさまチャンスをとらえる。数百万年のあいだ、重力は、恒星をどんどん小さなサイズへと圧縮し、構成粒子をできるだけそばにくっつけようとしてきた。だが幾度となく、この力はその星のエネルギー産生による外向きの圧力によって阻まれてきた。そして今、ついに重力の我慢が報われた。恒星の核融合エンジンが停止し、コアで新たなエネルギーは生み出されない。

一秒も経たぬ間に、恒星のコアはつぶれる。太陽数個ぶんの質量をもつとんでもなく熱いガスが、わずか直径二五キロメートルほど——ロンドンやパリの街ぐらいのサイズ——の球体に押し込まれる。一立方ミリメートルあたりおよそ一〇万トンの質量が詰め込まれた、この超高密度の核物質のボールを、中性子星という。したがって中性子星は、核燃料を使い果たした大質量星のコアがつぶれたものなのだ。

ところで、なぜ中性子星というのだろう？　そう、予想がついていたかもしれないが、中性子できているからだ。ここまで中性子の話はしてこなかった――する必要がなかった――が、話題にしたからには、素粒子の世界にちょっと寄り道をしよう。

通常の原子は、原子核を電子の雲が取り巻いてできている。電子は非常に軽い粒子なので、原子の質量はほぼすべて、原子核に集中している。しかし、原子核は一個の粒子ではない。陽子と中性子――ほぼ同じ質量をもつ二種類の素粒子――の集まりなのだ。

原子核に含まれる陽子の数は、対象となる元素の種類によって決まっている。たとえば水素の原子核は、ただ一個の陽子からなる（そして中性子はない）。ヘリウムには、二個の陽子と二個の中性子がある。炭素の原子核はもっと大きくて重く、六個の陽子と六個の中性子をもつ。鉄は二六個ずつもつので、鉄の原子核には、水素の原子核に比べて五二倍の質量がある。これで天文学者が「重元素」と言う意味がわかるだろう（さらに重い元素では、原子核中の中性子の数がたいてい陽子の数よりやや多くなる。たとえば亜鉛は三〇個の陽子と三五個の中性子をもつ）。

通常の状況では、原子核を取り巻く電子の数は、原子核のなかにある陽子の数に等しい。水素なら一個、ヘリウムなら二個、炭素なら六個、鉄なら二六個、亜鉛では三〇個といった具合に。陽子は正電荷をもち、電子は負電荷をもつため、通常の原子には正味の電荷がない（中性子はどうか？　実は、それを中性子と呼ぶ理由が答えだ。電気的に中性なのである）。

ところが恒星のコアには、中性の原子はない。あまりにも極端な条件で、電子はもはや原子核にまとわりついていられないのだ。むしろ、恒星内のガスはプラズマ（荷電粒子［訳注：電荷をもった粒子］の混合体）という状態になっている。正電荷の原子核と負電荷の電子がどれも勝手に動き、まるで人混みのなかで互いを見失った親子のようだ。

自由にうろつき回る電子は、核融合のプロセスで重要な役割を果たす。電子と相互作用して、陽子は中性子に姿を変えることがある。電子の負電荷と陽子の正電荷が打ち消し合って、電荷のない中性子ができるのだ。そのようにして、四個の水素原子核（四個の陽子）の融合で、二個の陽子と二個の中性子からなるヘリウム原子核が生じる。前にも言ったが、このプロセスでは陽電子（電子の反粒子だが、ここではひとまず重要ではない）とニュートリノ（幽霊のような素粒子で、本書の話にとってはむしろこちらのほうが重要）もできる。

ここに、得るべき情報がたくさんあることに気づく。とくに重要なのは、死にゆく巨星のつぶれるコアに、正電荷をもつ鉄・ニッケルの原子核と負電荷をもつ電子からなる、プラズマがあるということだ。しかも、電子の数と、原子核にある陽子の数は同じなのである。

そこで、重力が最後の打撃を加えたらどうなるだろう？　プラズマが途方もない密度にまで圧縮される。個々の粒子――原子核と電子――は互いに押しつけられる。いや、電子が、ほぼ同数の陽子と中性子からなる原子核に乱暴に押し込められると言うほうが正しい。電子は陽子と相互作用せざるをえず、中性子になる。一秒も経たずに、陽子がすべてなくなる。残るのは、電荷のない中性子がぎっしり詰まった硬い大きな球体、中性子星である。

ここまでは、恒星の「コア」の話しかしていない。タマネギ状の外層はどうなるのだろう？　それも最終的に中性子星に収まるのか？　いや、そうはならない。まるで逆だ。恒星の外層――実は恒星の総質量の大半を占める――は、宇宙がわれわれに用意している最大級の劇的な出来事によって、宇宙に吹き飛ばされる。超新星爆発だ。

なぜそうなるのか？　先に見たとおり、初めは星全体がつぶれだす。なにしろ、内向きの重力に逆ら

おうし座のかに星雲は、中国や朝鮮の天文学者が西暦1054年に観測した超新星爆発の残骸が広がったものだ。星雲の中心には、高速で自転する中性子星——星のコアが収縮して残ったもの——がある。

うエネルギー産生が、コアでほとんど起きていないのだ。しかし、自由落下するガス――おそらく太陽質量の五～六倍ほど――が、できたての中性子星の表面に衝突する。中性子星はそれ以上圧縮できないので、ガスはそこで止まる。落下したガスの運動エネルギーは熱に変換され、燃えさかる火の玉となって再び外へ飛び散り、行く手にある何もかもを巨大なブルドーザーのように押しやっていく。

先ほど挙げたニュートリノも、ここで役目を果たす。ニュートリノは、陽子が電子と相互作用して中性子に変わったときに生じることを思い出してほしい。中性子星ができると、ニュートリノの津波が起こる。新たに生じる中性子一個につき一個のニュートリノができるからだ。ニュートリノは通常の物質とはほとんど相互作用しないが、外向きの圧を後押しする。つまり全体として、星のコアはつぶれて中性子のぎっしり詰まったボールになる一方、残る大半の部分は破片になって宇宙へ吹き飛び、急激に広がる殻ができるのだ。

超新星はものすごいものだ。何週間も続けて、この破局的な爆発は、一個の銀河にあるすべての星を合わせたよりも多くの光を生み出せる。私としては、超新星１９８７Ａが忘れられない。一九八七年の二月下旬に南天で爆発を起こした星だ。三か月後、私はチリのヨーロッパ南天天文台を人生で初めて訪れた。爆発の弱まりゆく光がまだ肉眼でもよく見えた。一六万七〇〇〇光年も先から届いたことを考えれば、実にたいしたものだ。

もっとすぐそばの星が超新星になったらいいのにと思ってはいけない。超新星のエネルギー放射で地球の大気が吹き飛び、地球は不毛の星となってしまう。幸い、超新星はかなりまれにしか見られない。われわれの銀河で一番最近に観測されたのは一六〇四年で、およそ二万光年という安全な距離で生じている。

そんなわけで、この重力波の話にとって非常に重要となる中性子星は、巨星のおそろしく異様な亡骸《なきがら》なのである（異様さという点では、ここまではまだ上っ面をなでたにすぎない。このあと本書でもっと紹介しよう）。そして、中性子星の形成とともに、宇宙最大級の爆発現象が起きる。超新星だ。第6章では、一九七〇年代の中性子星の観測によって、時空のわずかなうねりが直接検出されるはるか以前に、アインシュタイン波の存在が確かめられたことを見ていこう。

＊＊＊

おっと、カール・セーガンのアップルパイのことをすっかり忘れていた。すまない。星の進化にかんする刺激的な話に夢中になっていた。だがもちろん、セーガンが番組『コスモス』で発した言葉――「ゼロからアップルパイを作りたかったら、まず宇宙を作らなければなりません」――は、まさに宇宙の進化について語っている。銀河の形成がなければ、恒星の誕生がなければ、惑星状星雲や超新星爆発がなければ、そのアップルパイを焼くことはできなかったのだ。

第9章で見るとおり、宇宙は素粒子の原始スープで始まった。数十万年後、そうした素粒子は集まって水素とヘリウムという単純な原子になった。星の進化がなかったなら、宇宙の核融合オーブンに火が点かなかったなら、宇宙にはまだ、水素とヘリウムしかないだろう。使えるものがほとんどない。

アップルパイには――椅子や猫や車のキーと同じく――水素やヘリウムよりも重い元素がたくさん含まれている。炭素、酸素、窒素。ナトリウム、カルシウム、リン。マグネシウム、アルミニウム、鉄。そしてこれらの元素は皆、これまで宇宙が進化してきた一三八億年のあいだ、星々の内部でこしらえられてきた。全部合わせても、宇宙に存在する原子の総質量のわずか一パーセントほどにしかならないが、そんなわずかな量で大違いなのだ。

そうした元素は、恒星風に乗って虚空へ吹き飛ばされ、惑星状星雲を構成したり、星の爆発によってばらまかれたりして、次第に星間空間へ広がっていった。銅や亜鉛、金、ウランといったさらに重い原子も少量、超新星の残骸のなかや、中性子星同士の破局的な衝突の際に、作られた。ガス雲は、複雑な分子と塵の粒子を多く含むようになる。やがて新たな世代の恒星は惑星を従え、一部の惑星は十分に温かいために液体の水をたたえた。そんな岩石質の世界の少なくともひとつで、炭素をもつ分子が降り注ぎ、やがて最初の生物が組織される。数十億年後には、この惑星に、小麦と、サトウキビと、リンゴの木が現れていた。アップルパイに必要な材料である。

そして、人間も現れた。

アップルパイで言えることは、あなたや私にも当然言えるのだから。おそれながら私が思うに、これは科学が語るべき最もすばらしい話だ。あなたの筋肉にある炭素も、あなたの骨にあるカルシウムも、あなたの血液にある鉄も、あなたのＤＮＡにあるリンも、すべて遠くの星々の核融合反応によって合成された。カナダのフォークシンガー、ジョニ・ミッチェルが一九六九年に発表したバラード『ウッドストック』に書いたとおり、「私たちは星のかけら――一〇億年前に生まれた炭素」なのである。

星の生涯は、われわれ自身の生涯と密接に結びついている。

われわれは宇宙と一体なのだ。

第6章 時計仕掛けの正確さ

「パルサー」は、アメリカで売られている時計のブランド名だ。そのメーカーは、今ではセイコー・ウォッチに吸収されているが、一九七二年に世界初のＬＥＤ腕時計を作った。電子式で、デジタル表示。実にクールだ（念のために言うが、四五年前のことである）。

「パルサー」は、日本のメーカーである日産が、一九七八年に初めて生産したハッチバック型乗用車の名前でもある。インドのバジャージ・オート社の大衆向けスポーツモデルのオートバイにも、同じ名前のエンブレムが付いている。イギリスのハイテク照明器具メーカーの社名もパルサーで、リトアニアの暗視装置メーカーの名前もそうだ。

だが一九六七年以前、「パルサー」という言葉は存在しなかった。初めて活字になって現れたのは、一九六八年の春、イギリスの新聞『デイリー・テレグラフ』の紙面である。腕時計や車、バイク、照明、暗視装置の記事ではない。天文学の驚くべき発見の記事だった。一〇年後、その発見は重力波の最初の間接的検出へ導いた。

第5章で、中性子星について話をした。超新星爆発の遺物で、爆発四散した大質量星の亡骸《なきがら》だ。きわめて小さいのに途方もない密度をもつ中性子星は、宇宙の住民のなかでも最高に異常な部類に入る。その存在は、アインシュタインのようにアメリカへ移住したふたりのヨーロッパ人天文学者、ヴァルター・バーデとフリッツ・ツヴィッキーによって一九三四年に最初に予言されていた。

超新星爆発は、われわれの銀河で何十億年も前から起きていたにちがいない。だから一九六〇年代に天文学者は、天の川銀河に中性子星が数千万個はあるはずだと十分わかっていた。しかし実際にはひとつも観測されなかった。考えてみればさほど意外ではない。生まれたての中性子星の表面はきわめて熱いが、その表面積は数百平方キロメートルにすぎないのだ。そのため、高エネルギー放射の総量はかなり少ない。たとえ中性子星がそばにあっても見つけにくいだろう。

だから、二四歳の大学院生ジョスリン・ベルによる発見は、人々を驚かせた。北アイルランドで生まれたベルは、イギリスのケンブリッジ大学で、電波天文学者アントニー・ヒューイッシュの指導を受けて研究していた。一九六〇年代、宇宙の隅々から届く長波長の放射を調べる電波天文学は、まだかなり新しい分野で、しじゅう新たな発見がなされていた。

ベルが建造を手助けした電波望遠鏡は、基本的に木製の柱を並べてワイヤーを張りわたしたものだった。旧式のテレビアンテナのようでもあるが、ただそれよりずっと大きい。この安価な仕掛けで、空からの電波がとらえられ、地震計の出力にも似たチャートが日々およそ三〇メートルも得られた。

すべては、サマー・オブ・ラブ［訳注：アメリカでヒッピー・ムーブメントが絶頂を迎え、西海岸を中心に大規模な集会がおこなわれた時期のこと］として知られる一九六七年の夏に起きた。ヒッピーはサンフランシスコのヘイト・アシュベリー界隈でマリファナを吸い、ビートルズはアルバム『マジカル・ミステリー・ツアー』のレコーディングをしていた。一方、ジョスリン・ベルはもてる時間をほとんど使って電波望遠鏡の記録《レコード》データを肉眼で調べ、波形のなかに予期せぬものがないか探していた。そして見つけたのは、一九六七年の秋だった。

手短に言えば、ベルは、こぎつね座という小さな星座を発信源とする、謎めいた脈動する電波シグナルを見つけたのだ。それは、宇宙のメトロノームのように一・三秒ごとに短い「ピーッ」を発していた。あなたも話を聞いたことがあるかもしれないが、実際に何週間ものあいだ、ベルとヒューイッシュと同僚たちは、自分たちがエイリアンを見つけた可能性を考えた。どんな自然現象が、そうしたすばやくて非常に規則的な電波シグナルを生み出せるというのか？　それは確かに人工的に生み出されたように思われたが、明らかに地球外のものだった。彼らはそのシグナルにＬＧＭ-1というコードネームまでつけた。「緑の小人（little green men）」〔訳注：宇宙人のこと〕の略号である。

意外にも、ベルはこれに苛立った。若い天文学者なら、自分が地球外生命の証拠を見つけたという可能性に大喜びするはずだ、と一般に思われるかもしれないが、そうではない。「私は新しい技術で博士号を取ろうとしていたのに、どこかのおばかな緑の小人が、わざわざ私のアンテナと周波数を選んで人類と交信しないといけなかったなんて」一九七六年十二月にボストンで開かれた会議のテーブルスピーチで、彼女は聴衆にそう語っている。

ＬＧＭの状態は長くは続かなかった。二か月ほどのうちに、ベルはさらに三つ、天空のまったく違う場所で同じように脈動する電波源を見つけた。無関係の四つの異星文明が、同じタイプのコミュニケーション手段を用いることなどありえなかった。自然の要因があるはずだった。その発見を知らせる論文は、科学誌『ネイチャー』の一九六八年二月二十四日号に掲載された。前文にすでに、考えられる説明が示唆されている。「その放射は、銀河系内の局所天体から届いているように見え、白色矮星か中性子

ケンブリッジ大学の電波望遠鏡の前でポーズをとる、24 歳のジョスリン・ベル。1967 年、彼女はこれで最初のパルサーを発見した。

星の振動と関係しているのかもしれない」

ほどなく、『デイリー・テレグラフ』の取材を受けた際に、ヒューイッシュが初めて「パルサー（pulsar）」という言葉を使った。脈動する星を意味する「pulsating star」を縮めたものである。

＊＊＊

しかし、中性子星がなぜ規則的な電波のパルスを発するのだろうか？

答えの案を示そう（そしてこれは『ネイチャー』の論文が示唆していたような振動ではない）。中性子星は途方もなく密度が高いだけでなく、高速で回転している。それは角運動量保存則のためだが、ここでは簡単にアイススケーター効果と呼ぼう。ロシアのフィギュアスケーター、エフゲニー・プルシェンコを見たことがあるだろうか？　彼は四度のオリンピックでメダルを獲得し、二〇〇一年と二〇〇三年と二〇〇四年の世界選手権で優勝している。スピンの最中に彼が腕を体に引きつけるのを見たら、回転が速くなるのがわかるはずだ。これは自然の法則であり、回転しているものが縮むと回転速度が増す（フィギュアスケートが得意でなくても、その効果は実感できる。オフィスの椅子に座り、手足を広げてみよう。そしてだれかになるべく速く椅子を回してもらう。それから手足を体に引きつける。ほら、わかるだろう）。

ゆっくり回転する大質量星のコアがつぶれて直径二五キロメートルもない中性子のかたまりになるのは、宇宙物理学においてエフゲニー・プルシェンコのスピンにあたる現象だ。回転速度は急激に増す。生まれたての中性子星は、一秒間に何回転もしていることがある。

星のコアがつぶれると、別の効果ももたらす。磁場の強さも急激に増すのだ。中性子星は地球の一億倍以上にもなる磁場をもつ。そのため、この小さくて高密度の中性子のかたまりは、極度に磁化され、高速で回っている宇宙の独楽《こま》となる。明らかにふつうの星ではない。

ここから面白いことになる。磁石が回転すると電流が生じる——あなたの自転車に旧式の発電機がついていたら、ご存じだろう。電流は、荷電粒子の流れだ。電荷を加速すると、マクスウェルが教えてくれたとおり、光などの形で電磁波が発生する。つまり、磁化された中性子星は、主に磁軸に沿って電磁放射を発するのだ。中性子星の南北の磁極から、電波や光、さらにはX線が、強力なビームとなって宇宙へ絞り出されるのである（今私が言ったことに注意してもらいたい。南北の磁極からだ。たいていの場合、これは南北の自転の極とは一致しない。地球もそうだ）。したがって、中性子星が回転すると、細い放射のビームが、灯台の光のように空間を掃く。電波望遠鏡がたまたまそうしたビームの一本の通り道にあれば、一回転につき一回、短いパルス状の電波を検出する。中性子星がパルサーとして姿を見せるのだ（そしてまた、一部のパルサーが、可視光やX線のパルスを発するのも観測されている）。

したがって、この灯台効果のおかげで、しかるべき位置にあなたがいれば、パルサーは観測できる。ジョスリン・ベルがあのサマー・オブ・ラブのあいだになし遂げた発見は、バーデとツヴィッキーが三三年前に存在を予言して以来、まさに初めての中性子星の観測であることを示していた。また、パルス状電波の周波数（一・三三七三秒ごとにパルス一回）は、そのまま中性子星の自転周期を示していた。ともあれ、それは速い。ロンドンやパリほどの大きさのものが四秒間に三回転していると考えてみればいい。

すごいものだ。電波天文学者のジョセフ（ジョー）・テイラーは、初めてパルサーの話を耳にしてそう思った。その『ネイチャー』の論文を読んだとき、彼は二六歳。マサチューセッツ州ケンブリッジのハーヴァード大学で、月による電波源の掩蔽をテーマとした博士論文を仕上げたばかりだった。だがパルサーの研究は、はるかにわくわくするもののように思えた。ジョスリンがしたようにチャートを延々と肉眼で調べるのではなく、体系的に自動化した検索をおこなえば。そこで、ウェストヴァージニア州グリーンバンクにある国立電波天文台へ行った。それから一年のうちに、テイラーは同僚とともにさらに六つのパルサーを発見した。捜索が始まったのだ。

アルベルト・アインシュタインは、きっとパルサーが気に入ったにちがいない。アインシュタインの一般相対性理論の一部には、強い重力場が時間の流れに及ぼす影響が関わっている。中性子星の表面の重力場は、数千億g（gは重力加速度）ほどもある。地球上で落下するリンゴにかかる重力の数千億倍だ。さらに、パルサーは非常に正確な時計でもある（その名前をもつ時計よりも圧倒的に正確だ）。一般相対性理論の効果を調べるのに、これ以上の実験室は望めないだろう。天文学者ができるだけ多く見つけたいと思うのも不思議はない。

とはいえ、パルサーを見つけるのは、言うほど簡単ではない。ほとんどの電波望遠鏡は、視野が非常に狭い。どこを見るべきなのかは、あらかじめわからない。データのなかで、どんな周期のパルスを探すべきなのかもわからない。おまけに、低周波の電波では、パルスのシグナルが高周波より遅れて届く。なぜなら、電波は、ほぼ何もない星間空間でも少しの電子によってわずかに減速し、その効果は周波数が低いほど大きいからだ。そのため、ある範囲の周波数を観測していると（たいていはそうなのだが）、パルスは叩き伸ばされている。これを電波天文学者は「分散」と呼んでいる。この効果を補正してようやく、パルスは常在するバックグラウンドノイズから際立って見えるようになる。しかし、分散の量はパルサーの距離に依存する。遠くのパルサーほど、あいだにある電子が多いのだ。これまで発見されていなかったパルサーの距離はわからないので、どの分散量で補正すべきなのかはわからない。

それでも、一九七四年になるころには、新たなパルサーの発見はほぼ日常的になっていた。少なくともラッセル・ハルスにとっては。彼は、テイラーが一九六九年に移籍した先のマサチューセッツ大学アマースト校で大学院生をしていた。ハルスの仕事は、天の川銀河を調べてできるだけ多くのパルサーを新たに見つけることだった。道具は、プエルトリコのアレシボ天文台にある口径三〇五メートルの電波望遠鏡。のちにそれは、『００７ゴールデンアイ』（一九九五年）や『コンタクト』（一九九七年）などの映画を通じてよく知られるようになる。そしてハルスの武器は、力まかせだった。

ハルスは一九七四年の大半をアレシボで過ごした。暑さと湿度と蚊と戦いながら。それに、当時は目新しかった、三二キロバイトのミニコンピュータの偏屈さとも格闘しながら。毎日数時間、天の川が巨大なアレシボ望遠鏡の上の空高くを流れているときに、彼は新たな電波のデータを集めた。それからす

゚エルトリコのアレシボにある 305 メートル電波望遠鏡は、椀形の谷に建設されている。
.の巨大な道具を使って、ラッセル・ハルスは 1974 年に初の連星パルサー PSR B1913
16 を発見した。

べてのデータをコンピュータへ入力する。専用のソフトウェアが、さまざまなパルスの周期や分散量として考えられる組み合わせを五〇万通りも試し、高速のパルスがないか検索する。ときどき検索がヒットする。平均で、ハルスは一〇日にひとつほどのペースで新たなパルサーを見つけていた。そのころ同僚は、彼を「ラッセル・パルス」と呼んでいたにちがいないと私は思う。

大きな驚きに見舞われたのは、一九七四年の夏だった。ウォーターゲート事件が山場を迎えたころだ。ハルスは、およそ二万光年の距離にきわめて高速でまたたくパルサーを見つけた。それは五九ミリ秒に一回自転し、一秒間に一七個というおそろしく短いパルスを発していた。当時知られていたなかでは、自転速度が二番目に高速のパルサーだった。それだけでもかなり興味深い。しかしおよそ二週間後、再びそのパルサーを観測したハルスは、奇妙なことに気づいた。パルスの周期が変わっていたのだ。大きくはない――一万分の一秒未満だった――が、それでも確かに。その後、また周期が変わった。今度は逆方向に。ハルスは変だと思った。パルサーは自然界で最も正確な時計のはずではなかったのか？大質量で超コンパクトな中性子のかたまりの回転が、いきなり加速したり減速したりするものなのか？

やがてハルスは、このパルサーが連星系の一部としか考えられないことに気づいた。それが、彼には見えない別の星のまわりを回っていれば、われわれのほうへ向かうのと、われわれから遠ざかるのを、交互に繰り返すはずである。近づく、遠のく、近づく、遠のく。パルサーがわれわれのほうへ向かってくれば、パルスの時間的間隔はわずかに狭まって地球へ届く――パルスの周波数は高くなる。パルサーがわれわれから遠ざかれば、パルスの間隔はわずかに広がって届く――周波数は低くなるのだ。ラッセル・ハルスは、知られているなかで最初の、連星系のなかのパルサーを発見したのである。

ハルスが観測した周波数変化は、ドップラー効果と呼ばれている。救急車が通り過ぎる際、サイレンの音に起こる現象だ。車が自分へ向かってくるとき、サイレンの音波は圧縮され、音が高くなって聞こえる。車が遠ざかるときには、音波は引き伸ばされ、低い音になる。

ドップラー効果という名は、一九世紀のオーストリアの天文学者クリスティアン・ドップラーにちなんでいる。一八四二年に彼は、その効果で一部の連星の色の顕著な違いが説明できるのではないかと提言した。近づいてくる星からの光は周波数が高くなり、青みがかった色になる一方、遠ざかる星は周波数の低下によって赤みがかって見えるのだと。この点でドップラーは間違っていた。星の色は、空間上の動きではなく、表面温度によって決まる。色の変化が目で見てわかるほどになるには、星は光速にかなり近い速度で動いていなければならない。確かに、互いのまわりを回る連星では周波数（あるいは波長）にわずかな変化が現れるが、目でわかるものではなく、非常に高精度の測定装置でなければ検出できないのである。

三年後の一八四五年、オランダの気象学者クリストフ・ボイス・バロットが、初めてドップラー効果を音で実証した。救急車ではなく、列車を用いてだ。オランダの都市アムステルダムとユトレヒトを結ぶ鉄道線路が完成したばかりのころで、ボイス・バロットは、ユトレヒトからわずか七キロメートル北西にある小村マールセンの鉄道駅付近を行き来させる機関車を手配した。そしてホルンの奏者をひとりは列車に乗せ、ひとりはホームに立たせて、同じ音を吹かせた。ドップラー効果は歴然としていた。絶対音感がなくても、その周波数の違いはわかった（私はこの話が大好きだが、それはマールセンで育ったからだ。鉄道駅からほんの数百メートルの場所で）。

では、連星系のなかのパルサーにはどんな特別なことがあるのだろうか？　第一に、中性子星の質量の決定に役立つ。この特異な天体の正体を知るためには、それが欠かせない。それに、中性子星の質量と正確な軌道がわかれば、アインシュタインの一般相対性理論によるいくつかの予測の検証に役立てられる。この情報はすべて、電波パルスの到着時間を注意深く調べれば得られる。角運動量保存則、別名アイススケーター効果を思い出してほしい。エフゲニー・プルシェンコが腕を体に引きつけるとスピンが速くなるわけは、これで説明できる。これはまた、大質量で高速回転している物体が、なんらかの力を受けないかぎり回りつづけることも保証してくれる。

プルシェンコの場合、主な制動力となるのは、氷に対するスケート靴の刃の摩擦だ。摩擦（や空気抵抗）がなければ、彼のスピンは永久に終わらない。中性子星はスケート靴を履いていないし、真空の宇宙空間では空気抵抗もない。おまけに中性子星はアイススケーターよりはるかに重いので、そもそも減速するのもずっと難しい。そのため、高速回転する中性子星は、きっかり同じ回転速度で永久にスピンを続ける（あら探しされることを考えて言うと、磁気による制動はいくらかあるが、きわめて少しずつなので、人の一生のあいだではとうてい気づかない）。

だが、中性子星の回転速度が決して変わらないとしたら、パルスの到着時間のずれは何か別の物理的効果によるはずだ。あとは、測定し、分析し、解きほぐし、推論し、検証するという問題にすぎない。

ハルスが見つけたドップラー効果は一番簡単な部分だ。パルスの周波数が七時間四五分のあいだに増えて減ることに、ハルスは気づいたのである。これがパルサーの軌道運動によるのだとすれば、軌道周期も七時間四五分となる（もっと厳密に言えば、七時間四五分七秒）。やった！　これが最初の軌道要素になる。

公転軌道がきれいな円なら、観測されるパルスの周波数は徐々に、対称的に変わるはずだ。ところがそうなってはいない。平均だと、周波数は毎秒一六・九四パルスだ（自転周期では五九・〇三ミリ秒に相当）。一回の公転でおよそ五時間は、観測される周波数が低くなるので、このあいだパルサーはわれわれから遠ざかっている。残る二・七五時間は、観測される周波数が高くなるため、パルサーは近づいている。まったく対称ではない。これで即座に、軌道は円でないことがわかる。かなりつぶれているにちがいない（ちなみに軌道離心率は〇・六一七）。これがふたつめの情報だ。

　テイラーとハルスは、パルサーの軌道の直径が一〇〇万キロメートルを大きく上回らないことも明らかにした。パルサーが軌道上で（地球から見て）遠い側にいるときには、近い側にいるときに比べ、パルスの到着が三秒ほど遅れたのである。電波は光速（秒速三〇万キロメートル）で進むので、三秒はおよそ一〇〇万キロメートルにあたる（これはもちろん、視線方向に沿って測り、予想したサイズだ。軌道が傾いていたら、真のサイズはもっと大きくなる）。

　次は何か？　時間の計測から、離心軌道そのものが移動していることがわかった。しかもかなり速い。水星の近日点移動を覚えているだろうか？　ユルバン・ルヴェリエは、それがニュートンの万有引力理論から予想した量よりも大きいことを見いだした。アインシュタインは、一世紀あたり角度にして四三秒と観測されたその余分な量に、時空の湾曲のためという説明を与えた。ところがパルサーの軌道の場合、この相対論的効果ははるかに大きくなり、一年あたり四度を超える。つまり、水星の軌道がおよそ一年で移動する量を、このパルサーの軌道は一日で移動することになる。すると、これが意味することはただひとつ。非常に強い時空の湾曲が、非常に強い重力場によって引き起こされているのである。

　まだある。パルサーは自然界の完璧な時計だ。連星をなす相手のまわりを回るパルサーは、地球のまわりを回る原子時計に似ている。それは、第3章で語ったハーフェル＝キーティングの実験を宇宙物理学に応用したようなものだ――客室乗務員はいないが。案の定、運動による時間の遅れが、観測されたパルスの到着時間に現れた。当然ながら、パルサーの軌道速度が速いので、その効果はハーフェルとキーティングが測定したものよりはるかに大きい。パルサーの軌道速度は秒速一一〇～四五〇キロメートルで、これは平均的な旅客機より一〇〇〇倍ほど速く、光速のおよそ一〇〇〇分の一にあたる。

ドップラー効果、離心軌道、近日点移動、時間の遅れ。どの効果からも新しい知識の断片が得られる。このすべてを考え合わせると、まだわかっていないほかのことがらが導き出せる。たとえば、軌道の傾斜角はおよそ四五度。また、互いに周回するふたつの星の空間的な実距離は、七四万六六〇〇キロメートルと三一五万三六〇〇キロメートルのあいだで変動している。さらに、なにより重要なのは、ふたつの天体の質量だ。パルサーそのものは、太陽より四四・一パーセント重い。中性子星としてはかなり典型的な値だ。しかしもう一方の天体もほぼ同じぐらい重たくて、太陽を三八・七パーセント上回る質量である。この天体は通常の恒星なのだろうか？　ありえない。もしそうなら、太陽よりはるかに大きいはずだからだ。大きすぎて、パルサーの軌道の内側に収まらない。

小さくて重く、最大級の望遠鏡でも見えない――いったいどんな天体ならありうるだろう？　きっとあなたはこう思う。もうひとつの中性子星で、こちらを向いていないので、少なくとも地球からはパルサーとして観測できないものだと。どこか遠くの異星にいる天文学者は、この第二のパルサーが放つ灯台のような光を観測しているかもしれない（かりに放射のビームを発していればだが）。しかし、彼らにはわれわれのパルサーは見えないだろう。

もうひとつ気づくことがある。ほとんどの異星の天文学者は、この連星系をまったく見ることができない。どちらのパルサーによる放射のビームの通り道にもいないからだ。われわれは、たまたまついているにすぎない。一方で、天の川銀河には、われわれには観測できない連星系の中性子星もたくさんあるにちがいない。猛烈にパルスを発していても、われわれの方向にではないのだ。

＊＊＊

全体として、これは見事な探偵仕事だ。観測できたのは、一個のパルサーからの「ピーッ、ピーッ、ピーッ」というシグナルだけ。だが賢い宇宙のシャーロック・ホームズには、それで十分。完璧な規性からのごくわずかなずれを注意深く分析するだけで、この興味深い連星系について、知るべきすべてのことがわかる。おまけに、アインシュタインの一般相対性理論による予測も検証できるのだ（あなたも期待するとおり、一般相対性理論は立派にこの検証をクリアしている）。

ハルスが一九七五年にマサチューセッツ大学アマースト校を出たあと、テイラーはアイオワ大学の大学院生だったジョエル・ワイスバーグと捜索を続けた。ワイスバーグは、のちにテイラーにポスドクとしてスカウトされる。そしてともに、未曾有の発見をなし遂げたのである。

テイラーとワイスバーグは、アインシュタインの予測が裏づけられたら、連星パルサーはエネルギーを失うはずだということに気づいた。大質量のコンパクトな二個の天体が、互いのまわりを猛烈な速度で回っている。一般相対性理論によれば、このように加速している物体は時空の生地にさざなみを生み出す。重力波だ。この波は、エネルギーをさらっていく。その結果、互いのまわりを回るふたつの中性子星は、軌道エネルギーを失うと考えられる。ゆっくりとだが確実に、このふたつの星はらせんを描きながら互いに近づいていく。軌道は縮小するはずで、周期は短くなる。

この連星系の中性子星がもつ質量と軌道は、高精度でわかっている。その値をアインシュタインの方程式に代入すれば、軌道の減衰にかんする予測が得られる。一年で、ふたつの中性子星の平均的な距離は三・五メートル縮むはずだ。ご想像のとおり、これを二万光年の距離から測定するのは難しい。だが、それに対応する軌道周期の減少は、年間七六・五マイクロ秒となる。そしてこれはパルスの到着時間に現れるにちがいない。遅くとも二、三年経てば。

じっさい、現れた。一九七八年、テイラーとワイスバーグらは、自分たちの得た結果が、一般相対性理論の予測と完璧に一致していることを見いだした。アインシュタインは確かに正しかったのだ。彼らは同年十二月、ドイツのミュンヘンで開かれた第九回テキサス・シンポジウムにおいて自分たちの発見を公表した。二か月後、この発見は『ネイチャー』に掲載される。メッセージは明らかだった。連星パルサーの軌道の縮小は、アインシュタイン波が存在する証拠——間接的だが、非常に説得力のある証拠——であると。

ノーベル賞委員会もそう考えた。一九九三年十一月、ノーベル物理学賞が「新種のパルサーの発見、重力の研究に新たな可能性を切り拓いた発見に対して」贈られた。その誉れ高い賞は、ジョー・テイラー（一九八一年にプリンストン大学に移っていた）とラッセル・ハルスが共同受賞している。

ジョエル・ワイスバーグはどうなったのか？　なぜ彼もノーベル賞を受賞しなかったのだろう？　確かに彼は、連星パルサーを発見してはいない。だが一方で、テイラーとワイスバーグがアインシュタイン波の効果を見出したころには、ハルスはプラズマ物理学というまったく違う分野に取り組んでいた。ハルスは、パルサーの軌道の減衰を発見してはいない。それに、ノーベル賞は最大三人まで贈ることができる。ワイスバーグは問題なく三人目の受賞者になれたはずだ。ではなぜ選ばれなかったのか？

どういうわけか、ノーベル賞委員会は、パルサーの研究とはこじれた関係にあるようだ。ハルスが連星パルサーを見つけた一九七四年、委員会はノーベル物理学賞の半分を、「パルサーの発見で果たした決定的な役割に対し」アントニー・ヒューイッシュに贈った。「決定的な役割」が、実際に発見した大学院生を採用したという意味なら、それも多少は納得がいく。しかし、ジョスリン・ベルの先駆的な仕事には触れられもしなかった。

今日、ワイスバーグはミネソタ州ノースフィールドのカールトン・カレッジにおり、自分の仕事がスウェーデン王立科学アカデミーに認められなかったものの、発見がしかるべき評価を受けたことに満足している。彼はまた、今なおハルス-テイラーのパルサー――いまや一般にそう知られている――の調査を続けている。数十年のあいだに、測定ははるかに正確さを増してきた。アインシュタインの予測からのずれは、まだ生じていない。さらにワイスバーグは、ほかの連星パルサーも調べており、これまでにそうしたパルサーは何十も見つかっている。それらは宇宙物理学者に、金のかからない「宇宙の重力実験室」を提供してくれている。電波望遠鏡を借りて、計時装置をつなげば、もう研究ができるのだ。

なかでも最高に刺激的な連星系のひとつが、PSR J0737-3039だ。これは、二〇〇三年にイタリアの電波天文学者マルタ・ブルゲイが、オーストラリアのパークス電波天文台にある口径六四メートルの電波望遠鏡によって発見した。この名称に含まれる数字は、天の住所のようなもので、天空におけるパルサーの位置――南天のとも座にある――を表している（同様に、ジョスリン・ベルが見つけた最初のパルサーは、正式にはPSR B1919+21という。わし座にあるハルス-テイラーのパルサーは、PSR B1913+16だ。ナンバーからわかるとおり、このふたつのパルサーは天空でそれほど離れていない）。

J0737のどこがそんなに特別なのだろう？　実は、知られているなかでただひとつの、正真正銘のダブルパルサーなのだ。最初の連星パルサーもダブル中性子星だが、片方の中性子星しかパルスが観測できない。ところがJ0737では、両方の中性子星がパルサーとして観測されている。しかも、互いにかなり接近した軌道をめぐっている。高速で、加速度も大きい。このおかげで、さらに正確な測定ができ、測定結果の理論との照合も補強できる。

J0737の特異な点がもうひとつある。互いに周回するふたつのパルサーの軌道面が、ほぼ真横を向いているのだ。一・二時間（軌道周期の半分）ごとに、片方がもう片方よりやや後ろに見え、その光は、地球から観測した場合にもう片方のパルサーのすぐそばを通る。すると強い重力場のために時間が減速し（重力による時間の遅れ）、シグナルがわれわれの電波望遠鏡へ届くのに、本来より時間がかかるのだ。このいわゆるシャピロ遅延は、高精度で計測されている。きっかり一般相対性理論による予測と等しい。

アーウィン・シャピロは、みずからの名にちなむ一般相対性理論の検証手段が連星パルサーに応用されるとは思ってもいなかっただろう。シャピロは一九六四年、ＭＩＴの宇宙物理学者だった。彼が初めてその効果を記述したとき、パルサーはまだ見つかっていなかった。シャピロは、水星や金星が外合のころに、それらの惑星にレーダーシグナルを送って反射させることを提案した。外合とは、その惑星が地球から見て太陽の向こうに位置する状態のことだ。するとレーダーシグナルは、太陽の重力場を通り抜けなければならない。このときレーダーパルスの往復時間を精密に計測すれば、時間の遅れがわかる。

最初のそうしたレーダー実験は、シャピロが同僚と一九六七年におこなったが、さほど精密ではなかった。だが確かに遅れは計測され、確かに結果はアインシュタインの予測と一致していた。もっと最近では、シャピロ遅延は、二〇〇四年から土星を周回しているＮＡＳＡの宇宙探査機カッシーニからの無線通信シグナルでも、（はるかに高い精度で）計測されている。しかし、最新のPSR J0737-3039の観測では、さらに正確な結果が得られている。

もうひとつの刺激的な連星パルサーは、PSR J1906+0746だ。それは二〇〇四年にアレシボ電波望遠鏡で見つかった。自転周期は一四四ミリ秒で、一秒間にほぼ七個の電波パルスを発している。そんなに特別なものではない（人は結局何にでも慣れる。超高密度で都市サイズの星が、走る車のタイヤと同じぐらい速く回転しているのにも）。ところが二〇〇八年、そのパルスが弱まっていき、二〇一五年までにはすっかり消えた。さて、それこそが驚きなのである。

いや、そうだろうか？　実は、PSR J1906+0746 の消失も一般相対性理論で説明できる。測地歳差（別名ド・ジッター歳差）が引き起こすのだ。時空の湾曲が大きいために、パルサーの自転軸の方向が、時間とともにゆっくり変わっていく（第3章で語ったように、同じ効果が重力探査機Bによって検出されている）。磁化した宇宙の独楽がふらつくのである。すると灯台の電波のビームは、もう地球を通らなくなる。少なくともわれわれにとって、そのパルサーは消えるのだ。だがうれしいことに、二一七〇年ごろにはまた現れると予測されている。未来の電波天文学者よ、カレンダーに印をつけておこう（ところで測地歳差とシャピロ遅延は、それぞれ一九八九年と二〇一六年にハルス-テイラーのパルサーでも検出されている）。

＊　＊　＊

「どこかのおばかな緑の小人が」ジョスリン・ベルの博士論文の研究をほとんど台無しにしてから、われわれは大きな進歩を遂げた。半世紀におよぶ天文学の探偵仕事で、われわれの天の川銀河には、数十の連星系のパルサーも含め、二〇〇〇を超えるパルサーが見つかっている。大質量星の進化の最終段階を知りたい天文学者にとって、これはすばらしい素材だ。また、極端な密度の物質の挙動を調べる核物理学者にとっては、示唆に富むデータとなる。さらに、アルベルト・アインシュタインの後継者たちにとっても最高のものだ。時空の秘密を明かすのに、こうした宇宙の重力実験室を調べる以上に良い手だてはない。

本書の話にとっては、もちろん連星パルサーの軌道の減衰がなにより重要な結果である。ハルス-テイラーのパルサーの軌道周期が年に七六マイクロ秒ずつ減っているという事実は、重力波の存在を示す間接的な証拠となる。思い出してもらおう。物体を加速すると時空の生地にさざなみが生じることを。このアインシュタイン波はエネルギーをさらっていく。連星系のエネルギーが失われると、軌道が縮小する。至極単純だ。

失うエネルギーの量が気になっている人のために言うと、それは莫大だ。一秒ごとに、ハルス-テイラーのパルサーは7.35×10^{24}ジュールを失っている。六六〇〇万年前、一〇キロメートルの小惑星が地球に衝突して恐竜を絶滅させたときに放出されたエネルギーの約一〇〇〇倍だ。それも一秒ごとに。

そんなに多くのエネルギーが時空に送り出されたら、生じるアインシュタイン波は巨大になるにちがいない。とにかくあなたはそう思うだろう。だがそうはならず、小さい。とんでもなく小さい。ボウルに入ったゼリーをそっと叩くのと、コンクリートのブロックを大槌で叩くのとで比較したことを覚えているだろうか？　そう、時空は途方もなく硬い。一秒あたり一〇〇〇個の壊滅的被害を及ぼす小惑星の衝突が放出するエネルギーでさえ、それとわかるさざなみを生み出せないのである。

ちなみに、ハルス-テイラーのパルサーからの重力波は、ものすごく周波数の低い波になる。七・七五時間という軌道周期は、およそ七二マイクロヘルツという周波数にあたる。これに対応する波長はなんと四二〇億キロメートルだ。したがって、きわめて波長が長く、周波数が低く、振幅が小さいさざなみを相手にすることになる。測れる望みなどあるだろうか？　ない。しかも二万光年の距離からでは絶対に無理だ。

それでも、将来は状況が良くなるだろう。ふたつの中性子星は、らせんを描きながら互いに近づいている。ゆっくりとだが、確実に。どんどん近づくと、軌道周期はどんどん短くなる。連星系はつねに、軌道一周あたりふたつの重力波を生み出すので、時空のさざなみの周波数は時間とともに増大する。そして波の振幅も増す。中性子星は次第に小さな軌道となり、加速度が次第に増していくからだ。波長が短くなり、周波数が高くなり、振幅が増す――十分に辛抱すれば、ハルス–テイラーのパルサーからのアインシュタイン波を直接検出できるかもしれない。これは良い知らせだ。

悪い知らせは、実にたくさん辛抱しなければならないということだ。その波は、ふたつの中性子星が、わずか数十キロメートルの距離で猛烈な速さで周回するようになるまで、測定できない。衝突して合体する――きっとブラックホールになる――直前、周波数と振幅は急激に増す。合体すると、最後に強力なアインシュタイン波のバースト（突発）が生じ、それなら地球の検出器でもとらえられるかもしれない。一九六三年にプリンストンの物理学者フリーマン・ダイソンが予測していたことだ。しかしハルス–テイラーのパルサーの場合、これは三億年ほど先まで起きない。

だが待ってほしい。ほかの連星系も同じ挙動を示す。軌道の縮小、周期の短縮、そして最後に、衝突だ。たとえばPSR J0737–3039（有名なダブルパルサー）は、およそ八五〇〇万年以内に合体する。WD 0931+444（互いに周回するふたつの白色矮星からなる連星系）には、残る寿命が九〇〇万年もない。別の白色矮星の連星J0651+2844は、今からわずか二五〇万年で合体するはずだ。ひょっとしたら、われわれの天の川銀河に、今から一〇年で、いや明日にでも、衝突を起こす連星系があるかもしれない。

灯台の光が違う方向を掃くため、われわれには観測できない中性子星の連星系がたくさんあるにちがいないということを思い出してほしい。

それに、われわれのいる天の川銀河のなかに限る必要もない。中性子星や白色矮星といったふたつの大質量でコンパクトな天体が、最終的に合体すると、おそろしく強力なアインシュタイン波が生じる。とても強力なので、隣の銀河で衝突が起きても地球で検出できるかもしれない。高感度の重力波検出器を建造すれば、中性子星の合体による時空のさざなみが、何千万光年もの距離から検出できる可能性があるのだ。

興味深いことに、そうした遠くの中性子星の合体は、すでに観測されていると考えられる。地球を周回する人工衛星はときおり、深宇宙から短時間爆発的に発せられる強力なガンマ線を検出することがある。このガンマ線バースト（詳しくは第14章）にはふたつのタイプがある。持続時間が数十秒から数分にさえなる長いタイプは、きっと超大質量星の爆発によるものにちがいない。一方、一秒の何分の一も続かない短いタイプは、遠くの銀河における中性子星の合体によって生み出された可能性が高い。

ともあれ、パルサーの発見と、コンパクトな連星系の軌道の減衰は、重力波の探索を大いに刺激し、スピードアップさせた。ジョエル・ワイスバーグとジョー・テイラーとリー・ファウラーは、一九八一年の『サイエンティフィク・アメリカン』誌の論文でこう書いている。「連星パルサーの研究は、重力波の実験を進めている研究者を鼓舞するはずだ。いまやそれは、彼らが探し求めているものの実在を保証してくれるように思われる」

そう、重力波は実在する。

そう、中性子星は衝突する。

そう、われわれはそうしたとらえがたい時空のさざなみの直接検出に、いよいよ挑まなければならない。

共振型バー・アンテナでその仕事ができないとしたら、今度は別のアプローチを試すべきときだ。ジョー・ウェーバーのアルミニウムの円柱よりはるかに感度の高い、新しいテクノロジーを。レーザー干渉計である。

第7章　レーザーで探る

私はＬＩＧＯを二度訪れたことがある。

最初は一九九八年の春だ。当時、レーザー干渉計型重力波天文台（ＬＩＧＯ）はまだ建設中だった。大きながらんどうの建物から、直径一・二メートルの作りかけのパイプが二本伸びていた。現場監督のゲリー・スタップファーが案内してくれたが、まだあまり見るべきところはなかった。「ここは制御室になる予定です」――大きな空っぽの部屋に、まだ中身のない箱がたくさん設置されている。「ここはオフィスです」――ビニールで覆われた家具がぽつんと置かれた小さな部屋がいくつか。「そしてここがＬＶＥＡ（レーザー・真空装置エリア）になります」――わあ、巨大ながらんどうのホールだ。まさに巨大。向こう側にあるフォークリフトがおもちゃの乗り物のように見える。コンクリートの床に描かれた小さな円は、のちにＬＩＧＯの心臓部、つまりビームスプリッターが置かれる場所を示していた。

二度目の訪問は二〇一五年の一月下旬で、ＬＩＧＯが重力波の探索を始めて一三年ほど経っていた。ご想像のとおり、見聞きしたものはまったく違う。レーザー光は、干渉計の四キロメートルある二本の腕を往復していた。Ｌ型の検出器の端から端まで車で行ってもおよそ一〇分かかった（施設の大きさそ

ワシントン州のハンフォード・サイトにあるレーザー干渉計型重力波天文台（LIGO）を
空から見た光景。

のものは、空から見たりグーグル・アースで眺めたりすればよくわかる）。制御室では、若い科学者や技師がコンピュータの画面をじっと見つめていた。もじゃもじゃのひげ、ポニーテール、オタクっぽいTシャツがよく目につく。壁の巨大なスクリーンには、検出器の計器の状態が表示されている。LVEAには、いまやステンレスの真空タンクに収められたデリケートな計測器がぎっしり詰まっていた。ジェームズ・ボンドの映画のセットにはうってつけだ。

もうひとつの違いは、中心の建物の屋上から見える景色だった。一九九八年には、ルイジアナ州リヴィングストン近郊の森と湿地が見渡せた。二〇一五年には、ワシントン州南東部に位置する不毛のハンフォード・サイトのパノラマに迎えられた。不思議がる前に思い出してもらおう。そっくり同じＬＩＧＯがふたつ、三〇三〇キロメートルほど離れた場所にあるのだ（なぜか？　同じ理由で、ジョー・ウェーバーも二台のバー検出器を遠く離して設置した――誤検出を排除するためである）。しかし内部にいるかぎり、ふたつの施設の違いに気づかないだろう。リヴィングストンの科学者がハンフォードの天文台にやってきても、まったく迷わずにどこにでも行ける（ただし、一部のドアはやや違う開き方をすると私は聞いているが）。

アメリカエネルギー省のハンフォード・サイトは、リッチランド市の北方にあり、一般の観光客が来るところではない。ここでは七〇年以上も前、プルトニウム原子炉が、一九四五年八月に日本の長崎上空で爆発した原子爆弾の核燃料を作っていた。ＬＩＧＯの北西では、ガイガーカウンターによって、地下の貯蔵庫に保管された大量の核廃棄物の存在がうかがえる。ルート一〇号線は、ハイウェイ二四〇号線とグレード・ノース・ロードを結ぶ、砂漠を走る長くてまっすぐなアスファルトの帯だ。そこからＬＩＧＯへの短い進入路を、砂ぼこりと回転草が風に吹かれて渡っていく。

ルイジアナのほうは、雰囲気がまるで違う。リヴィングストンは、バトン・ルージュの東にある、小さい静かな町だ。ガソリンスタンドがひとつ、金物屋がひとつ、家が数百軒――それぐらいだ。ファイアワークス・ウェアハウスＵＳＡという花火店で道を曲がると、北へ向かうハイウェイ六三号線にのる。そのまましばらく森のなかをゆるやかに曲がりくねりながら進み、やがて北西へ延びる未舗装路に入ると、天文台に至る。中央の建物を囲むように、小さな池と木々のかたまりが散らばっている。ペリカン州〔訳注：ルイジアナ州の通称〕から頭に浮かぶとおり、とてものどかな雰囲気だ。

ここで、新たな科学史が刻まれた。二〇一五年九月十四日月曜日の早朝、正確に言えば、中部夏時間（リヴィングストン）の四時五〇分四五秒あるいは太平洋夏時間（ハンフォード）の二時五〇分四五秒のことだ。アルベルト・アインシュタインが一般相対性理論を完成させてから一世紀後に、二基のLIGO天文台が、通過する重力波を初めて直接検出した。およそ〇・二秒のあいだ、高感度の検出器は、陽子（水素の原子核）の直径の一万分の一しかない時空のさざなみを測定した。数十年にわたる探索がついに実を結んだのである。

＊＊＊

ＧＷ１５０９１４の話には本書でのちほど戻ることにし、ＬＩＧＯの波乱に富む歴史についても第８章で詳しく語る。だが初めに、テクノロジーそのものに注目しよう。これは魔法のように思える。原子核の一万分の一——どうしたらそんな途方もなく小さな効果を測定できるのだろう？　それに、検出したのが本当にアインシュタイン波で、もっとありふれたものではないと、どうやって確かめられるのだろう？

まずは基礎から。われわれはいったい何を測ろうとしているのか？　時空のさざなみだ。この概念は、第４章で導入した。記憶を呼び起こす必要があれば、そこの関連する数段落を読み返すといい。だが、要点は次のとおりだ。地面に大きな四角形を描こう。それに垂直な重力波が、頭の真上の点（天頂）からやってくると、四角形がわずかに歪む。まず、南北方向が伸びて、東西方向が縮む。次に、南北が縮んで東西が伸びる。四角形が震えるのだ。その速さは？　波の周波数による。変形の大きさは？　波の振幅による。

すると、四角形の寸法を、できれば二方向を同時に、正確に測定しさえすればいい。もちろん、四角形の四つの辺をすべて測る必要はない。四つの頂点のどれかで接する、互いに直交する二辺に注目するだけでいいのだ。それが大きなLとなる。これで、LIGOがそんな形をしているわけがわかる。

重力波が真上から来なかったらどうだろう？　それでもLは伸び縮みするが、入射角に応じて程度が小さくなる。ただもちろん、LIGOが最も高感度になるのは、アインシュタイン波が天頂からやってくる場合だ。あるいは、真下から――ジョー・ウェーバーがトニー・タイソンから、地球は重力波にとっては透明だと気づかせられたのを思い出してほしい。

ここで、Lの二本の腕について長さの変化を測りたくても、なんらかの物差しを使うことはできない。なにしろ時空自体が伸び縮みしているので、時空のなかの何もかもが一緒に伸び縮みするのだ。Lの一本の腕が変形すると、その腕の横に添えた物差しもまったく同じように変形する。そこで代わりに科学者は、光線が腕の端から端まで進むのにかかる時間の変化から、長さの変化を計測する。

一般相対性理論の基本的仮定のひとつに、光速の不変性がある。時空がどうなっても、光はつねに同じ速度――秒速三〇万キロメートル――で進む。だから、時空がある方向へ伸びたら――二点間の空間がわずかに伸びたら――光がA点からB点へ行くのにほんの一瞬だけ長くかかる。つまり、物差しの代わりに時計が使えるのだ。

物理学者や天文学者は、正確な計時に精通している。ひとつの好例は第6章で挙げた。連星パルサーからのパルスの到着時間は、一〇〇万分の一秒未満の精度で決定されている。この精度なら、連星系の質量や軌道特性を十分に導き出せる。すでに見たように、間接的ではあるが、重力波を十分に検出できる精度でさえある。

残念ながら、Lの腕の片端から放射のパルスを送り、もう片端で到着時間を計るのでは、目標に対してまるっきり不正確だ。放射のパルスの伝播時間を一〇〇〇万分の一秒（〇・一マイクロ秒）の精度で計れるとしよう。すると、およそ三〇メートル（三〇万キロメートルの一〇〇〇万分の一）の距離の変化が測定できることになる。しかし、そんなに大きな振幅で、アインシュタイン波が地球に到達することは期待できない（それどころか、それほど激しい時空の伸縮にわれわれの体は耐えられない）。したがって、放射のパルスを用いる方法もうまくいかない。

マイクロ秒未満の精度でも地上で重力波を検出するのに不十分ということなら、ジョー・テイラーとジョエル・ワイスバーグはどうしてパルサーの計時によって重力波の存在を証明できたのか、と思うかもしれない。答えはもちろん、軌道減衰の効果が何年ものあいだに蓄積するのを待てたからだ。ＬＩＧＯではそうはいかない。波は、検出器を通過するまさにその瞬間に検出しなければならない。これを解決するには、感度を大幅に高めるしかない。一秒の一〇億分の一のさらに一〇億分の一ぐらいの精度まで、伝播時間の変化を計測できないといけないのだ。どんな時計もそんなに正確ではない。

その解決手段は、干渉計というものである。ＬＩＧＯの「Ｉ」は、干渉計による測定を意味する英語interferometry の略号だ。そしてこれには、光がもつ波の性質が関係している。干渉は池で見られる。池の水に石を投げ込むと、同心円状の波が生じる。最初の石から数メートル離れた場所に第二の石を投げ込めば、やはり波ができる。するとふた組の波は互いに干渉する。ある場所では、ふたつの波の山が同時に到達し、波が重なってより高い波になる。別の場所では、片方の波の山ともう片方の波の谷がぶつかって、波は打ち消し合う。結局、水面の波は、倍になる場所と抑え込まれる場所で干渉のパターンを形成する。

光でもそれは同じだ。ふたつの光波の位相が合っていて、山同士や谷同士が重なれば、互いに強め合う。つまり、振幅が倍になる（エネルギーも増大する）。これを強め合う干渉という。一方、ふたつの光波の位相が異なり、片方の波の山ともう片方の波の谷が重なると、打ち消し合う。これを弱め合う干渉という。

では、波長六〇〇ナノメートル（〇・六マイクロメートル）のオレンジの光線を二本用意しよう。出だしはまったく同じ位相だが、進む方向が異なる。しばらく進むと、どちらの光線も鏡に当たり、来た方向へ跳ね返る。二枚の鏡が光源から厳密に同じ距離にあれば、ふたつの波は再び出会うときも同じ位相のままだ。その結果、重なり合った光は個々の光線より明るくなる。

だがここで、片方の鏡までの距離がわずかに増したとしよう。非常にわずかなので、光が往復する時間は一フェムト秒しか延びない。一フェムト秒は、一秒の一〇〇〇万分の一の一〇億分の一のさらに一〇〇〇万分の一（10^{-15}秒）だ。一フェムト秒では、光は三〇〇ナノメートル進む。したがって、最初の点に戻ったとき、片方の光波はもう片方に比べて半波長だけ遅れている。ふたつの光波の山同士、谷同士はもはや一致せず、位相が異なっている（この場合をとくに逆位相といい、片方の波の山がもう片方の波の谷とぴったり一致している）。その結果、波は打ち消し合うのだ。

すると、干渉計では、伝播時間の差をフェムト秒のオーダーで検出できることになる。それでもまだ精度は不十分かもしれないが、いいところまで来ている。

このためには、特定の波長（つまり色）の光を使うと一番楽になる。白色光には虹の色がすべて含まれている。あらゆる波長が混じっているので、白色光は干渉計での測定にはあまり向かない。一方、レーザー光には特定の色しか――特定の波長しか――含まれていない。そのため、干渉計には絶対にレーザーが必要になる。だからＬＩＧＯの「Ｌ」はレーザー（laser）の略号なのだ。ちなみにＬＩＧＯでは、可視光のレーザーでなく、一〇六四ナノメートルという比較的長い波長の近赤外レーザーを使っている。

　では、どうしたら二本のレーザー光をぴったり同じ位相にできるのだろう？　それはまだ簡単なところだ。一本の光線を使い、ビームスプリッターでふたつに分ければいい。ビームスプリッターは、入射光の半分だけを反射する鏡だ。残りの半分の光はまっすぐ鏡を通り抜ける。実は、サングラスがビームスプリッターの好例だ。入射光の一部はそのまま通過し（でないとあなたは物が見えない）、残りは跳ね返される。言うまでもないが、ＬＩＧＯのビームスプリッターはふつうのサングラスよりはるかに精巧にできている。

　レーザー、ビームスプリッター、鏡、検出器。これがＬＩＧＯ――やほかのすべての重力波干渉計――の基本的なデザインだ（もちろん、ほかにもいろいろな干渉計があるが、それについては第８章で改めて語る）。レーザーは、単色光のビームを作り出す。レーザー光が東へ向かっているとしよう（図では、左から右へ進む）。ビームスプリッターは、レーザー光に対し四五度の角度で設置する。レーザー光の半分は、そのままビームスプリッターを通り抜けて、Ｌ型の天文台の東へ伸びた腕に入る。残りの半分は、横（図では「上」）へ反射して、Ｌの先述の腕とは垂直に伸びた北向きの腕へ入る。

　どちらの腕の先にも鏡があり、赤外光を反射してビームスプリッターのほうへ戻す。ビームスプリッターでは、またもや戻った光の半分がそのまま通過し、残りの半分は反射される。すると今度は、西（図では左）へ進み、レーザーの光源方向へ戻る光波と、南（図では下）へ進み、光検出器――光を電気シグナルに変換する高感度の光度計――の方向へ向かう光波に分かれる。光学と反射の性質から、波の足し合わせ（強め合う干渉）は西向きの光波でのみ起こる。南向きとなる光波は、光検出器の方向へ向かい、打ち消し合う。弱め合う干渉なのだ。

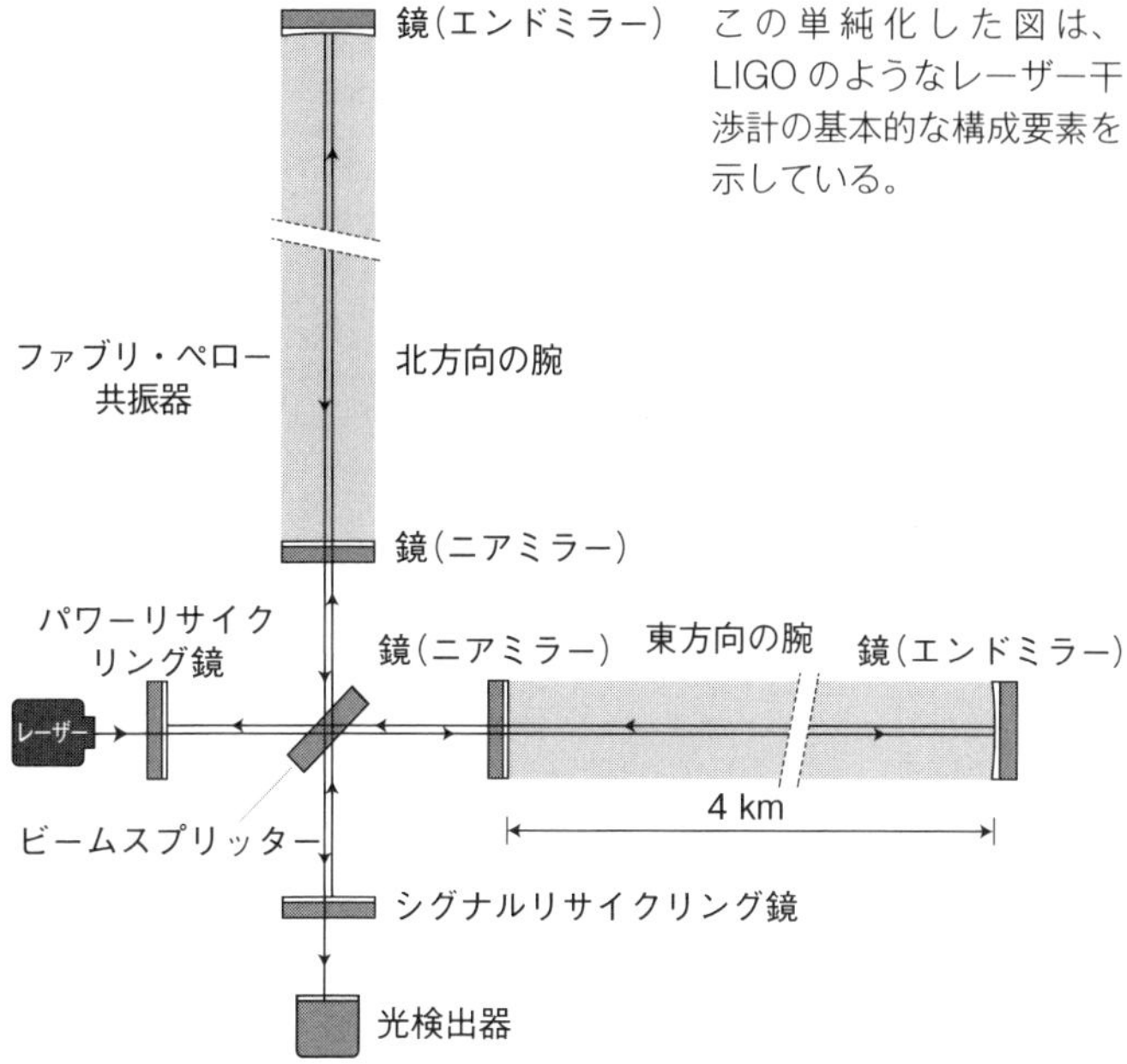

この単純化した図は、LIGO のようなレーザー干渉計の基本的な構成要素を示している。

重要なのは、ふたつの光波が逆位相のときに、光がただ消えるだけでは済まないということだ。ある方向に弱め合う干渉があれば、別の方向に強め合う干渉がなくてはならない。エネルギー保存則は、決して破れない自然法則のひとつなのだ（池の場合も同じで、二個の石による水面の波は、ある場所では打ち消し合う。だがそれは、別の場所で足し合わさっているからこそ可能なのである）。したがって、腕の長さが等しい場合（デフォルトの状態）、レーザー光がもと来た方向へ干渉計から出る一方、光検出器は何も検知しない。そのためビームスプリッターの南側は、ダークポート（暗い出口）と呼ばれる。

しかし、重力波が通過したらどうなるだろう？　すると腕の長さ（そしてそれに対応する光の伝播時間）が変わる。まず、北方向の腕が伸びて東方向の腕が縮む。次は、北方向の腕が縮んで東方向の腕が伸びる。片方の腕の先にある鏡で跳ね返ってきた光は、もう片方の腕の先にある鏡からの光より、極微の時間だけ長くかかってビームスプリッターに届く。その結果、干渉にわずかな変化が生じる。レーザー光源方向で起こる強め合う干渉は、もはや一〇〇パーセント完璧なものではなくなる。光検出器の方向での弱め合う干渉もそうだ。距離の差が途方もなく小さくても（レーザーの波長よりはるかに小さくても）、いくらかの光がダークポートに漏れはじめる。高感度の光検出器なら、これを拾い出せるはずだ。やった！　これで重力波を検出したことになる。

　干渉計で、同期する二本のレーザー光の伝播時間のわずかな差をどうやって検出できるかについては、すでに説明した。当然だが、干渉計の腕をなるべく長くしたほうがいい。アインシュタイン波が通過すると、時空がある程度——ある割合だけ——伸び縮みする。たとえば、二点間の距離がほんの一〇〇京分の一パーセント（10^{20}分の一の割合）だけ伸び縮みするとしよう。二点が互いに近ければ、この量はほとんどゼロだ。光の伝播時間の差はあまりにも小さくて、検出できない。ところが二点間の距離が長いと、光の伝播時間の差はそれに応じて増す。そのため、Lの腕が長いほど、なんらかの振幅をもつ重力波を検出しやすくなるのだ。

　四キロメートルは十分に長いだろうか？　いや、たいして長くはない。一二〇〇キロメートルならもっといいだろう。ならば、資金を出してくれるところにそう伝えるべきだ。しかし、ここでやはりうまい解決策がある。レーザー光をだまして、一二〇〇キロメートルのトンネルを進んでいるように思わせればいい。どうやって？　それぞれの腕に鏡を一枚でなく二枚使うのだ。第一の鏡は、腕の先端に置く。第二の鏡は、腕の付け根、ビームスプリッターのそばに置く。この二枚の鏡のあいだをレーザー光が数百回往復すると、事実上、一二〇〇キロメートルの腕ができたことになる。光の伝播時間も三〇〇倍に増え、数ミリ秒となる。すると、10^{20}分の一というオーダーのわずかな差が見つけやすくなる。

もちろん、数百回反射したところで、光は一時的な「牢獄」から出なければならない。だが簡単だ。腕の付け根にある鏡が入射光の九七パーセントを反射するとしたら、残りの三パーセントが鏡を通り抜けて向こう側に出ることになる。言い換えれば、一般にどの光子もおよそ三〇〇回反射するあいだに牢獄を抜け出すというわけだ（ＬＩＧＯの四キロメートルに及ぶ光の牢獄は、正式にはファブリ・ペロー共振器という）。

しかし、抜け出す光はなお同期するレーザー光でないといけない。そうでないと、もう片方の腕から返ってくる光と干渉できないのだ。すると、光が二枚の鏡のあいだを往復するあいだ、位相は不変でなければならない。それをなし遂げるには、二枚の鏡を往復する距離を、波長の整数倍に等しくするしかない。そのためには、ピコメートルレベルの精度が要求される（一ピコメートルは10^{-12}メートル、つまり一〇〇億分の一ミリメートル）。少しでもずれると、最終的な干渉のパターンが崩れる。ＬＩＧＯの科学者が言うとおり、干渉計の腕をロックする必要があるのだ。

このための手段として、複雑なフィードバック機構を用いるものがある。二枚の鏡を往復する距離が波長の整数倍のままなら、干渉計のダークポートにある光検出器は何も記録しない。だが、なんらかの外部からの振動によって腕の長さが変われば、一部の光が検出器に漏れ入るようになる。そのとたん、腕の先端についた鏡の制御装置へシグナルが送られる。電流がコイルに流れ、磁場を生み出す。鏡の枠に並ぶ小さな磁石が引力や斥力を受けはじめる。磁石のほかに、ＬＩＧＯは静電気で押す装置も使っている。これは、静電気を帯びた櫛《くし》に紙切れを引きつけるのと同じ力を利用するものだ。こうして鏡は、腕のロックを回復するには十分なだけ、わずかに前後に動かせる。

もちろん、重力波の通過でも、光の伝播時間に差ができるので、最初に設定した干渉状態が崩れる。するとやはり、光検出器がいくらかの光を記録しだす。そこでフィードバック機構が反応し、コイルに流れる電流を調整して、磁場の強さを変える。その結果、鏡が動き、ダークポートで完璧な弱め合う干渉の状態が回復する。

したがって、コイルを流れる電流の変化を継続的に読み取れば、時間とともに鏡に加えられたわずかな動きがはっきりわかる。このロックを回復する動きのほとんどは、外部からの振動（「ノイズ」）のために必要なものだが、なかには純然たる重力波によるものもあるかもしれないのだ。

それぞれの腕で二枚の鏡によって干渉計内に一時的にレーザー光を貯めると、もうひとつ都合のいいことがある。二本の腕のなかでパワーが増すのだ。すると、ファブリ・ペロー共振器から出る光は、最初に入った光よりはるかに強力で安定した光子の流れになる。アウトプットのきわめて小さな変化を測定しなければならない場合、これは重要なことだ。じっさい、それをしなければならないのである。

光子の数が多ければ測定の精度が上がるわけを理解するために、ルイジアナの夏の嵐のさなかに、どれだけ強い雨が降っているのかをあなたが知りたいとしよう。あなたはたまたまトタン屋根の小屋のなかにいて、針が弧を描くように動く旧式の音量計しかもっていない。そこで、屋根を叩く音を雨の強さの尺度とすることにする。小雨のときは、「トン…トン…トントン……トン…」とだけ聞こえる。これだと、雨の強さを答えるのはかなり難しく、音量計の針は激しく上下する。この効果を「ショットノイズ（散弾雑音）」という。だがそこへ、嵐がやってきて、どしゃ降りになる。針が高い目盛へ動き、一定の値にとどまり、より正確に読み取れるようになる。だから、鏡が動くときの光量の変化を知るには、多くの光が――多くの光子の「雨粒」が――ほしくなるのだ。

さて、こうしてほぼ理想的な干渉計ができた。これは仮想的におよそ一二〇〇キロメートルの腕をもつため、光の伝播時間に生じる極微の差を検出できる。そうした差が生じると、ダークポートがもはや完全なダークにはならない。いくらかの光が光検出器に入るのだ。さらに、干渉計の二本の腕のなかでレーザーのパワーを増すことで、ショットノイズを大幅に減らすこともできた。その結果、アインシュタイン波の通過によるほんのわずかな光量の変化も、ノイズのなかではっきり目立つようになる。

＊＊＊

もちろん、重力波の探索を阻む問題は、ほかにもたくさんある。

間違いなく最大の問題は、予想がつくだろうが、外部からの振動だ。ドアを閉めたり、トラックが通ったりして生じる。あるいは近所を人が歩いても。それに、近くの町での産業活動。わずかな温度変化。遠くの雷。空気の分子の衝突。そばの森での木の伐採（ＬＩＧＯリヴィングストンの場合）。ワシントン州南部の海岸に打ちつける太平洋の波（ＬＩＧＯハンフォードの場合）。地震。まだまだある。こうした「振動ノイズ」と呼ばれるすべてのものから、鏡をできるだけ隔離しなければならない。さもないと、重力波の通過によるわずかな効果を見出すことはできない。

だから、鏡の複雑な懸垂機構の設計には大変な労力がかかっている。鏡を外部の動きから隔離するために、ほぼ使えるかぎりの技術が適用されているのだ。振動センサーは、地面の動きを打ち消す能動的制振機構にインプットを送り込む。ノイズキャンセリング・ヘッドホンとおおよそ同じ仕組みだ。片持ち板ばねとクッションからなる複雑なセットも、さらなる隔離の手段となっている。だが、なにより効果的な技術は、振り子機構の適用だ。

とても簡単な実験で、振り子の制振能力がわかる。一メートルぐらいの細いロープかたこ糸を用意しよう。それを重めのマグカップの取っ手に結びつける。糸の端をもって、マグカップを静かに吊り下げる。ここで糸の上端をゆっくり左右へ動かすと、マグカップはこの動きにちゃんと従う。ところが糸をずっと速く動かすと、マグカップはほとんど動かない。そのマグカップの下に別のマグカップをまた糸で結びつければ、さらに効果が高まる。糸の上端をすばやく動かしても、一番下のマグカップにはまったく影響しないように見えるのだ。これと同じように、鏡を懸垂すると、周囲から受ける高周波の振動から隔離できる。LIGOでは四段階の振り子を用いている。鏡が厚くて重いのも効果がある。LIGOの鏡は直径三四センチメートルで、厚みは二〇センチメートル、重さはおよそ四〇キログラムある。石英ガラス――きわめて強度の高い特殊なガラス――でできた、可能なかぎり細いワイヤー（〇・四ミリメートル）に吊り下げられているのも役立っている。鏡の純度が非常に高く、構造がきわめて単純だというのも効果を高める。LIGOの場合、鏡は石英ガラス製で、非常によく磨かれた単純な円柱である。

もちろん、すべての振動を取り除くことはできない。いくらかの振動ノイズはどうしても残り、どれほど小さかろうと、鏡の動きが残る。途方もなく弱い重力波を本物と認識するには、数百キロメートルから数千キロメートルも離れた、少なくともふたつのそっくり同じ検出器が必要になる。ふたつの天文台でバックグラウンドノイズは異なるが、宇宙からの重力シグナルは同じはずなのだ。シグナルの発生源の方向やふたつの干渉計の向きの違いによっては、細部が異なるかもしれない。それでもリヴィングストンとハンフォードの施設は、どちらも同じ重力波を、一〇〇分の一秒以内の時間差で検出する（実を言うと、二〇〇二年から二〇一〇年のあいだに、通過する重力波が三つの装置によって検出されてい

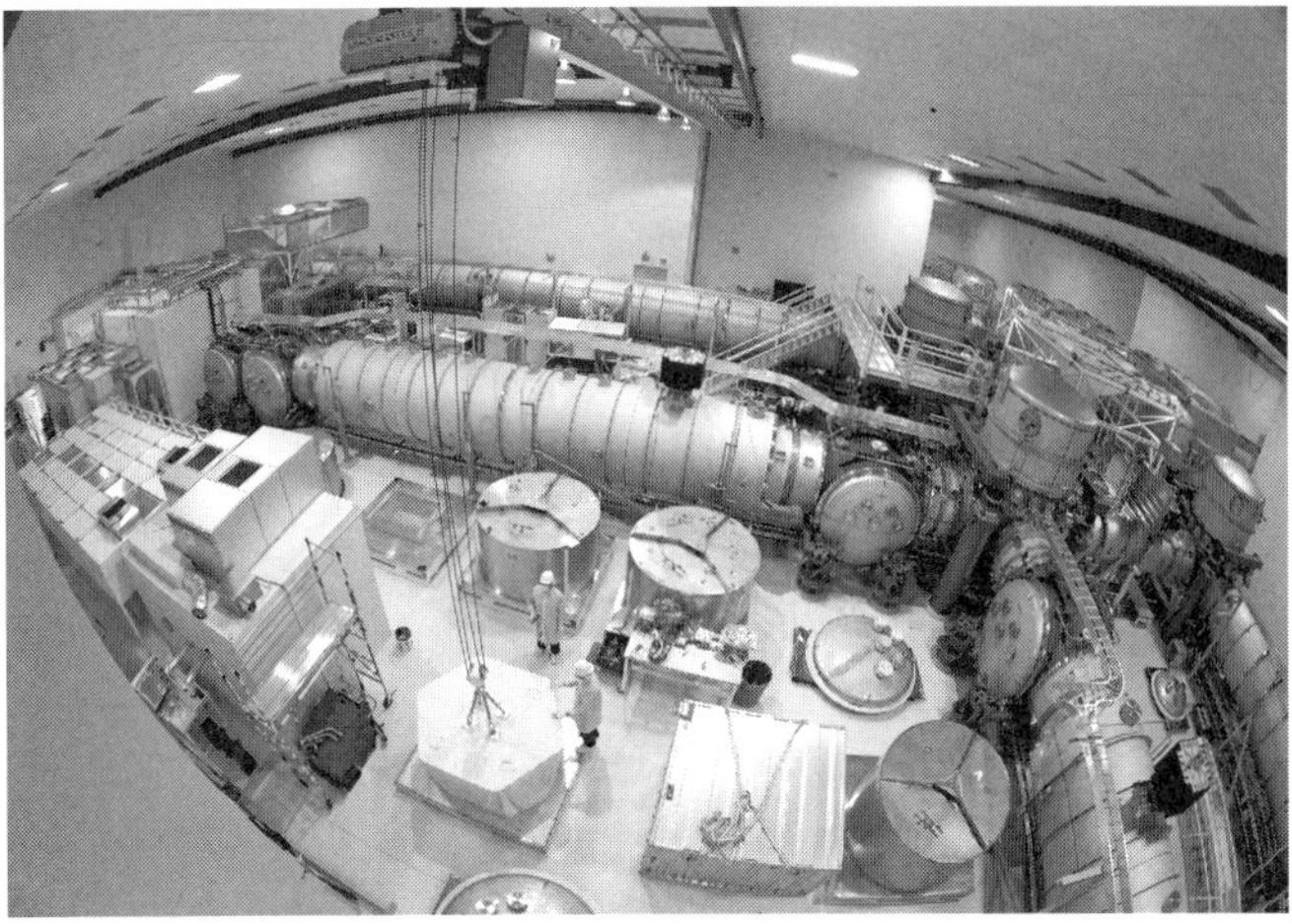

LIGO ハンフォード天文台のレーザー・真空装置エリア（LVEA）を魚眼レンズで撮ったもの。

たかもしれなかった。あまり知られていないが、ハンフォードの施設にはもともと完全に独立した二基の干渉計がある。一基は四キロメートルの腕をもち、もう一基はその半分の長さの腕をもつ。どちらも同じトンネルのなかにある）。

言うまでもないが、レーザーやビームスプリッターや光検出器も、できるだけ外部からの振動と隔離する必要がある。さらに、干渉計のデリケートなパーツはすべて、巨大な真空タンクに収められている。四キロメートルの腕――レーザー光が往復する鋼鉄のパイプ――さえ、完全に真空になっている。空気の分子の連打を浴びて鏡が震えるのは困るからだ。それに、空気の分子や小さな塵の粒子で、レーザー光が散乱しても困る。およそ九〇〇〇立方メートルもあるＬＩＧＯの高真空システムは、世界最大級なのである。

もうひとつ問題になるおそれがあるのは、レーザー光が鏡に及ぼす放射圧だ。それに、「熱ノイズ」――実験の環境温度が鏡のコーティングに引き起こすきわめて小さな分子運動——もある。また当然だが、わずかにカーブした鏡の表面は、微小な凹凸がレーザー光の同期を崩してしまわないように、できるだけ高い精度で磨かなければならない。ノイズの源となりうるもののリストはまだ延々と続く。私は上っ面を撫でたにすぎないのだ。そうしたすべての効果は、重力波検出の妨げになりやすい。だが、どの問題についても、科学者や技術者は解決策や次善策を見つけてきた。

　干渉計にサブシステムを付け加えると、さらに感度が増す。たとえば、レーザークリーナー（正式にはインプットモードクリーナーという）は、レーザー光をできるだけ高精度で安定したものにできる。トンネルに入る波はどれも、実のところまったく同じ波長で、ぴったり同期する必要があるのだ。

　パワーリサイクリング鏡も、欠かせない要素だ。Lの二本の腕から戻ってきたレーザー光が、ビームスプリッターで再び出会うときに起こる現象を覚えているだろうか。ある方向（ダークポートの方向）ではふたつの光が打ち消し合い、別の方向（レーザー光源の方向）では互いに強め合う。そのため、通常の状態では、かなり多くのレーザー光が発信源の方向へ戻っている。このレーザーのパワーをなんとかして使わないのは、資源の無駄だろう。そこでパワーリサイクリング鏡が、その光を干渉計へ送り戻す。その結果、いっそう多くの光子がトンネルを往復するようになり、レーザーのパワーが増して感度も高まる。

　はるかに少ない量の光が、ときたま装置のダークポートに届くことがあるが、これも利用される。やはり反射させて干渉計の腕へ戻すのだ。このかなり新しい手法は、シグナルリサイクリングと呼ばれる。科学者は、いわゆるスクイーズド光——ハイゼンベルクの不確定性原理をわれわれに都合のいいようにいじった量子光学の芸当——での実験もおこなっている。これについては詳しく理解できなくてもかまわない。ほとんどの物理学者も理解していないのだから。重要なのは、正確さがさらに増すという結果だ。

重力波物理学のようなビッグ・サイエンス〔訳注：資金と人材を大がかりに投入してなされる科学研究のこと〕は、たやすいものではない。ジョー・ウェーバーの共振型バー・アンテナでもかなり先駆的だった——じっさい、ウェーバーが当初作った検出器のひとつは、現在ＬＩＧＯハンフォード天文台に展示されている——が、アインシュタイン波を検出する実用的な干渉計を作るのは、まるで土俵の違う話だ。ここにある何もかもが、科学技術のまさに限界を押し広げている。ネオジムＹＡＧレーザー、インプットモードクリーナー、ビームスプリッター、超高真空テクノロジー、超平滑石英ガラスの鏡、制振懸垂機構、パワーリサイクリングとシグナルリサイクリング、高感度の光検出器、途方もなく厳密な計測技術——このすべてが一体となってスムーズに働き、どれもが完璧に動作しなければならない。

そして、ＧＷ１５０９１４の検出が証明するとおり、それは現実のものになる。アルベルト・アインシュタインが時空のとらえがたいさざなみの存在を初めて提案してからほぼ一世紀後、物理学者はついにそれを直接検出することに成功した。おそるべき粘り強さだ。

＊　＊　＊

一九九八年の春にさかのぼるが、ＬＩＧＯリヴィングストンの現場監督ゲリー・スタップファーは私に、重力波は干渉計が二〇〇二年に稼働を始めてすぐに見つかるものと確信していると語っていた。「何かを信じないことにはね」彼は言った。ところが二〇一〇年、何十か月も観測運用を続けてなお、何も見つかっていなかった。どうやらおおかたの予想どおり、初期のタイプのＬＩＧＯはまだ、確信できるシグナルを八年間でひとつとらえられるほどの感度もなかったらしい。

リヴィングストンを最初に訪ねてからほぼ一七年後の二〇一五年一月、当時ＬＩＧＯハンフォードの所長だったフレデリック・ラーブはやはり楽観的だった。「何も見つからなかったら、みんなびっくりするでしょう」そう私に言った。そのころには、レーザー、鏡、懸垂機構、検出器の新たなセットが、既存の建物とトンネルに設置されていた。科学者や技術者はせっせと新しい装置を作動させていた。干渉計の腕の一本を、初めて固定できたところだった。その検出器の第二段階となるアドバンスト［先進型］ＬＩＧＯ（ａＬＩＧＯ）は、調整が完全に終われば、イニシャル［初期型］ＬＩＧＯ（ｉＬＩＧＯ）の一〇倍以上の感度をもつように設計されていた。したがって、一〇倍遠くからのシグナルがとらえられ、一〇〇〇倍大きな体積の空間が調べられるはずだった。ラーブの楽観的な見方はもっともなように思われた。

それでも私は、リッチランドのホテルへ戻る砂漠の道中で、重力波の探索において初期に多くの誤解があったり出だしでつまずきがあったりしたことを考えていたのを思い出す。この惑星で最高の頭脳をもつ人々が、数十年にわたってこの話題を論じてきた。アインシュタイン自身も、重力波の存在を完全に確信してはいなかった。それまでの探索は何ひとつ――たくさんなされていたが――成功を収めてはいなかった。そして今、新世代の聡明な科学者たちは、こうした巨大で高価なレーザー干渉計――人類史上最も高感度の測定装置――に賭けていた。

だが、彼らが間違っていたとしたらどうだろう？　アインシュタイン波がそもそも存在しないのだとしたら？

その晩、私は眠れなかった。世界では、いくばくかの科学者が、四〇年以上にわたりその手法に取り組んできた。彼らは、技術的障害、政治的難題、予算の問題、個人的ないさかいと格闘した。そしてすべてを捧げてこの段階まで至った。宇宙の生地そのもののさざなみをついに検出するはずの、巨大なレーザーマシンの完成に至ったのだ。このすべてが無駄だったとしたら？

しかし、私が気をもみながら横たわっていたころ、遠くの宇宙でふたつのブラックホールが衝突して広がった時空の乱れは、天の川銀河の外れに位置する、われわれが住む小さな惑星までの一三億年の旅をほとんど終えていた。最初の騒々しさはなくなり、いまやそれはかすかなささやきにすぎず、最高に感度のいい耳でなければ気づけない。地球で最初に直接検出されるアインシュタイン波は、すでにわれわれから最も近い恒星、ケンタウルス座プロキシマを通り過ぎていた。そしてオールトの雲［訳注：彗星の巣とも呼ばれ、太陽系の惑星のはるか外側をとりまくとされる氷塊群のこと］の片側に存在する凍てつく彗星を、ごくわずかに伸縮させた。三分の二光年先には太陽があり、そのまわりを小さな青い惑星が回っている。

すんでのところで、ＬＩＧＯの準備が整った。

第8章　完成への道

初めてレイナー（レイ）・ワイスに会ったのは、シアトルにあるワシントン州会議センターのエレベーターのなかだった。二〇一五年一月初めで、私は第二二五回アメリカ天文学会の会合に参加していた。ワイスは、重力波物理学の歴史について、これから発表をするところだった。われわれは一緒に三階ほど下りた。互いに「どうも」と「では失礼」とは挨拶したが、何も会話は交わさなかった。「物静かなご老人だな」と私は思った。

もちろん、私は間違っていた。確かに当時ワイスは八二歳だったが、決して物静かではないとその日に知ったのである。ワイスの発表が終わってから二、三質問しようと思っていたが、彼は話をやめなかった。名前、日付、出来事、私の本に役立つ示唆、技術的詳細、オタクっぽいジョーク、彼自身の話——情報がなだれのように押し寄せる。二〇一六年の夏にインタビューをしたときも、まったく同じだった。私は四五分だけ時間をいただけないかと頼んだが、われわれはほぼ一時間半も話していた。いや、彼が話していたと言うべきか。

ＬＩＧＯの歴史を伝えるすばらしい話ができる人がいるとしたら、それはレイ・ワイスだ。彼は一般に、レーザー干渉計の技術の考案者とは言わないまでも、ＬＩＧＯのプロジェクトの創始者と見なされている。そして、人を奮い立たせる人物でもある。熱中し、やる気に満ち、人に共感できる。彼と仕事をしたことのある人ならだれもが（いや、ほとんどだれもが）、いい思い出をもっている。また多くの人は、ワイスの聡明さと飽くなき情熱がなければ、ＬＩＧＯは日の目を見なかっただろうと考えている。

レイナー・ワイスは、一九三二年の秋にベルリンで生まれた。アルベルト・アインシュタインがそのドイツの首都を永久に離れるほんの数週間前のことだ。幼いころはしばらくプラハに住んでいたが、七歳のとき、第二次世界大戦が勃発する直前に一家でニューヨークへ移った（父はユダヤ人で医師だった）。若きレイは才能豊かで好奇心あふれる子どもだった。手を動かすのが好きで、トースターを修理したり、腕時計を分解しては元どおりにしたりしていた。何か役に立ちそうな電子部品が捨てられていないかと、散歩することもあった。一〇代のころには、自分でちょっとした商売さえ始めた。高校のクラスメートのために、壊れたラジオや蓄音機の修理をしたのだ。

一九四〇年代の終わりを迎えるころには、ワイスはある種のオーディオ技師になっていた。そして人々の依頼を受けて、セミプロ仕様のハイファイシステムを構築していた。決して大金持ちにはならなかったが、かなりの金を稼いだ。それでなぜ大学へ行くのか？　ノイズ低減技術をもっと学びたかった、と彼は回想する。当時一般的だった七八回転のレコードは、パチパチとかシューッといった音をよく立てていたが、ワイスはその問題の解決策を見つけられずにいたのだ。ケンブリッジの名高いマサチューセッツ工科大学（ＭＩＴ）で電気工学を学べばきっと役に立つだろう、と彼は考えた。

それはいささか楽観的すぎたことがあとでわかる。工学の授業は退屈だった。彼にとって新しいことは何もなかった。物理学のほうがもっと面白いだろうか？　多少はそうだった。だがまたしても、まるで違うものに気を取られすぎて勉強が進まなかった。たとえば、美貌のピアニストにどうしようもないほど惚れ込むとか。「シカゴまでずっとついていったんだよ」ワイスは語る。「でも彼女は、僕があまりにのぼせすぎて役に立たない男だと思ったにちがいないね。結局僕はＭＩＴに戻った」

一九六〇年ごろ、ついに彼は物理学の虜《とりこ》になった。正確に言えば、実験物理学の虜だ。ＭＩＴでジェロルド・ザカライアスの研究室の大学院生になって、最初期の商用原子時計の製作に携わった。「ミスター・クロック」――一〇年ほどのちにジョセフ・ハーフェルとリチャード・キーティングが旅客機にもち込んで世界を一周したタイプの装置――の前身である。実のところ、ザカライアス自身がスイス・アルプスの標高三四七〇メートルの山ユングフラウヨッホにその時計をもって上がる計画もあった。目標は、重力赤方偏移の効果を、ロバート・パウンドとグレン・レブカがハーヴァードでおこなった実験よりはるかに正確に測定することだった。

スイスの実験は実現されなかった。それでもワイスは、重力と精密測定に関わるあれこれに熱中し、それが、ＬＩＧＯの発案者のひとりとなる人物にとってうってつけの組み合わせとなった。彼は二年間、ポスドクの研究をプリンストン大学で高名な物理学者ロバート・ディッケとおこない、重力計を作った。ＭＩＴへ戻ってから、ワイスは宇宙論と重力の新たな研究チームを立ち上げた。宇宙論は、宇宙全体を対象とする科学だ。これについては第9章で詳しく語ろう。一九六〇年代、この分野はまだ大いに発展しているところだった。ビッグバン理論はそれまで以上に一般的になり、とくに一九六四年には、宇宙創成の残光とよく言われる宇宙背景放射が発見された。物理学者にとって、宇宙論と一般相対性理論が同じコインの表裏であることは明白だった。

ならば、ＭＩＴの物理学科のスタッフが、一般相対性理論の科目を教えるようにワイスに頼んだのも意外ではない。一九六七年、ジョスリン・ベルが最初のパルサーを発見したころだ。しかし、レイ・ワイスは手を動かすのが好きな男であって、理論家ではなかった。「数学はとうてい私の手に負えなかった」彼は言う。「でも、もちろんそのテーマはマスターしていませんとは言えなかったよ。地獄の一年だった。使える時間をすべて相対論の勉強に費やした。学生より一日先を行っているだけのときもあった。彼らは私よりずっと賢かったしね」

そのころ、数百キロメートル南西のメリーランド大学では、ジョー・ウェーバーが共振型のバー検出器で実験をおこなっていた（第４章で詳しく語った）。それを聞きつけると、ワイスの教え子たちは関心をもち、重力波の検出についてワイスに尋ねた。また謎めいたことがらだ！　しかし彼は、遠く離れて自由に動く三つの「テスト質量」と正確な時計を使って、この概念を巧みに説明する方法を見つけた――ワイスは時計のことならなんでも知っていたのだ。距離の変化を測ると思ってはいけない、と教え子たちに言った。むしろ、光の伝播時間の変化を測ると考えるのだ、と。もうこれは、あなたにもなじみのある話に聞こえるはずだ。

ワイスが知らなかったのは、その考えがまったく新しいものではなかったことである。ふたりのロシア人研究者、ミハイル・ゲルツェンシュテインとウラジスラフ・プストヴォイトが、数年前に同様のアイデアを公表していた。だがふたりが公表した先は、アメリカではほとんどだれも耳にしたことがないようなソヴィエトの雑誌だった。当時ソヴィエトの研究者仲間と密接なつながりをもっていた、数少ないアメリカ人物理学者のひとりが、パサデナのカルテク（カリフォルニア工科大学）にいた理論家、キップ・ソーンだ。冷戦の真っ最中に、ソーンはちょくちょくモスクワ大学に滞在し、ウラジーミル・ブラジンスキーの精密測定チームと共同研究をしていた。それでやがて、ゲルツェンシュテインらの公表について知ったのである。

ともあれ、ワイスは重力波干渉計の原理を考案し、一九七二年に画期的な論文をＭＩＴの『四半期進捗報告』に載せた。ほぼ四五年経った今もなお、ソーンなどの科学者はこの論文に感銘を受けている。ここには重力波干渉計の設計の基本的要素がほとんど含まれている。また、実験者が対処すべきさまざまなノイズの源について詳しく語られてもいる。さらに重要なことに、どうしたら対処できる可能性があるかについても。一番最初の小さなプロトタイプをすでに作っていた人々の頭をよりよく働かせるのにも、確実に役立った。

では、なぜワイスが、自分の書いた一九七二年のレシピに従ってプロトタイプの検出器を作らなかったのだろう？　実は作ったのだが、資金面の問題でしばらく時間がかかったのである。当初、ＭＩＴの物理学科は、主に国防総省からの資金援助を受けていた。第二次世界大戦後、軍はできるだけ多くの優秀な科学者や技術者を新たに欲しがっていたのだ。「学生に何をしてもらっても結構だが、必ず卒業できるようにしてくれ」というのがおおまかなメッセージだった。ところが一九七〇年代の初め、「狂気の」ベトナム戦争のあいだに、ワイスが言うには、左寄りの多くの人がその状況を不快に感じた。彼らは、軍は科学の発展に何の影響も及ぼしてはならないと思ったのだ。新たな法律では、今後国防総省は国の安全保障の問題に関わる科学だけを支援できると決められた。宇宙論や重力は、国防の問題ととくに関係がなかったため、ワイスは軍の資金援助を失った。ＭＩＴにも、それに代わる手だてはほとんどなく、代わりを出すことへの関心もほぼなかった。ほどなく、大学当局はワイスのチームを解体することに決めた。宇宙マイクロ波背景放射を調べる宇宙ミッションに関わるワイスの研究は、まだＮＡＳＡからの支援を受けていたが、重力波のプログラムはほぼ一夜にしてつぶされた（宇宙ミッションのほうはやがて宇宙背景放射探査衛星（ＣＯＢＥ）に結実した）。そこで彼は、全米科学財団（ＮＳＦ）に補助金を頼み込まなければならなかった。

当時、ＮＳＦはまだジョー・ウェーバーの共振型バーによる実験を援助していた。この新しい干渉計の技術はどうなのか？　本当にもっと有望なのか？　一九七四年、ＮＳＦはワイスの補助金申請書をさまざまな研究チームに送って、外部による検討を依頼した。「僕のアイデアは、資金を手にする前に世界じゅうに知れわたってしまったんだ」ワイスは語る。一九七〇年代の終わりになってようやく、彼はＮＳＦから資金を受け取り、小さなプロトタイプとなる干渉計の製作を始めた。

ワイスのアイデアに刺激されて作られた初期のプロトタイプが、ドイツのミュンヘンに設置された三メートルの干渉計だ。作ったのは、マックス・プランク宇宙物理学研究所に在籍し、コンピュータ開発の先駆者で物理学者でもあったハインツ・ビリングの重力波チームである。ビリングはすでに、ジョー・ウェーバーの主張を確かめるため、高感度のバー検出器を製作していた。だれもがそうだったが、彼も何も見つけられなかった。しかしむろん、だからといってアインシュタイン波が絶対に存在しないということにはならない。ワイスのＮＳＦへの補助金申請書を読んで知った干渉計の利用が、実際の検出に至る有望な手だてかもしれなかった。試してみてもいいではないか。もうひとつの初期のプロトタイプは、カリフォルニア州マリブのヒューーズ研究所で実験に使われた、二メートルの卓上装置だった。これは、ウェーバーの教え子だった元ポスドクのロバート・フォワードが発案したものである。

ワイスが自身のプロトタイプを作り上げて稼働させたころには、カルテクでキップ・ソーンも実験チームの立ち上げに力を貸していた。ソーン自身は生粋の理論家だった。考える人であって、手を動かす人ではなかったのだ。一九七三年に彼は、チャールズ・ミスナーと、かつての師であるジョン・アーチボルド・ホイーラーとともに、重力をテーマにした一三〇〇ページの教科書、『重力理論』（若野省己訳、丸善出版）を著した。過去二〇年ほどのあいだに私がインタビューした物理学者は皆、書棚にこの黒くて分厚い本を置いていた。一般相対性理論のバイブルなのである。

だが、ソーンには実験の経験がほとんどなかった。ワイスががっかりしたことに、『重力理論』の初版には、レーザー干渉計は感度が足りないのでアインシュタイン波を実際に検出することはできないだろう、とそっけなく書かれていた。この男にもちろん教える必要があった。その機会は、一九七五年の忘れえぬ晩、ワシントンDCの街なかにあるホテルの一室で訪れた。

その年、もう少し前に、ワイスはNASAの依頼を受け、重力物理学の宇宙応用にかんする委員会の議長となった。そのころまでに、NASAはすでにフランシス・エヴェリットの重力探査機による実験（第3章で語った）に関与していた。ワイスは自分の考えが委員会で共有されるよう、ソーンを招待した。「空港まで車で迎えに行ったよ」ワイスは回想する。「それまで会ったこともなかった。キップはホテルを予約していなかったから、ふたりで同じ部屋に泊まったんだ。それで僕らはひと晩じゅう、朝の四時ぐらいまで重力波と実験の話をした」

ふたりは正反対の人間だった。ワイスは当時四二歳で、いわゆる物理学の教授らしい風貌をしていた。セーターにがっしりした靴、いや、安いツイードのジャケットにネクタイだったろうか。ソーンは三五歳で、カリフォルニアの元ヒッピーだ。長髪にひげを生やし、ピアスをしてサンダル姿。ところがふたりはとても馬が合った。「その晩」ワイスは言う。「キップはレーザー干渉計の見込みについて、すっかり見方を変えた。とても頭がいい奴なんだよ」

キップ・ソーンは、さまざまな感度のレーザー干渉計で検出が期待される数の算定を始めた。どれぐらいの頻度で、干渉計が実際に何かを「感知する」だろうか？　時空のさざなみの最も有望な発生源は、中性子星やブラックホールの荒々しい合体だろう。アレシボでは、ラッセル・ハルスが初の連星パルサーを発見したばかりだった。ほどなくジョー・テイラーとジョエル・ワイスバーグが、その連星系は重力波の形でエネルギーを失っていることを確かめた。今は、この発生源からの波は圧倒的に弱くて地球で検出できない。しかし、やがては強くなり、ついにふたつの中性子星が衝突し合体すると、一般相対性理論の予言によれば、強力なアインシュタイン波のバーストが生じる。ブラックホール同士の合体では、予想される振幅ははるかに大きくなる。

中性子星とブラックホールの衝突は、宇宙ではきわめて珍しいイベントだ。そんな破局的な出来事がわれわれの天の川銀河で繰り広げられたら、単純なウェーバー・バーでも、発生する重力波のシグナルを検出できはしないだろうか。あいにくそれは、あまり頻繁には起こらない。次の衝突が起こるのは何千年、何万年もあとかもしれない。しかし、高感度の干渉計なら、何千万光年も離れた別の銀河で起こる合体による、アインシュタイン波のバーストをとらえられる可能性もある。検出器の感度を十分高くすれば、年にいくつかのイベントを目撃できるかもしれない。

ソーンはまた、カルテクを説き伏せて実際の実験に資金を出させたいとも思った。理論だけではなく、プロトタイプを作り、経験を積むといった、実践的な科学をやりたいと。ソーンは、ジョー・ウェーバーが失敗したもので成功を収めたかった。確かに、新たなチャンスを見つけて手ごわい難題に取り組むのは、科学の本質だ。しかし、ウェーバーの未亡人ヴァージニア・トリンブルによれば、個人的な感情もひと役買っていたのかもしれない。「一九六〇年代の終わりに、私はキップと付き合っていました」彼女は私に語った。「一九七二年にジョーが私と結婚したとき、キップは自分の恋人だった女をジョーが盗んだと思ったかもしれませんね」

ともあれ、カルテクのチームはスタートを切った。ソーンは、ソヴィエトの友人ウラジーミル・ブラジンスキーをパサデナへ連れて来たがった。ブラジンスキーは本物の実験科学者で、ソーンは一九六八年から彼と共同研究をしていた。だがそれは、冷戦という政治情勢を考えれば、難しい話だった。そこで代わりにソーンは、ブラジンスキーとワイスの提案に従って、グラスゴー大学のロン・ドリーヴァーに誘いをかけた。金はなくてもたくさん工夫をして、ドリーヴァーもバー検出器を作っていた。またレーザー干渉計にも手を出し、自前のプロトタイプの製作にも取りかかっていた。彼は、いつでも新しい巧みなアイデアにあふれた、この分野で最高に創意に富む頭の持ち主のひとりだったのだ。一九七九年から、ドリーヴァーはグラスゴーとパサデナを行ったり来たりした。一九八四年には、カルテクで教職員のポストを得た。

こうして一九八〇年代の初め、重力波物理学ではもっぱらレーザー干渉計に狙いが定まっていた。グラスゴーでは、一〇メートルの腕をもつ装置が建造中だった。大きければ大きいほどいいのだが、大学の物理学研究室に収まらないといけなかったのだ。ミュンヘンでは、ハインツ・ビリングが同僚と三〇メートルの高感度のプロトタイプを作り上げた。そのサイズは、マックス・プランク宇宙物理学研究所の庭の寸法で決まっていた。カルテクのキャンパスの北東の隅では、倉庫のような建物に四〇メートルのプロトタイプが収められ、ロン・ドリーヴァーの新たなおもちゃとなった。やはり、検出器の大きさは使えるスペースの制約を受けていたのである。

一方、マサチューセッツ州ケンブリッジで、レイ・ワイスと大学院生とポスドクのチームは、卓上型の装置で我慢しなければならなかった。腕の長さはたったの一・五メートル――それでもNSFからのささやかな補助金で作れる最大のサイズだ。カルテクは研究に三〇〇万ドルほどつぎ込んだのに、ＭＩＴの大学当局はその新技術の支援にちっとも関心をもたなかった、とワイスは言っている。「彼らはレーザー干渉計じゃ重力波を検出できっこないと思っていたんだ。何人かのお偉方は、一般相対性理論や、中性子星とブラックホールの存在にさえ批判的だった。一九九〇年代になると状況は大きく変わったけれど、それまではまるで知的な環境じゃなかったね」

だからといってワイスは、野心的な一〇キロメートルの長基線重力波アンテナシステムのコストを割り出すのをためらいはしなかった。彼は提案書を、ＭＩＴの同僚だったピーター・ソールソンとポール・リンゼイ、それにカルテクのスタン・ホイットカムとともに書き上げた。この「ブルーブック」と呼ばれるようになったもので、全米科学財団を説き伏せ、一大研究開発プロジェクトに資金を出させようとしたのである。

ＮＳＦの重力波物理学のプログラムオフィサーだったリチャード・アイザックソンのおかげで、一九八三年のブルーブックは非常に重く受け止められ、専門家たちから好意的な評価が得られた。ほどなく、その研究開発プランは科学委員会――大統領と米国議会のための科学政策の諮問機関――に認可された。一年後、政府の予算が流れはじめた。最終的にＬＩＧＯとなる装置の研究開発に対する、多年度にわたる補助金の第一回分である。ただし、ひとつ条件があった。ＭＩＴのチームとカルテクのチームが共同でそれに取り組むという条件だ。問題ない。

いや、まるっきり問題ないというわけではなかった。ロン・ドリーヴァーは、レイ・ワイスとの緊密な共同研究に乗り気ではなかった。確かに、雨の多いスコットランドを出て、太陽がさんさんと輝くカリフォルニアへ行くことにはなったが、大型マシンを自分ひとりで開発できることを期待していたのだ。

おまけにこのふたりは、最良のアプローチとしてまったく異なるアイデアをもっていた。ドリーヴァーは、ワイスが最初に考えついたデザインにほとんど信頼を置いていなかった。

一九八〇年代半ばにLIGOプロジェクトが誕生したころを今から振り返ると、ワイスは、その生まれたての赤ん坊がそもそも生き長らえたこと自体がほとんど信じられないようだ。ソーンとドリーヴァーとともに、彼はその巨大プロジェクトをできるだけうまくやり遂げようとした。三人はのちに「トロイカ」と呼ばれるようになる――ブラジンスキーが入《はい》れなくても、ソヴィエトの言葉は立派にカルテクのキャンパスに入っていたのだ。「二〇一五年にLIGOで初めて検出してから、僕らは大いに認知され、大変な名誉も手にした」ワイスは言っている。「でも実はとんでもない。僕らはとても力不足だった。そんな巨大なプログラムを進めた本格的な経験なんて、だれにもなかった。とても厄介な時期だったんだよ」

個人的な問題もあった。ワイスとドリーヴァーはあまり馬が合わなかった。「正直言って、あの男と共同研究をするのは無理だったよ」ワイスは語る。「彼の直感はありとあらゆる方向へ自分を引っぱっていた。ある日はこのアイデアをもっていても、次の日にはまるで別のものを追い求めようとしていたんだ。ロンのアイデアにはとても見事なものもあったけれども、まったくひどいものもあった。彼には決断というものができなかった――ひとつも決められなかったんだ。大人の衣をかぶった子どもだね。どこへでも行きたがるから、長いこと僕らはどこへも行き着けなかった」

批判的な検討をすべき時期だった。まさにそれを、一九八五年にIBMのディック・ガーウィンが提案した。ガーウィンといえば、一九七四年の相対性理論にかんする第五回ケンブリッジ会議でジョー・ウェーバーとやり合った「酒場のけんか」を覚えているだろう。ガーウィンは、評判の高い、政府の科

パサデナのカリフォルニア工科大学で、プロトタイプとなる40メートルの干渉計の前に立つキップ・ソーンとロン・ドリーヴァーとローカス・ヴォート（左から順に）。1980年代の終わりに撮影された写真。

学顧問となっていた。そしてＬＩＧＯの見通しにかなり疑問を抱いていた。彼の助言に従い、ＮＳＦは一九八六年十一月にケンブリッジで学識経験者による検討委員会を組織した。みんながやって来た、とワイスは振り返る。ノーベル賞を受賞した物理学者、実験科学者、レーザー技術者、高精度鏡製造の専門家、計測学者。最終的に――ガーウィンには意外だったにちがいないが――委員会は全面的に承認した。とらえがたいアインシュタイン波を検出するために、大型レーザー干渉計を建造すべき時だと決断したのだ。さらに言えば、ＬＩＧＯは、数千キロメートル離れたふたつのそっくり同じ施設で構成すべきでもあった。それでようやく、精度を上げても残るバックグラウンドノイズのなかで、宇宙からの本物のシグナルを、確信をもって見つけ出すことができるようになるのだ。

そろそろＬＩＧＯの管理組織を専門化すべ

き時期でもあった。一九八七年の夏、ワイス－ソーン－ドリーヴァーのトロイカは、カルテクのローカス（ロビー）・ヴォートというひとりのプロジェクト責任者に取って代わられた。その決定をして良かった点は、ヴォートがすべてを正しい軌道に戻してくれたことだ。さまざまな決断がなされ、締め切りが守られ、問題が解決された。着任して二年後には、ヴォートは主目的をなし遂げた。レーザー干渉計型重力波天文台建設の詳細な最終案を作成し、NSFの承認を待つばかりとなったのだ。すばらしい。

その決定をして悪かった点は、ロビー・ヴォートがとても相手にしにくい人間だったことだ。彼は命令によって――そして命令に従わない者を追い出すことによって――人をまとめていた。「彼について事前に聞いていた話からは、プロジェクトを進めるのに適任の男だろうと思っていたよ」ワイスは言う。「でも、あんなに難しい人間とは知らなかった。カルテクのだれかがこう言っていたね。『ロビーが率いるプロジェクトで働いたら、だれもが別人になる』。彼は正しかった」

最終案で重要なところは、二段階のアプローチだった。第一段階のLIGO（今ではイニシャル（初期型）LIGOあるいはiLIGOと呼ばれている）は、二一世紀の初めに完成する予定で、一九九〇年代の科学者や産業界がなし遂げられる最高の感度をもつはずだった。中性子星の合体によるアインシュタイン波は、五〇〇〇万光年以内で検出できることになっていた。その体積の空間には数千の銀河がある。だから、ちょっと運が良ければ、iLIGOで、およそ一〇年という予定運用期間のあいだに一度か、あわよくば二度の中性子星の合体をとらえられる可能性があった。一応、それがキップ・ソーンの楽観的な見積もりだった。

だが、iLIGOは概念の証明をするものでもあった。主目的は、新しい技術を総動員して直接経験を得て、予期せぬ問題が生じそうな場所を見つけ、ふたつの大型施設を実際に並行して稼働できると実証することだった。一方で、さらに高感度の装置の開発も続ける。より強力で超高精度のレーザー、高品質のコーティングを施した高品質の鏡、より優れた懸垂機構、より巧みな干渉計の構成。アドバンストＬＩＧＯは、二〇一五年に稼働を始める予定となっていた。これが本機で、最終的に感度はその前身の一〇倍に達する見込みだった。距離は一〇倍、体積なら一〇〇〇倍である。ひょっとしたら、これで一年に数十の検出ができるかもしれなかった。

一九八九年十二月にＬＩＧＯの最終案が全米科学財団に提出されたとき、二〇一五年はまだ四半世紀も先だった。大胆なプランだったわけだ。奇しくも、その文書の序文は、ニッコロ・マキャヴェリが一五一三年に書いた文の引用で始まる。「新たな体制を真っ先に導入するほど、手をつけるのが難しく、おこなうのが危険で、成功のおぼつかないことはない」

難しい、危険、おぼつかない……しかしマキャヴェリは、金がかかることについては言っていなかった。それでも一九九〇年、科学委員会は、ほぼ三億ドルという費用がかかるにもかかわらず、ＬＩＧＯの案を承認した。ただひとつだけ、但し書きがあった。多額の金――ＮＳＦの歴史でも空前の額――が要るので、プロジェクトに連邦議会の許可も得る必要があったのだ。連邦議会が、ＬＩＧＯの建設に対して最終的な決定を下すこととなった。

これはもうひとつのハードルとなり、ＡＴ＆Ｔベル研究所のトニー・タイソンもひと役買って、あやうくＬＩＧＯをつぶしかけた。タイソンの名前は覚えているだろう。一九七〇年代の初めにジョー・ウェーバーととりわけ強く対立した人物のひとりだ。タイソンは、米下院科学宇宙技術委員会での証言を頼まれた。第一の仕事は、ＬＩＧＯ研究の実現可能性の評価だった。そして第二の仕事は、ＬＩＧＯの評判を天文学界で調査することだった。

当時の出来事を振り返って今、タイソンは第二の仕事を引き受けなければよかったと思っている。LIGOの案に対する彼自身の見方は、すでに重力波研究の一団から厳しい批判を受けていた。彼はその案のビジョンには魅了されたが、プロジェクトは時期尚早だと思っていた。すぐに本腰を入れるのでなく、まず中間のスケールのプロトタイプに金をつぎ込むことを、議会は考えるべきかもしれない、と。

そうしたことは、ある意味で技術面の話だった。ところが、タイソンがアメリカの著名な天文学者二〇〇名ほどを対象におこなった調査の結果には、はるかに政治的なものが感じられた。六人中五人の天文学者が、LIGOの建設に反対であることがわかったのだ。難しすぎ、危険すぎ、おぼつかなすぎ、そしてなにより、金がかかりすぎた。その金を新しい望遠鏡や天文機器に、すでに価値がわかっているものに、つぎ込めばいいではないか。

そうした難色を示す態度は、ある程度LIGOの物理学的な背景と関わりがあった。アメリカ学術研究会議が一九九〇年代に出した、天文学と宇宙物理学の優先事項にかんする勧告書には、LIGOは「興味深い物理学実験だが、天文学と関連するかはまだ明らかになっていない」と記されていた。なのに、レーザー施設をもつあの物理学の連中は大胆にも装置を「天文台」と呼ぶのかというわけだった。それまでに何も検出してはいなかったし、天空で特定の位置にあるものを指し示すことさえできなかった。

もちろんタイソンは、その調査結果を報告せざるをえなかったし、そのため、LIGOの人々から辛辣な電子メールを山ほど受け取った。それでも、さらに二年、ロビー・ヴォートが熱心な陳情活動をしたおかげで、連邦議会は最終的にプロジェクトを認可した。ヴォートは、議会では比較的新参者だったが、その一風変わった人柄が議員たちの関心を引いたのだ。一九九二年、レイ・ワイスがMITの『四半期進捗報告』に初めて画期的な論文を載せた二〇年後、ついに全米科学財団はカルテクやＭＩＴと共同契約を結べることとなった。ふたつの「天文台」の場所――ハンフォードとリヴィングストン――も選ばれた。こうして、ようやくＬＩＧＯの建設が開始できたのである。

いや、本当にできたのか？

実はできてはいない。少なくとも、すぐには。カルテクのキャンパスでの個人的な緊張関係が、困ったことに頂点に達してしまったのだ。ヴォートは、ＬＩＧＯの初代責任者として仕事を始めたころ、ロン・ドリーヴァーの技術的な知見を頼りにしていた。ドリーヴァーは、ファブリ・ペロー共振器を使ってレーザーのパワーを増幅し、パワーリサイクリングによってショットノイズをさらに減らすといった、すばらしいアイデアの持ち主だった。しかし、やがてヴォートは、ドリーヴァーの悪名高い無節操な直感と決断力のなさに対応するのが難しくなっていった。プロジェクトの規模が大きく変わると、構造と組織と規律が必要になったが、どれもドリーヴァーにとってはどうでもいいような特質だったのである。

議論は口論になり、口論はけんかになった。そうしてふたりは口もきかなくなった。ヴォートは、ドリーヴァーが会議室に入ってくるなり、あからさまに部屋を出て行った。数億ドルのプロジェクトを進めるのに良い方法とは言えない。ほかのメンバーもドリーヴァーと仕事をするのが難しく思うようになった。また多くの人間は、ヴォートの乱暴で厳格な管理スタイルに問題を感じていた。ワイスによれば、おそろしくごたごたの状況だった。その噂は科学メディアの耳にも届き、「ヴォート‐ドリーヴァー騒動」（と呼ばれた）のニュース記事が、『サイエンス』と『ネイチャー』の紙面に載った。やがて、ＮＳＦからの手厳しい言葉を受けて、カルテクの教授陣はＬＩＧＯの将来を危惧するようになる。一九九二年、彼らはロン・ドリーヴァーをプロジェクトから追い出した。ドリーヴァーのオフィスの扉の鍵まで替えたのだ。

しかし、すでにダメージは大きくなりすぎていたようだ。第三者によるＮＳＦ調査委員会は、プロジェクトの中止を提言さえした。ヴォートは、外部からのどんな形の干渉にもいっそう猜疑心を抱くようになった。ＬＩＧＯを自分のやり方で推し進めたかったからだ。それは全米科学財団には受け入れがたかった。ＮＳＦは、はるかに開かれた形の運営を求めた。金の使い道を納得できる形で細かく説明し、策を講じるたびにきちんと報告せよ、と。ＮＳＦは、ロビー・ヴォートを本当に信用できるのかと疑問に思った。確かに彼は、ＬＩＧＯを議会に通すのに力を尽くしてくれた。だが最終的に、外部の調査委員会は、彼が実際にその物を作るのにふさわしい人間ではないと結論づけた。そこでＮＳＦの職員は、ＭＩＴやカルテクの上層部とともに、一九九三年の終わりにやむをえぬ結論に至った。ヴォートも去らねばならなくなった。ＬＩＧＯは非常に重要なので、ひとりの男の特異な性格でだめにするわけにはいかなかったのである。

では、だれならこの仕事を仕上げるのにふさわしい人間なのだろう？

カルテクの素粒子物理学者、バリー・バリッシュかもしれない。彼はおおらかな人間だった。おまけにとことん有能で、大型の科学プロジェクトを運営した経験が豊富にあった。最近まで、超伝導超大型加速器（ＳＳＣ）へつなげる大きな実験の共同責任者のひとりだった。ＳＳＣは、アメリカの巨大な粒子加速器として、とらえがたいヒッグス粒子の探索をリードすることになっていた。この施設の名前に聞き覚えがないとしたら、きっと建造されなかったからだろう。一九九三年十月、この一〇〇億ドルを超える加速器――資金提供はエネルギー省経由――は、連邦議会に中止の決定を下された。そのため、バリッシュにも時間ができた。

一九九三年のクリスマス休暇のあいだに、バリッシュは、カルテクの総長で同じ物理学者でもあったトマス・エヴァーハートから話をもちかけられた。ＬＩＧＯの舵取り役になることを考えてくれないか、と。ふたりは浜辺を歩きながら語り合った。バリッシュはすぐには決めかねた。まだＳＳＣプロジェクトの崩壊から立ちなおりかけているところだったのだ。それに、ＬＩＧＯプロジェクトを折に触れて見ており、騒動についても知っていた。これは本当に実現可能なプロジェクトなのだろうか？

結局バリッシュは、イエスと答えた。一九九四年二月、彼はヴォートのあとを継いでプロジェクトの責任者となった。それで戦略家や管理者としてのスキルを駆使し、ＬＩＧＯという船の舵を取ってうまく穏やかな海へと導いた。基本的に、既存の管理組織を撤廃し、新たな人材をたくさん引き入れ（多くの素粒子物理学者が新たな仕事を探していたのだ）、プロジェクトのコスト評価をはるかに現実的なものにすることによって。本気で一五年ほど先の未来にアドバンストＬＩＧＯを開発・導入するつもりなら、プロジェクトの費用はかつて見積もった額よりおよそ四〇パーセント高くなることを見込むべきだ。そうバリッシュはＮＳＦに告げた。

一九九四年の春、ハンフォードで敷地の造成が始まろうというときに、意外なことがふたつ起きた。もうひとつの調査委員会が、今度はＬＩＧＯプロジェクトの継続を強く勧告したのだ。さらに、バリッシュが、プロジェクトの理論家の筆頭であるキップ・ソーンとともに、ワシントンＤＣでの科学委員会の会議に招かれて証言した。バリッシュの記憶では、非常にフォーマルな場で、一時間ほどだったという。ソーンが、ＬＩＧＯで検出可能なイベント数の最も有力な予想など、科学面の説明をした。バリッシュは、プロジェクトの実現方法について、自分の新しい考えを語った。

このジェットコースターのような年を振り返ってバリッシュは、はるかにコストの増大したＬＩＧＯ

プロジェクトが一九九四年の夏に再び科学委員会の認可を得たことを、「奇跡」と言っている。「けれども、もっと大きな奇跡は」彼は語る。「NSFがこれまで二〇年以上も資金提供を続けてくれたことですよ。潜在的な見返りが大きくても、リスクも高かった。それでも、科学でベストを尽くすというのは、つねにリスクをともなうものなのです」

NSFがプロジェクトにゴーサインを出して、レーザー干渉計型重力波天文台はついに実現へこぎつけた。それから四年と経たずして、リヴィングストンの現場監督ゲリー・スタッフファーがまだ空っぽの施設を案内しながら、最初の検出はまもなくだと自信ありげに微笑んでいた。「何かを信じないことにはね」

＊＊＊

サント・ステファノ・ア・マチェラタのエドアルド・アマルディ通りは、イタリアのピサのドゥオモ広場から車でほんの三〇分の距離にある。この歴史ある街の中心にあたる広場では、観光客が斜塔の前で自撮りをしながら、なぜまだ重力でこの建物が倒れていないのかと不思議に思っているかもしれない（鋼線で引っぱって工事をした結果、現在安定化しているのだ）。そのなかには、ガリレオがこの塔から質量の異なる球を落としてアリストテレスの間違いを証明したという真偽の疑わしい話を知っている人もいるだろう。南東にわずか半時間の場所で、ヨーロッパ最高感度の重力波観測がおこなわれていることを知る人はほとんどいまい。

だが、二〇一五年九月下旬に私が訪れたときには、まったく観測がおこなわれていなかった。そのVirgo検出器は改修中だったのだ。「アドバンストLIGOが数日前に稼働を開始しました」ヨーロ

イタリアのピサ近郊にあるVirgo重力波検出器の空撮写真。3.5キロメートルのビームパイプは、橋で農家が渡れるようになっている。

ッパ重力観測所のフェデリコ・フェリーニ所長は語った。「彼らのように、われわれも今、より感度の高い装置を新たに導入していきます。二〇一六年の終わりか二〇一七年の初めには、アドバンストLIGOの第二次観測運用に加わる予定です」今も、解決すべき問題や越えるべきハードルがまだたくさんあった。ビッグ・サイエンスはひたすら試行錯誤なのだ。フェリーニのオフィスの壁に飾られたプレートには、こう書いてある。「明日はより良い間違いを犯そう」

冗談半分にだが、このイタリア人物理学者は、ほんの数週間前に妻とサントゥアリオ・ディ・モンテネーロ――リヴォルノにほど近い有名な巡礼地――を訪れたとき、本物のアインシュタイン波を検出できるように祈ったと私に告げた。「私の所長としての任期は二〇一七年の末に終わりを迎えます」フェリーニは言った。「そのころまでに、きっといくつか検出できるでしょう」彼は告げなかったが、実は、私の訪問のわずか八日前にGW150914の検出で大興奮していた。LIGO‐Virgoコラボレーションでは、だれもまだそのニュースを漏らしてはならないことになっていたのだ。フェリーニが自信満々に思われたのも不思議はない。

Virgoはほぼ LIGOと同等だが、干渉計の腕の長さが四キロメートルではなく三キロメートルだ。また、ピサの南東地域は、ワシントン州のハンフォード・サイトやルイジアナ州リヴィングストン北部の森よりはるかに人が住んでいる。Virgoのビームパイプは、アメリカの二か所と同様、地上にある。農家がトラクターでパイプの向こう側へ行けるように、低い橋をいくつも作らなければならなかった。パイプのカバーは空色に塗られたため、のどかなイタリアの風景とさほど不調和になっていない。

性能検証コーディネーターのバス・スウィンケルスが施設を案内してくれた。彼は、ここではただひとりのオランダ人科学者だ。Virgoはフランスとイタリアの共同プロジェクトとして開始されたが、のちの段階でハンガリーとポーランドとオランダが加わったのである。スウィンケルスに連れられて、Virgoのレーザー・真空装置エリアに入る。大きなスペースだが、そびえ立つ真空タンクがひしめき合っている。アドバンストVirgoに新しく導入されたのは、低温トラップだ。これにはアムステルダムのオランダ国立素粒子物理学研究所（Nikhef）が大きく貢献していた。低温トラップは、液体窒素を用いてシステム内部に残っているあらゆる混入物を凍結させ、より高品位の真空状態を実現する。スウィンケルスは、Ｖｉｒｇｏの超減衰器も誇らしげに解説する。七つの倒立振り子が一〇メートルの高さに積み重なり、そこから鏡が石英ガラスのワイヤーで吊り下げられるのだと。

施設を歩きまわっていると、Ｖｉｒｇｏが一九八〇年代になってもほとんどアイデアにすぎなかったというのは、信じがたい気がする——とくに、ＬＩＧＯのスタートまでにどれだけ時間がかかったかを知っていれば。だが一方で、ヨーロッパのプロジェクトには、最初ではないという大きなメリットがあった。大がかりな研究開発が、すでにアメリカで進められたあとだったのである。

イタリアの物理学者たちは、熟練の重力波ハンターだ。一九七〇年代の初頭に、エドアルド・アマルディとグイド・ピッツェーラは、ジョー・ウェーバーの主張を確かめる目的で、高感度のバー検出器を初めて作っていた。ローマにほど近い、イタリア国立核物理学研究機構（ＩＮＦＮ）フラスカーティ研究所にいた彼らのチームは、ミュンヘンのマックス・プランク物理学研究所にいたハインツ・ビリングのチームと協力していた。彼らは確証となるものは何も見つけていなかったが、もしかするとレーザー干渉計ならうまくいくかもしれなかった。

少なくとも、素粒子物理学者のアダルベルト・ジアゾットはそう考えた。ジアゾットは振動隔離の専門家だ。一九八〇年代、彼はフランス国立科学研究センター（ＣＮＲＳ）のアラン・ブリエとチームを組んだ。ブリエは光学とレーザーのことならなんでも知っていた。ふたりは共同で、Ｖｉｒｇｏ検出器——ヨーロッパ版のＬＩＧＯ——の最初のアイデアを考えついた。ＩＮＦＮ／ＣＮＲＳ合同プロジェクトによる正式な案は、一九八九年、ロビー・ヴォートが全米科学財団に対する当初のＬＩＧＯの案を仕上げる直前に、フランス・イタリア両政府に提出された。

Ｖｉｒｇｏという名前は、ＬＩＧＯと違って頭文字を並べた略語ではない。むしろ、この検出器の名前は、おとめ座（Ｖｉｒｇｏ）にある銀河団にちなんでいる。このおとめ座銀河団は五〇〇〇万光年の距離にあり、ジアゾットとブリエは、その距離にある中性子星の合体による重力波がとらえられるような検出器の製作を目指していたのだ。

総合的な感度では、ＶｉｒｇｏはＬＩＧＯに匹敵するだろう。干渉計の腕が多少短いにしても。しかしヨーロッパのチームは、検出器を低い周波数でより高い性能を発揮するようにしようとした。どうやって？　鏡の懸垂機構を改良したのである。ジアゾットが設計した巨大な多段振り子システムでうまくいくはずだ。実用的なプロトタイプはすでに一九八七年に、ピサのＩＮＦＮの研究所で製作されていた。現在それは、ヨーロッパ重力観測所の本館ロビーに展示されている。

Ｖｉｒｇｏだけがヨーロッパでの取り組みというわけではなかった。ドイツでも一九八〇年代の後半に、三キロメートルの干渉計のプランがあった。ハインツ・ビリングの三〇メートルのプロトタイプに比べて一〇〇倍のサイズだ。ビリングは一九八九年に引退したが、彼の先駆的な仕事はカルステン・ダンツマンに引き継がれた。そのとき七五歳だったビリングは、自分の後継者の努力がいずれは報われるはずだと確信していた。「ダンツマン君」彼は言った。「君がこの波を見つけるまで、私は生きるつもりだ」

ドイツの科学者たちは、スコットランドのグラスゴーの実験科学者たちや、ウェールズのカーディフの理論家たちとチームを組んだ。彼らは将来作り上げる干渉計を、ＧＥＯ（German-English Observatory［ドイツ-イングランド天文台］）と名づけた。愚かにも無知だった、と今ではダンツマンは認めている。スコットランドとウェールズはUnited Kingdom（英国）の一部ではあるが、もちろんスコットランドやウェールズの人をEnglish（イングランド人）と呼んではいけない。ほどなく、ＧＥＯはGravitational European Observatory（重力ヨーロッパ天文台）の略語となったが、このフルネームはほとんど使われることがない。

一九九〇年の夏、一億ユーロのプロジェクトはゴーサインが目前のように見えた。ところが続く二年のうちに、ＧＥＯは静かにしぼんでいった。一九八九年のベルリンの壁の崩壊と、それに続く東西ドイツ統一のせいだ。新政府の科学関係予算の多くは、元ドイツ民主共和国（東ドイツ）を再編する活動に回されてしまった。大規模な新計画に残された金はなかったのである。一九九二年になるころには、明らかにＧＥＯは行き詰まっていた。少なくとも、当初の形では。

新たなチャンスが生まれたのは、ダンツマンがミュンヘンからハノーファー（ニーダーザクセン州の州都）へ移ってからだった。ハノーファー大学では、高名なレーザー物理学者ヘルベルト・ヴェリングが物理学科を再編しているところで、実験重力物理学はヴェリングにとって優先順位が高かった。一九九三年、彼は新たなプロジェクトを立ち上げるべくダンツマンを招き寄せた。プロジェクトには、フォルクスワーゲン財団が一部出資することになっていた。この財団の母体となるドイツの自動車メーカーは、本社がニーダーザクセン州にある。ほどなくＧＥＯプロジェクトが、再び審議のテーブルに載った。前よりはるかに規模が小さく、予算も安くなったが。

Ｖｉｒｇｏは一九九三年、当初は七五〇〇万ユーロのプロジェクトとして認可された。建設に着手したのは三年後だ。一方、一〇〇〇万ユーロのＧＥＯ６００プロジェクト――この名前は、六〇〇メートルたらずの短い腕を表していた――は一九九四年に開始され、最初の建設工事は一九九五年にハノーファーのすぐ南で着手された。ヨーロッパのプロジェクトは急ピッチで進んでいた。

ＧＥＯ６００への訪問で見聞きしたものは、ＬＩＧＯやＶｉｒｇｏの場合とはまったく違っていた。

なによりまず、場所がかなり見つけにくかった。ルーテという小さな村の西で、まず大学の農学部の農場を探す。それから細い泥んこ道をたどると、プレハブの建物がまばらに集まった場所に着く。天文台のオフィスと、制御室と、食堂だ。六〇〇メートルの波形ビームパイプは、安価な排水システムの配管にも似ている。それも溝に隠れていて、見逃しやすい。だが、見かけにだまされてはいけない。一部が地下になっている中央の建物に入ると、いきなりハイテクのレーザー装置や、電子機器の並ぶ棚や、精密光学機器の入った真空タンクに囲まれる。

私が訪れた二〇一五年二月初めには、GEO600は世界でただひとつ稼働中のレーザー干渉計だった。LIGOとVirgoは、改良型検出器へのアップグレードのために運転を停止していたのだ。とはいえ、この小さなドイツの検出器で実際に時空のさざなみがとらえられるとは、だれも期待していなかった。兄貴分の三基に比べてずっと感度が低いのだから。むしろ、この施設の主目的は新技術の開発と検証なのである。シグナルリサイクリングはここで最初に開発された。GEO600は、スクイーズド光によるテクニック——量子論的効果を利用して干渉計のアウトプットをさらに安定させる方法——を実証した最初の装置でもある。

当初、ヨーロッパのプロジェクト——とくにVirgo——はLIGOのライバルとみられていた。ヨーロッパがアメリカを出し抜きさえして、アインシュタイン波を最初に直接検出するかもしれない、と考える人もいた。そのわずかな可能性が、結果的にLIGOが生き延びるのにひと役買ったのかもしれない。ところがまもなく、ある程度協力すればみんなにメリットがあることが明らかになった。

一九九九年十一月にLIGOの落成式がおこなわれる二年前、GEO600はすでにLIGO科学コラボレーションに加わっていた。二〇〇二年には、ハンフォードとリヴィングストンとGEO600で最初の同時観測運用が開始された。一年後、Ｖｉｒｇｏも完成した。そして二〇〇七年には、ＬＩＧＯコラボレーションとＶｉｒｇｏコラボレーションが共同データ分析協定を結んだ。以後、四基の検出器のあらゆる技術データ、テスト結果、観測結果、科学分析が、さまざまなチームに属する一〇〇〇人以上のメンバーのあいだで共有されている。

＊　＊　＊

長く曲がりくねった道だったが、終わり良ければすべて良しだ。長期にわたる調整ののち、数年間観測がおこなわれ、ＬＩＧＯとＶｉｒｇｏの初期型はそれぞれ二〇一〇年十月と二〇一一年十二月に稼働を停止した。ジョー・ウェーバーが小さなさざなみを測定する手だてを考えはじめてから半世紀経っても、重力波はまだ検出されていなかった。それでもだれもが楽観していた。アドバンストＬＩＧＯとアドバンストＶｉｒｇｏの建造が始まろうとしていたのだ。五年以内にそれらの新たな検出器が完成する予定だった。その暁には、前身をはるかに超える感度に到達する。あとたった数年、ほんのちょっとの辛抱だ。

やがて二〇一四年三月十七日、マサチューセッツ州ケンブリッジのハーヴァード・スミソニアン宇宙物理学センターの研究者たちが、「天空に広がる重力波の最初の直接的なイメージ」とみずから表現したものを公表した。それは、中性子星の衝突やブラックホールの合体によるものではなく、ビッグバンによるものだった。さらに、巨大なレーザー干渉計ではなく、南極の小さなマイクロ波望遠鏡で得られたものだった。

数十年にわたる開発と建造とテストの末、数億ドルの出費の末に、レイ・ワイスやキップ・ソーンやロン・ドリーヴァーたちは皆、出し抜かれてしまったのだろうか？
それは第10章の話だ。しかし、まずは宇宙の誕生について説明しなければならない。

第9章　創造の物語

「初めに何もなかった。それが爆発した」

このイギリスの作家テリー・プラチェットによる有名なフレーズは、宇宙論を揶揄するのによく用いられる（あるいは誤用されている？）。そしてたいていこんなふうに続く。君は自分が科学者だと言うのかい？　宇宙についてあれこれ知っていると？　何を言うんだ、このビッグバンの考えそのものがお笑いぐさじゃないか。まるっきり筋が通っていない。だから科学が真理への道のはずがない。聖なる創造主でもなんでも呼び戻せ。

私にはその主張はどうも理解できない。科学では、がんの治し方はわかっていない。科学には、人間の意識のことはほとんどわかっていない。だれも、それを理由に科学の努力がまったくだめだと見なせるとは思っていない。むしろ逆だと私は言いたい。ところが、ここに最大で、なにより華々しく、根本的で、深遠な疑問――すべてがどのように始まったのか――があり、科学者は、まだその謎を解き明かしていないからとこけにされているのだ。みんな何を期待していたのだろう？

宇宙の始まりを知らなくても、立派な人もそうなのだから気にする必要はない。どんなに頭のいい宇宙論者も、どうやって宇宙が始まったのかは知らない。世界最高レベルの頭脳でも、ビッグバン以前に何が起きていたかについては——その疑問がそもそも意味をなすのかさえ——まるで見当がつかない。スティーヴン・ホーキングにさえ、宇宙が本当に無限に広がっているのか、宇宙がふたつ以上ある可能性があるのかは、よくわからない。最大級の疑問——幼い子ならみんな思いつく疑問——にまだ答えが出ていないのだ。この先も答えは出ないかもしれない。それでも科学は、太古の寓意的な神話から大いに進歩を遂げてきたのである。

あなたが宇宙論にかかわる疑問を解決しようとしたことがあれば、きっと難航したにちがいない。だれでも難航する。宇宙の膨張、銀河の赤方偏移、曲がった空間、無限。どれも厄介なテーマだ。宇宙論はたやすいものではない。だがこの先まるまる一章ある。私はベストを尽くし、誤った考えが地雷のように散らばるなかを案内していこう。

＊＊＊

ビッグバンについてはだれもが耳にしているはずだ。一三八億年ほど前、宇宙のすべては空間のなかで大きさのない一点に圧縮されていて、ビッグバンによって物質が四方八方に爆発して散った、といったものではなかろうか?

間違いだ。

ここに最初の——そして最大の——誤解がある。ビッグバンは空間のなか
の爆発ではない。空間そのものの爆発なのだ。少なくとも、そのほうがはるかに表現が優れている。たいていの人は、ビッグバンを巨大な花火のショーとして思い描く。ある一点で爆発してから、物質を空間の四方八方へ飛ばすの

だと。だが、ビッグバンを花火のように考えているのに気づいたら、その考えをやめよう。それは完全に間違ったイメージだ。

説明のために、一世紀ほど時代をさかのぼろう。天文学者は、アンドロメダや子持ち星雲などの渦巻星雲を見つけていたが、だれもその正体は知らなかった。一部の人は、比較的近所で渦巻いているガス雲で、そこからやがて新しい星ができるのかもしれないと考えた。また別の人は、はるか遠く――われわれの天の川銀河よりずっと向こう――にある星々の大集団だと考えた。

渦巻星雲までの距離を測ることはできなかった。ここからアンドロメダまで巻き尺を伸ばすことなどできない。それでも、渦巻星雲について、わかることがほかにたくさんある。天空での位置、見かけのサイズ、明るさ、形。そうしたことを知るほど、正体がわかる可能性は高まる。

ヴェストー・スライファーは、ほかの何かが測れることに気づいた。こちらへ近づいたり、こちらから遠ざかったりする星雲の動きだ。弟のアールと同じく、ヴェストーもアリゾナ州フラッグスタッフのローウェル天文台の天文学者だった。アールは惑星に注目していたが、ヴェストーは星雲のほうに関心があった。一九一二年、ヴェストーは史上初めて渦巻星雲の速度を測定した。

距離さえわからないのに、どうやって天体の速度が測れるのだろう？　第6章で説明したドップラー効果を利用するのだ。ここでまた、通り過ぎる救急車を考えよう。救急車が前方からあなたのいる通りに入り、サイレンを鳴らしながら向かってくるとき、あなたは高い音を耳にする。その救急車があなたの後方で通りを出るときには、サイレンの音は明らかに低くなっている。したがって音の高さの変化は、救急車の速度の尺度となる。

光でも同じことが言える。星がこちらへ近づいていると、われわれが観測する光波は圧縮されるため、見える光は高い周波数となり、それに対応して色はわずかに青みがかる。その星が遠ざかるときには、低い周波数の光が見え、色は赤みがかる。観測したわずかな色のずれから、どれだけ遠くにあるのかわからなくても、その星の速度が導き出せるのだ。

二〇世紀の初めごろには、天文学者はすでにこうした星の視線速度（視線に沿って近づいてきたり遠ざかったりする速度）というものをたくさん測定していた。しかし渦巻星雲の場合、測定ははるかに難しい。星雲は、恒星と違ってピンの刺し跡のような明確な光点ではない。ぼんやりしたしみで、しかもかなり淡い。それでもスライファーはなし遂げた。ほかの天文台の天文学者もそれに続いた。

あなたの近所にいるすべての救急車の速度が測れたら、およそ半数はあなたのほうへ近づいていて、残りの半数は遠ざかっていると期待できるのではなかろうか。そうでないと、あなたは特別な場所にいると結論せざるをえない。たとえば大事故の現場にいたら、大急ぎで近づいてくる救急車のほうが多いだろう（と願いたい）。しかしランダムに選んだ場所にいたら、高い音のサイレンが、低い音とほぼ同じ数だけ聞こえるはずだ。

だから、スライファーたちが、観測できるどの渦巻星雲も遠ざかっている（あとで述べるが、ひとつを除いて）と知って驚いたのは想像に難くない。どれもこれも、地球で観測される光は低い周波数で、赤みがかっていた。つまり、すべての星雲は赤方偏移していたのだ。あまりにも奇妙な話だった。地球が宇宙のなかで何か特別な位置を占めているように思えたのである。

話を続ける前に、この赤方偏移は非常にわずかな効果だと知っておく必要がある。子持ち星雲が赤っぽい色をしているわけではない。周波数のずれや、それに対応する波長（あるいは色）のずれは、あまりにも小さくて目でとらえられない。その代わりに天文学者は、星雲の光の決まった成分をきわめて精密に測定しなければならない。たとえば、高温の水素は波長六五六ナノメートル（〇・〇〇〇六五六ミリメートル）の赤色光を発することが知られている。ところが渦巻星雲では、この放射は六五八ナノメートルなどと観測される。この小さなずれでも、秒速九〇〇キロメートルほどの後退速度を示しているのだ。

したがって、ここに謎があった。すべての渦巻星雲が、かなり高速で後退しているように見えたのである。だれも説明を思いつけなかった。少なくとも、一九二〇年代の終わりにアメリカの宇宙論者エドウィン・ハッブルが説明するまでは。この名前にピンときたかもしれない。ハッブル宇宙望遠鏡は彼の名にちなんでいるのだ。

一九二四年、ハッブルはすでに、渦巻星雲がわれわれの天の川銀河の一部ではないことを明らかにしていた。むしろ、当時天文学者がよく呼んでいた名で言えば「島宇宙」――それ自体が、何百億、何千億もの星を含む銀河――なのである。そして一九二九年、ハッブルは驚くべき発見をした。遠くの銀河ほど、天の川銀河から速く遠ざかっているという発見だ。近くの銀河はほどほどのペースでわれわれから遠ざかるが、遠くの銀河の後退速度ははるかに高速なのである。

もちろん、ハッブルはほかの銀河までの距離をあまり正確に知っていたわけではない。だが経験的な推定をおこなった。銀河Ａの恒星（または輝くガス雲）が銀河Ｂのものより明るく見えたら、銀河Ｂのほうが遠いと考えていい。この種の推論を用いると、明らかな傾向が見られた。近くの銀河は、後退速度が小さい。それより遠くの銀河は、後退速度が大きくなる。非常に遠くの銀河は、後退速度が非常に大きい。

一九二七年、イエズス会の司祭でベルギーの天文学者でもあったジョルジュ・ルメートルは、初めて正しい結論を導き出していた。われわれは宇宙できわめて特別な場所にいるのか？　ノー。ほかの銀河がどういうわけか天の川銀河から加速しながら遠ざかっているのか？　ノー。われわれは本当の意味で後退速度を測っているのか？　ノー。実は、アルベルト・アインシュタインによる相対論の方程式に対するある特殊解に従って、空間そのものが膨張している。こうして当然だが、ルメートルはビッグバン理論の父と見なされている。

何が起きているのかを説明するために、レーズンケーキを例にとろう。よく使われる有名なたとえだ。最初に思いついたのがだれかは私も知らない。ではレーズンケーキの思考実験をしよう（もちろん実物でやってもいいが、レーズンケーキがことさら好きなのでもないかぎり、絶対に必要なわけではない）。ケーキをオーブンに入れる前に、きわめて特別な状態に準備しておく。生地のなかですべてのレーズンを完全に等間隔で配置し、隣り合うレーズンの距離を一センチメートルにするのだ。つまり、レーズンはどれも仮想的な立方体格子の頂点にあり、どの立方体も一辺が一センチメートルになっている。この状況を頭のなかではっきり思い描こう。

次に、オーブンを点火する。ここで使っているのはスーパーな生地なので（なにしろ思考実験だ）、レーズンケーキは劇的にふくらむ。じっさい、一時間焼くと元の寸法の二倍になる。したがって一時間後、隣り合うレーズンの距離は二センチメートルになっている。

ここであなたがあるレーズンに乗っているとしよう。最初、隣のレーズンは一センチメートル向こうにある。しかし焼いたあと、その距離は二センチメートルになる。一時間で隔たりが一センチメートルから二センチメートルに広がったのだ。つまり、あなたがオーブンに入っているあいだに、隣のレーズンは時速一センチメートルの速度であなたから遠ざかるわけである。

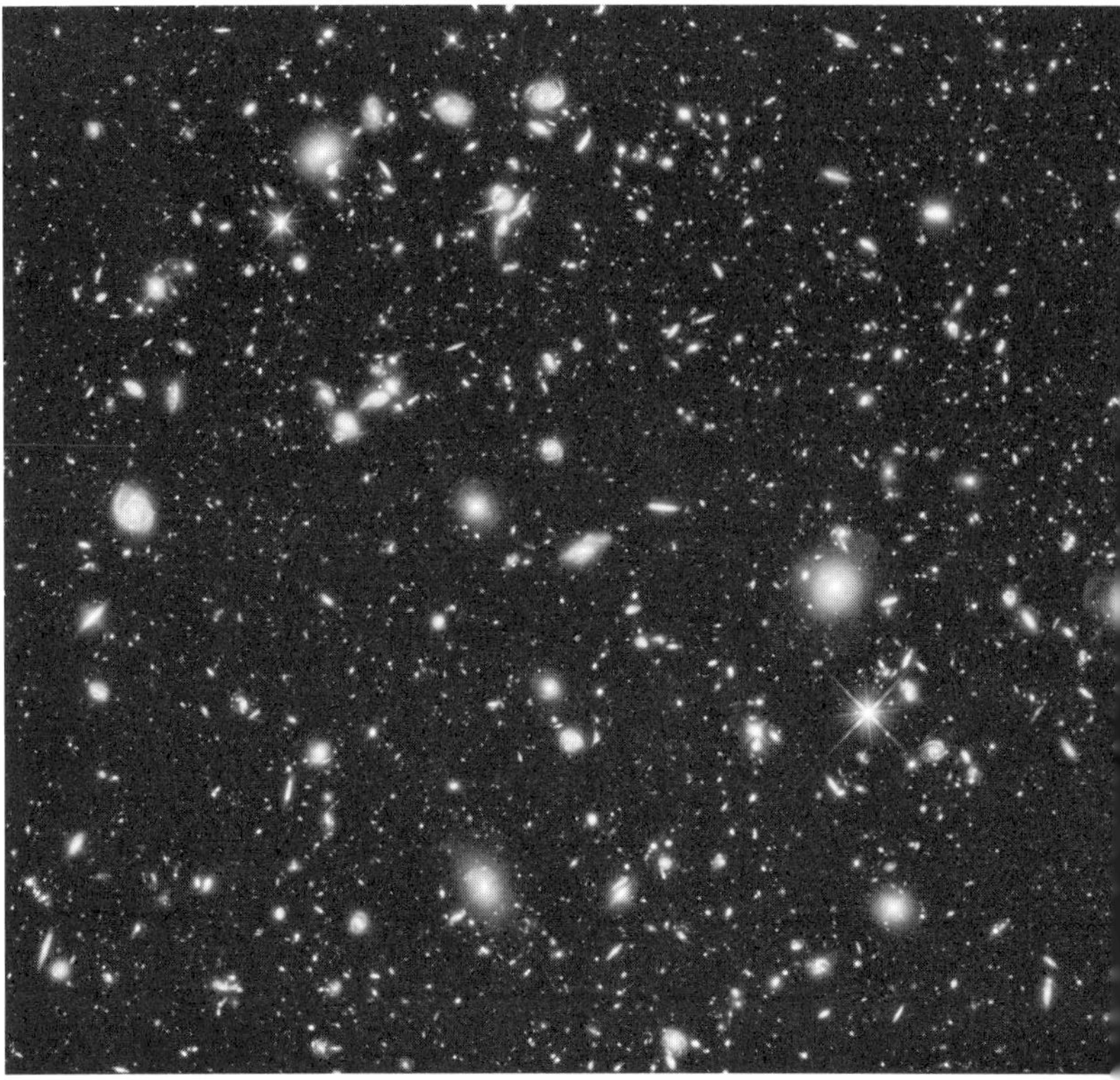

ハッブル宇宙望遠鏡の力を借りて、天文学者は、われわれのもとまで光が届くのに何十億年もかかるような遠くの銀河を何千個も画像に収めることができた。ここに写っているハッブル・ウルトラ・ディープ・フィールドは、宇宙のとても幼いころの景色を見せてくれている。

だが、もうひとつ隣のレーズンとの距離は、初め二センチメートルで、最終的に四センチメートルになる。すると、そのレーズンは時速二センチメートルで動いているように見える。同じように、もっと遠くの一〇センチメートル離れたレーズンも、最終的に距離が二倍になる。時速一〇センチメートルで動くように見えるわけだ。

近くのレーズンは、後退速度が小さい。それより遠くのレーズンは、後退速度が大きくなる。非常に遠くのレーズンは、後退速度が非常に大きい。まさにハッブルが見出したとおりだ。

ここで重要な事実に気づく。あなたがどのレーズンに乗っていようが関係ないのだ。ケーキのどの場所からも同じ景色が見える。どのレーズンも、特別な場所にない。どれから見ても、ほかのレーズンが逃げていくように見えるのだ。同じように、われわれの天の川銀河も宇宙で特別な場所にない。ほかのどの銀河――アンドロメダ、子持ち銀河、NGC474――でも、異星の天文学者はまったく同じパターンを観測しているのである。

ふたつ目に気づく重要な事実は、レーズンは決して動いていないということだ。とりあえず、生地に対しては。レーズンはただそこにある。確かに相互の距離は増す。だが、それはレーズンが動いているためではない。生地が膨張しているからだ。同じように、宇宙のなかの銀河は、空間を途方もない速度で動いているのではない。確かに互いの距離は増すが、それは空間そのものが膨張しているためなのだ。

前に、膨張する宇宙を花火のように思い描くのはおかしいという話をした。花火の爆発では、爆発した場所から光り輝く素材のかけらが空間を突き進む。やがてかけらは互いに最初の状態より遠く離れることになるが、それは実際に動いたからである。宇宙の膨張は、そうではない。地球からNGC474銀河までの距離（現在およそ一億光年）は、毎秒二〇〇〇キロメートルほどのペースで増えている。しかし、NGC4774が空間をこの速度で進んでいると言うと間違いになる。距離が増えているのは、その銀河とわれわれのあいだの空間が広がっているからなのだ。

実を言うと、ここでレーズンケーキのたとえがやや綻《ほころ》びはじめる。レーズンは生地のなかを動かない。一方、銀河はいくらか実際に空間上の動きを見せる。たとえば、われわれの天の川銀河と隣のアンドロメダ銀河は、秒速約一〇〇キロメートルで互いに接近している——これこそ、ヴェストー・スライファーが一九一二年に見つけたひとつの例外である。接近するのは、ふたつの銀河が互いの重力を感知しているからにほかならない。両銀河は実際に空間を動いており、今から数十億年後には衝突する（あわてないで。そのころには、第5章で語ったように、太陽が膨張しつづけて地球上の生命はとうに消え去っている）。また、両者の現在の距離はわずか二五〇万光年なので、天の川銀河とアンドロメダのあいだには、相互の接近を相殺するほど広がる空間もない。一方、非常に遠くの銀河が空間を駆け抜ける動きは、その銀河と天の川銀河を隔てる空間すべての膨張による距離の増大を打ち消すには、圧倒的に小さすぎる。

レーズンケーキのたとえが不完全な理由はもうひとつある。レーズンケーキはふつう有限のサイズだ。これに対し、のちほど詳しく話すが、宇宙はおそらく無限の広がりをもつ。だが、そんなことは小さなあら探しにすぎない。事実上、ケーキのたとえは見事にあてはまる。ともあれ、今度あなたが膨張する宇宙と聞いて花火を思い浮かべたら、心のアラームを鳴らして自分にこう言い聞かせるべきだ。「レーズンケーキ、レーズンケーキ！」

では、銀河の赤方偏移はどうなのか？　それは、銀河がわれわれから遠ざかる動きによるものではないのか？　確かに、空間上での銀河の動きは、ドップラー効果に見えるものを生み出す。銀河がわれわれから遠ざかっていると、その光波は引き伸ばされて周波数が低くなり、それに応じて波長が長くなる。逆にこちらへ近づいていると（アンドロメダや、われわれの近隣にあるひとにぎりの小さな銀河のように）、わずかに青方偏移を示す。しかし、空間の膨張について語る場合、救急車のたとえは忘れたほうがいい。

むしろこう考えよう。遠くの銀河から、ある周波数とそれに対応する波長をもつ光波が発されるとする。何千万年、いや何十億年もかけて、その光波は宇宙空間を抜けて地球上の望遠鏡に届く。われわれが静的な宇宙に住んでいるとしたら、地球に届いた光波の波長は、最初に出たときとまったく同じになる。だがこの宇宙は静的ではない。空間が膨張している。その結果、空間を通り抜ける光波も引き伸ばされる。ゆっくり引き伸ばされて、波長が長くなる。赤みがかるのだ。

光波は、膨張する空間を長く通り抜けるほど、引き伸ばされる。そのため、遠くの銀河からの光は――進んでいる時間が長いので――近くの銀河からの光よりも大きく赤方偏移する。やはりハッブルが見いだしたとおりだ。実のところ、宇宙論者は銀河の赤方偏移を距離の代わりに用いている。

＊＊＊

さあ、この調子だ。あなたはもう、宇宙の膨張について正しいイメージ（「レーズンケーキ！」）を手にしており、銀河の赤方偏移の原因（光波が引き伸ばされる）についても正しく理解している。そこで次に、宇宙での距離というデリケートなテーマに取り組む必要がある。

先ほど、宇宙論者は銀河の赤方偏移を距離の指標として使うという話をした。それは結構。だが、銀河の距離とは実際にはどういうことだろうか？　ある銀河が遠い昔、天の川銀河との距離が五〇億光年だったころに光波を発したとする。その光波がついに地球に届くころ、距離は一〇〇億光年に伸びているかもしれない。なにしろ、そのあいだも空間はずっと膨張しているのだから。

さて、ここで問題が生じる。銀河の赤方偏移は、元の距離にかんする情報も、現在の距離にかんする情報も、与えてくれない。赤方偏移から得られるのは、その銀河の光が膨張する空間のなかをどれだけ長く旅してきたかという情報だけだ。それは五〇億年ではないし、一〇〇億年でもない。両者のあいだであり、七〇億年ぐらいかもしれない。

では、銀河までの距離についてはいったい何が言えるのだろう？　厳密には、こんなことが言えるはずだ。「この銀河はとても遠いので、その光が、膨張する空間を旅してわれわれのもとへ届くのに七〇億年かかっている」長たらしい。そこであくまで単純にするために、ほとんどの天文学者はただこう言う。「その銀河は七〇億光年遠くにある」結局のところ、銀河からの光が旅する七〇億年という時間しか、われわれに測れるものはないのである。

しかし、もちろんこれは粗っぽい言い方だ。今度だれかに一一〇億光年の距離にある銀河の話をされたら、その人はこう言いたいのだと思おう。「その銀河の光は、一一〇億年かけてわれわれのもとに届いた――銀河の赤方偏移の測定からは、それしか確かなことは言えない」光が発されたとき（一一〇億年前）、その銀河は今よりはるかにわれわれに近かった。ほんの二、三〇億光年だろうか。そして今、銀河の光がついに地球に届いたとき、距離は二〇〇億光年を優に超えているかもしれないのだ。

ここで、こんな抗議の声をあなたは上げるかもしれない。二〇〇億光年？　宇宙の年齢が一三八億歳なら、どうして銀河がそんなに遠くになれるのか？　アインシュタインは、光より速く動けるものはないと教えてくれたのではないのか？　ならば、どうやって一四〇億年に満たない時間で二〇〇億光年もの距離を動けたというのだ？

だがやはり、膨張する宇宙は花火のショーではないということを思い出してもらおう。銀河は空間のなかを動いているのではない。むしろ、空間そのものが膨張しているから距離が広がっているのだ。非常に遠くの銀河までの距離が毎秒三〇万キロメートルを超えるペースで増えていても、その銀河は決して光速より速く動いてはいない。そのため、アインシュタインによる宇宙の制限速度は破られていないのだ！

ばかげた話に聞こえるかもしれないが、本当だ。どんなエネルギーも物質も情報も、光速より速く空間を移動できない。だから一般相対性理論のハイウェイ・パトロールは違反切符を切れない。それでも膨張する宇宙では、遠く離れた二点間の距離は、秒速三〇万キロメートルを超えて広がることができる。

すると、宇宙は光速より速く膨張しているということなのか？　答えはイエスでもありノーでもある。どの距離に注目するかによるのだ。意外かもしれないが、宇宙の膨張速度はひとつではない。空間において比較的近い二点間の距離は、秒速一万キロメートルのペースで広がるかもしれないが、大きく離れた二点間の距離は、秒速五〇万キロメートルのペースで広がることもある。それでもアインシュタインはかまわないのである。

それどころか、天文学者の知るかぎり、宇宙のサイズは無限のようだ。これは想像しがたい。われわれの脳は、無限を処理するようにできてはいないのだ。だが一方、有限の宇宙も想像しがたい。ひょっとしたら無限の宇宙より難しいかもしれない。宇宙のサイズが有限なら、端がなくてはならないのではないか？　その端はどう見えて、どんな感じなのだろう？　端の向こうには何があるのか？

あなたの不安を和らげるため、どうしたら端がなくても宇宙が理論上有限になりうるかを簡単に説明しよう。矛盾しているように思うのなら、第4章で語った二次元の模式的な宇宙を考えるといい。方眼紙の宇宙だ。三次元の存在であるわれわれは、その紙を丸めて球面にできる。この曲面上を動きまわっても、二次元宇宙に住む架空の平面国人《フラットランダー》は決して端に行き着かない。それでも彼らの世界は有限のサイズなのだ。全体を黄色く塗ることにしたら、無限の量のペンキは要らない。

同様に、われわれの三次元宇宙も、なんらかの形で高次元では曲がっていれば、明確な端がなくても理論上有限になりうる。これで頭痛がしそうなら、気にすることはない。現在手に入るかぎりの証拠によれば、われわれの宇宙に大規模な全体の湾曲はない。そうだとすれば、本当に無限なのだろう（それはそれでまた頭痛の種になりそうだが）。

しかし、無限の宇宙がどうやって一点からできたのだろう？

実は、一点からできたのではない。

ここに第二の大きな誤解がある。「宇宙のすべてはビッグバンのときに一点に集中していた」違う。少なくとも、私がこの先仮定するとおり、宇宙のサイズが無限ならばそうではない。二、三〇億年前、空間の膨張はまだ現在の程度に達していなかった。宇宙におけるあらゆる距離は、現在の半分だった。銀河は互いにもっと近かった。宇宙における物質の平均的な存在密度は八倍もあった（距離が半分なら、体積は八分の一になるからだ：1/2×1/2×1/2）。だがそのころも、宇宙のサイズは無限だった。なにしろ、高校で習ったのを覚えているかもしれないが、無限を二で割ってもまだ無限なのだから。

もっともっと昔、銀河が形成されだしたばかりのころ、宇宙におけるあらゆる距離は現在の一〇分の一で、宇宙の密度は一〇〇〇倍もあった（体積は現在の一〇〇〇分の一だった：1/10×1/10×1/10）。それでも、無限を一〇で割っても無限だ。だからやはり、当時の宇宙のサイズは無限なのである。

ほぼ一三八億年前、ビッグバンから数十万年しか経っていないころには、宇宙における距離は現在のおよそ一〇〇〇分の一（〇・一パーセント）だった。当時、銀河も恒星もまだ形成されていなかった。宇宙は、主に水素とヘリウムからなる高温の中性ガスに満ちていた。宇宙の密度は現在の一〇億倍（体積が現在の一〇億分の一だから：1/1000×1/1000×1/1000）で、温度は摂氏数千度だった。宇宙全体が、われわれの太陽の表面と同じぐらい熱く輝いていたのである。だがもちろん、そのころでもすでに宇宙のサイズは無限だったにちがいない。

さらにさかのぼると、宇宙の密度も温度も途方もないレベルに上昇する。じっさい、高すぎて中性の原子どころか、陽子や中性子（第5章参照）さえ存在できない。素粒子と高エネルギーの光子が沸き立つスープだ。

ではビッグバンはどうだろう？

実は、ある意味でこれこそビッグバンだった。宇宙論者がビッグバンと言うとき、ふつうはこの超高密度で超高温の宇宙の初期状態を指している。彼らは、宇宙が生まれてから一〇年後、一年後、三分後、あるいは一秒よりずっと短い時間のあとに、どんな状態だったかを推定できる。なんとも驚きだ。しかし、時間がゼロに到達するほんのわずか前に、彼らの理論は破綻する。宇宙の真の起源はまだ謎なのだ。今のところ。

ここで別の見方もできる。はるか遠い昔、宇宙のどこでも密度と温度がきわめて高かった。かつて、空間のどの点も宇宙の超高密度で超高温の初期状態となっていた。タイムマシンに乗って、一三八億年前の、今いるのと同じ空間上の点に行けば、われわれは原初のプラズマに焼き尽くされてしまうだろう。宇宙におけるほかのどの場所でもそうだ。そろそろあなたにも、私が言わんとしていることの見当が付いているにちがいない。ビッグバンは至るところで起きたのである。

＊＊＊

ここまでで、銀河がふくらむ生地のなかのレーズンのように引き離されること、光波が膨張する空間のなかを何十億年も旅するあいだに引き伸ばされること、宇宙のサイズがいつでも無限だったのではないかということ、そしてビッグバンが至るところで起きたことを説明した。さらに、「創造の残光」を紹介しなければならない。これは、アインシュタイン波をテーマとする本書の話で重要な役割を果たす。ただ、その前に宇宙の地平線について語る必要がある。宇宙の地平線は、われわれの宇宙をどこまで遠く見通せるのかを決定するものだ。

あなたは、天文学者が望めばどこまでも遠くを見ることができると単純に思うかもしれない。望遠鏡を大きくすれば、より遠くの銀河が観測できるはずではないかと。だが、それでは光速の有限性——と宇宙の年齢が有限であること——が説明できない。

光速（秒速三〇万キロメートル）が、どこまで遠く空間を見通せるかという話とどう関係しているのだろう？　大いに関係している。なぜなら、空間を遠くまで見通すと、時間をはるかにさかのぼることになるからだ。

晴れた夏の夜に、はくちょう座のデネブという明るい星を見たことがあるだろうか。デネブは明るく輝く巨星だ。およそ二六〇〇光年という遠くにありながら、肉眼で簡単に見える。この距離は、デネブの光が地球に届くまで二六〇〇年かかることを意味している。つまりこうも言える。われわれが今夜目にしている光は、二六〇〇年前、ギリシャの哲学者タレスが生まれたころに出たものなのだ。われわれは、今のデネブではなく、二五世紀以上も昔のデネブを見ている。時間をさかのぼっているのである。（もしやと思っている人のために。そう、するとデネブがもう存在していない可能性もある。西暦四〇〇〇年に爆発を起こしていたら、爆発の光はあと一〇〇〇年ほど先でないと届かないだろう）。

前にもち出したＮＧＣ４７４を例にとろう。地球からの距離は約一億光年だ。今日われわれが受け取る光は、恐竜がまだ地上をうろついていたころに出たものである。ＮＧＣ４７４を見るとき、天文学者はまる一億年時間をさかのぼって見ていることになる。さらに遠くの銀河になると、このいわゆる「遡及時間」は数十億年にもなる。望遠鏡がときにタイムマシンと呼ばれるのも不思議はない！

時間をさかのぼれることには、宇宙論者が宇宙の進化を調べられるという利点がある。八〇億年ほど前に宇宙がどんなだったか知りたいだろうか？　望遠鏡を八〇億光年先の銀河へ向ければいい（いや、もっと正確に言えば、非常に遠いので膨張する空間を光が旅してわれわれのもとへ届くのに八〇億年かかるような銀河へ向けるのだ）。一〇〇億年前なら？　もう少し遠くを見ればいい。

欠点は、空間を見通せる距離に根本的な限界があることである。われわれの宇宙が一三八億年前に生まれたのなら、それはまた、光がこれまでに旅を続けている最大の時間でもある。したがって、われわれには一三八億光年より遠くは見られない。単純きわまりない話だ。宇宙は無限だとしても、われわれにはそのかなりわずかな部分しか観測できない。天の川銀河を中心として、半径一三八億光年の球状の領域だ。それを観測可能な宇宙という。その球の表面が、われわれにとっての宇宙の地平線となる。

ここでいくつかのことに触れておこう。第一に、私が光の進む時間を距離に変換するという粗っぽい慣例に従うのを選んだことに、あなたは気づいたかもしれない。実際には、現在の宇宙の地平線の半径は四二〇億光年ほどもある。だが、距離と遡及時間について一対一の関係を利用すると、実に便利なのである。

第二に（非常に重要だが）、宇宙の地平線はわれわれの観測能力の根本的な限界なのだ。大きさや性能によらず、どんな望遠鏡でも、それより遠くのものは決して明らかにできない。絶対に不可能なのだ。

第三に、宇宙が年をとると、観測可能な宇宙のサイズも増す。年々、その半径は一光年ずつ増していく。ところがあいにく、やがて観測可能な宇宙の増大は空間の膨張について行けなくなる。空間の膨張は、実のところ加速しているのだ（詳しくは第16章）。

第四に、当然だが、宇宙のどの場所にも固有の宇宙の地平線がある。大海原に浮かぶ船を考えてみよう。どの船にも、船を中心とした固有の水平線があり、水平線の向こうは船員には見えない。同じように、宇宙におけるどの観測者も、みずからの小さくて個人的な、観測可能な宇宙の中心にいる。

第五に、われわれにとっての宇宙の地平線は、物理的な実体ではない。その地平線にいる異星の観測者には、とくに変わったものは見えないだろう。彼の周囲には、われわれの周囲と同じように年老いた星や成熟した銀河がある。なにしろ彼も、われわれと同じで一三八億歳の宇宙に住んでいるのだ。しかし、われわれはまた、彼にとっての宇宙の地平線にいる。広大な空間を越えてわれわれのほうを見る異星の友は、時間を一三八億年さかのぼって、太陽や地球はおろか、天の川銀河が生まれるはるか以前の時代を目にすることになる。

さて、われわれはついに「創造の残光」――天文学が専門のイギリスの著作家マーカス・チャウンがこしらえた（少なくとも普及させた）言葉――の部分に到達しようとしている。創造の残光とは、観測者にとって観測可能な宇宙の一番端に見えるもののことだ。激烈なビッグバンの消えゆく残像である。

空間を遠く見通すほど、時間をさかのぼって見ることになる。宇宙の地平線——観測可能な宇宙の端——では、遡及時間は一三八億年になる。そんな遠くの端から受け取る放射は、一三八億年前、宇宙が生まれた直後に発されたものだ。それはわれわれに、当時の宇宙の景色を提供してくれる。

生まれて最初の三〇万年あまり、宇宙は、光が通り抜けられないほど濃密で高温の沸き立つプラズマに満ちていた。ところが宇宙が三八万歳になると、密度も温度も低下して中性の原子が形成された。これで初めて、光子（アインシュタインが示した「光の粒子」）が空間を妨げられずに移動できるようになった。宇宙が透明になったのだ。

前にも言ったが、そのころは宇宙全体がわれわれの太陽の表面と同じぐらい熱く輝いていた。すると、当時までさかのぼるべく宇宙の地平線を見れば、どの方向へ目を向けてもこのビッグバンの輝きが観測できるはずだ。そして実際に観測できる！　だが、この原初の放射は一三八億年（マイナス三八万年だが無視できる）も旅をして、きわめてかすかになっている。しかも、放射は膨張しつづける宇宙を通り抜けてきている。そのため、波長はおよそ一〇〇〇倍も引き伸ばされた。そうして残ったのは、目に見える波長をもつまばゆいばかりの光ではなく、ほとんど感知できないノイズのような電波だ。これを一般に、宇宙マイクロ波背景放射（略号ＣＭＢ）という。しかし洒落た言い方をしたい場合には、私はむしろ創造の残光と呼ぶ。詩的な響きがするからだ。

ＣＭＢは、半世紀以上も昔、一九六四年に見つかった。以来、第10章で見るとおり、どんどん詳細に調べられてきている。もちろん意外ではない。ＣＭＢは、天文学者が観測できる最も古いシグナルなのだから。宇宙の誕生を見るのに最も近くまで迫れるのである。

創造の残光が何十年も続けて観測できることに困惑する人もいる。実は、昔も十分高感度の機器があったら、ネアンデルタール人や恐竜さえＣＭＢを観測できただろう。また、われわれの何百万年も未来の子孫も、まだそれを観測しているかもしれない。しかし、宇宙の誕生は一瞬の出来事ではなかったのか？　その時代からの放射は、一瞬で通り過ぎるだけと考えられるのではないだろうか？　どうしてこの残光を見つづけられるものなのか？

これは光速の有限性とも関係がある。その理解のために、また思考実験をしよう。あなたが大きな広場に何万もの人々と集まっているとしよう。ものすごく混雑している。全員に、時計を秒単位で正確に合わせて、正午ちょうどに「ブー！」と声を上げるように言われている。おっと、もうひとつ条件があった。広場は、音速が通常の秒速三三〇メートルではなく、秒速一メートルであるような惑星にある。

では、正午に何が起きるだろう？　あなたはできるだけ大きな声で「ブー！」と叫ぶ。あなたが出した音は、あらゆる方向に広がっていく。一秒以内に、あなたは自分の声が聞こえなくなる。だが一二時〇分一秒、あなたの周囲一メートルの距離にいる人々からの「ブー！」が聞こえてくる。彼らが正午に発した音が、一秒かかってあなたに届いたのだ。そして一二時〇分二秒には、二メートルの距離にいる人々からの「ブー！」が聞こえる。正午からまるまる一分過ぎても、六〇メートル離れた人々からの声がまだあなたの耳に届く。

奇妙なのは、もうだれも叫んでいないということだ。広場の全員が、正午ちょうどに短い「ブー！」を一度だけ叫んだ。それなのにあなたには、どんどん遠くから届く声が聞こえつづける。広場がとても大きければ、正午の「ブー！」が何時間も聞こえているはずだ。そして同じことは、広場にいるどの人にも言える。あなたから三〇〇メートル離れただれかは、一二時五分にあなたの「ブー！」を耳にする、などといったように。

広場は宇宙だ。正午の一斉の「ブー！」は、ビッグバンの直後に発された、宇宙マイクロ波背景放射の短いバーストにあたる。一三八億年前にわれわれの場所の空間において、まさに足もとで生み出された放射は、とうに宇宙全体にまき散らされている。だがわれわれは、今なおさらに遠い空間上の場所からのかすかなシグナルを受け取っている（このたとえをもっと改善したければ、広場の舗装をゴムシートに変えてだれかに端を引っぱらせるといい。これで膨張する宇宙ができる！）。

＊　＊　＊

宇宙論は活気あふれる科学の領域で、未解決の謎や刺激的な発見に満ちている。われわれはすべての始まりを真に理解することはできないかもしれないが、現時点でテリー・プラチェットの「初めに何もなかった。それが爆発した」をはるかに上回っている。それにひょっとしたら、ビッグバンのときに生み出された原初の重力波の検出が、宇宙の誕生を覗く新たな窓を開けてくれるかもしれない。では、私と南極へ旅をして、その長く待ち望まれている発見にどこまで近づいているのかを知ってもらおう。

第10章　未解決事件《コールドケース》

私はヒルトン南極でショール・ハナニーと面会している。

いや、ここはロビーやバーや係員付きのスノーモービル駐車サービスがある高級ホテルではない。「ヒルトン南極」は、凍死しないように一時的に人を守る程度の掘っ立て小屋についたニックネームにすぎない。ドアがひとつ、窓がふたつ、木のベンチがふたつ――あるのはそれだけ。周囲は見わたすかぎり、氷雪が風に飛ばされる景色が広がっている。おまけに暖房がない。

その日の早い時間に、私は全米科学財団の長時間観測気球施設（LDBF）を訪れていた。それは、凍てつく大陸の海岸に面したアメリカのマクマード観測基地からさほど遠くない場所にある。大きなスキーに載った巨大な格納庫――正式名称はペイロード組み立てホール――のなかで、BLAST望遠鏡の最終となる五度目のミッションの準備ができていた。ペンシルヴェニア大学のマーク・デヴリンがプロジェクトを率いているBLASTは、気球搭載型大口径サブミリ波望遠鏡（Balloon-borne Large-Aperture Submillimeter Telescope）の略称だ。サブミリという名が示すとおり、BLASTは一ミリメートル未満の波長で宇宙を観測する。それは地上からではできない（マイクロ波放射は大気中の水分子によって吸収される）ので、デヴリンのチームは巨大なヘリウム気球で機器を成層圏へおよそ二週間上げておく。

ふたつ目のペイロード組み立てホールでは、ハナニーがＥＢＥＸというみずからの気球実験の進捗状況をチェックしていた（ＥＢＥＸは単に「ＥとＢの実験（experiment）」という意味）。午後の終わりに、ＬＤＢＦのキャンプマネージャーを務めるスコット・バタイオンが、ハナニーと私を大型のピックアップトラックに乗せて送ってくれた。しかしマクマード基地まではない。それには時間がかかりすぎたのだ。彼は、基地の主滑走路があるペガサス飛行場へ向かう氷上道路との交差点でわれわれを降ろした。これならヒルトン南極で、ハナニーと私はアイヴァン・ザ・テラ・バス――特大タイヤを履いたマクマード基地の巨大なエアポートシャトル――の到着を待つことができる。

ショール・ハナニーはミネソタ大学の物理学者だ。ヒルトンでほぼ一時間一緒に待つあいだ、私にはＥＢＥＸについてあれこれ彼に訊くチャンスがたっぷりある。一方、ハナニーはだんだん落ち着かない様子になる。シャトルが来なかったら？　通信手段がいっさいないまま、ふたりとも氷上に取り残されてしまうではないか。

ＥＢＥＸは、宇宙マイクロ波背景放射の偏光を測定することを目的としている。今日の飛行前テストでは期待できそうに見えた、とハナニーは言う。打ち上げはおよそ二週間以内に予定されている。ミッションのあいだに、ＥＢＥＸは画期的な発見をなし遂げるかもしれない。ハナニーらは、ビッグバンの放射の偏光パターンに隠れた、宇宙の起源そのものにまでさかのぼる原初の重力波の「指紋」が見つかることを期待している。

アイヴァン・ザ・テラ・バスが、ようやく白一色の地平線上に赤い点となって姿を見せる。ドライバ

――みんなはシャトル・ボブと呼んでいる――は、雪の吹きだまりでスタックして遅れてしまった

と言った。半時間後、われわれはマクマード基地へ帰還する。見かけも雰囲気も軍の基地だ。ー

私は二〇一二年十二月、全米科学財団のそのシーズンの南極ジャーナリストプログラムに選ばれた三人のうちのひとりとして、マクマードで一週間を過ごした。それはすばらしい経験だった。地質学者、ペンギンの研究者、気候学者、隕石ハンター（NASAの宇宙飛行士スタン・ラヴも含む）、氷河学者、宇宙物理学者など、とにかくあらゆる人に会った。スコットの小屋にも訪れた。一九一一年にイギリスの探検家ロバート・ファルコン・スコットが、仲間たちと南極点への死の探検に出る前に建てた小屋だ。亡くなった探検家たちを悼む十字架が立つ、標高二三〇メートルのオブザーヴァトリー・ヒル（展望台の丘）にも登った。現地の礼拝堂を訪れ、マクマードの司祭マイケル・スミスとも話した。ギャラハーズ・バーで、ほろ酔いの宇宙生物学者が調子外れのカラオケを歌うのも聴いた（いやいや、彼女の名は明かさない）。われわれの小さなグループはヘリコプターでロイズ岬やエヴァンズ岬へ行き、WISSARD氷床掘削プロジェクトの実験場を訪れ、写真映えのする氷丘脈［訳注：氷が両側からの圧力で畝状に盛り上がってできたもの］を歩いた。それからもちろん、私は長時間観測気球施設へも行った。

だが、南極訪問で圧倒的に記憶に焼き付いているのは、十二月十日に行った南極点のアムンゼン・スコット基地への日帰り旅行だ。マクマードは、南極大陸のロス棚氷に近い海岸にあるが、アムンゼン・スコットは南極点にある。地球上で最も南の地点だ。そこまでは、「スピリット・オブ・フリーダム（自由の精神）」――プロペラ推進式でスキーを装着したロッキードLC-130軍用機――で三時間のフライトである。南極点としてはうららかな日で、体感温度は摂氏マイナス三七度だった。それでも私は、ECW装備（ECWは「extreme cold weather（極寒の天候）」の軍での略称）で身を固めなが

ら、基地の居住区域から、天文関係の実験設備の大半が集中しているダークセクターまでの一キロメートルほどさえ、あえて歩く気になれなかった。そこで、みんなと無限軌道のスノーモービルに乗ることにした。

ダークセクターでとりわけ圧倒される建物のひとつは、アイスキューブ観測所だ。さらに圧倒されるのは、この構造物の規模が、そこでおこなわれる目に見えない科学実験に比べればはるかに小さいという事実である。アイスキューブは世界最大のニュートリノ観測所なのだが、その全貌は見えない。五〇〇〇個を超える超高感度の光検出器からなり、それらは南極の地下一立方キロメートルの氷に閉ざされている。観測所の建物には、高性能のコンピュータ・システムしか収められていない。アイスキューブの光検出器は、暗い透明な氷のなかで、宇宙から通り抜けるニュートリノがまれに起こす閃光を記録する（ニュートリノについては第5章で紹介した。ビッグバンのときに大量に生み出された、とらえがたい素粒子だ。そしてまた、超新星爆発で重要な役割を果たしている）。

アイスキューブ観測所にほど近い場所には、これまた圧倒されるマーティン・A・ポメランツ天文台がある。その名は、二〇〇八年に亡くなった南極天文学の先駆者にちなんでいる。細長い二階建ての構造物の片端に、一〇メートルの「皿」をもつ南極点望遠鏡がある。反対の端には円錐形の「襟《えり》」がついており、そこにはBICEP2という機器が収められている（BICEPはBackground Imaging of Cosmic Extragalactic Polarization（銀河系外偏光背景放射イメージング）の略）。どちらも宇宙マイクロ波背景放射――ビッグバンの三八万年後にまでさかのぼる宇宙のかすかな電波――を観測している。「襟」は、人間の活動による迷光放射が高感度の望遠鏡に入るのを防いでいる。

BICEP2は、レンズの口径が二六センチメートルで、アマチュアの多くの望遠鏡よりも小さい。

BICEP2望遠鏡は、マーティン・A・ポメランツ天文台の屋上に設置された円錐形の「襟」のなかに収められている。南極点にある全米科学財団のアムンゼン・スコット基地のすぐそばだ。左に見えるのは、口径10メートルの南極点望遠鏡。

だが、その焦点面は絶対温度でわずか四分の一度にまで冷やされ、五一二個も収められた超高感度の超伝導センサーが、天空からのマイクロ波の光子を一個一個記録する。ショール・ハナニーのEBEXの機器と同様、BICEP2も宇宙マイクロ波背景放射の偏光を観測する（少なくとも二〇一二年の十二月には観測をおこなっていた。その後、さらに高性能の機器に更新されている）。

＊　＊　＊

宇宙マイクロ波背景放射（CMB）は、一九六四年、アメリカの電波天文学者アーノ・ペンジアスとロバート・ウィルソンによって偶然発見された。これは宇宙最古の「光」だ。天文学者は、ＣＭＢの時代より前にまでさかのぼって見ることはできない。宇宙は最初の三八万年、極端に温度や密度が高く、不透明で、電磁放射が空間を自由に伝播できなかったからだ。そのため、現在ビッグバンに迫れるのはここまでなのである。

第９章で説明したとおり、最初はまばゆいばかりの高エネルギー放射の湯船だったものが、いまや光を失って冷え、絶対温度でわずか二・七度に相当する、ほとんど感知できないミリメートル波長のノイズ程度になっている。宇宙の起源を知りたければ、どれほど難しくても、この冷たいエコーを詳しく調べる必要がある。

難しいのは、宇宙マイクロ波背景放射が非常にかすかなためだけではない。宇宙からのマイクロ波が、地球の大気に含まれる水分子によって容易に吸収されてしまうためでもある（同じプロセスによって、電子レンジで水分の多い食品がすばやく温まる。水分子が放射のエネルギーのほぼすべてを吸収するのだ）。したがって、ＣＭＢを観測するのに断トツで良い場所は、宇宙空間と言える。事実、ＣＭＢのトップクラスの全天マップは、連続する三つの宇宙ミッションによって作成されている。

ＣＭＢを観測した最初の——そしておそらく最も革命的な——宇宙ミッションは、ＣＯＢＥ（宇宙背景放射探査衛星）だ。これは、レイ・ワイスがＭＩＴで初期におこなった研究から生まれたミッションだった。一九八九年十一月に打ち上げられたＣＯＢＥは、背景放射の細かい温度差を一万分の一度のレベルで初めて明らかにした。そのわずかな違いの「ホット」スポットと「コールド」スポットは、最初期の宇宙で密度がわずかに高かった領域と低かった領域に対応し、それがやがて銀河や星団のもとを生み出した。こうした原初の密度ゆらぎがなければ、現在の宇宙は暗く退屈な水素とヘリウムの海で、一立方メートルあたり原子核一個ぐらいの密度だったはずだ。銀河はなく、ましてや恒星も惑星も人間も存在していないだろう。われわれが今存在するのは、この小さなゆらぎのおかげなのである。COBEの主任研究員だったジョン・マザーとジョージ・スムートは、その画期的な発見によって二〇〇六年にノーベル物理学賞を受賞している。

その後、はるかに詳細なCMBのマップが、NASAのWMAP衛星（ウィルキンソン・マイクロ波背景放射非等方性探査衛星のことで、二〇〇一年六月に打ち上げられた）と、欧州宇宙機関のプランク衛星（ドイツの有名な物理学者マックス・プランクにちなむ）によって作成された。プランク衛星は二〇〇九年五月に打ち上げられ、二〇一三年十月まで運用された。WMAPもプランクも、初期の宇宙についてたくさんの情報を与えてくれた。その意味で、これらの衛星は宇宙論を精密な科学に変えたのである。

CMBは地上からも観測できる。もちろん、地球大気の吸収効果があるので海抜ゼロメートルではなく、十分に標高があり乾燥した場所からだ。マイクロ波望遠鏡を、大気中の水蒸気の大半がそこより下になるような場所にもって行けば、仕事ができるのである。

南極点は、そうした特異な場所のひとつだ。アムンゼン・スコット基地は、標高二八三五メートルの地点にある。さらに、南極の寒冷な空はきわめて乾燥しているので（学術的には、南極大陸は砂漠と見なされている）、大気中に水蒸気はほとんどない。一九九九年、シカゴ大学の科学者たちは、ここを1度角スケール干渉計（DASI）――ひとつの台座に一三個の検出器が載った人目を引く機器――の建設地に選んだ。BICEP1――BICEP2の小さな前身――は二〇〇六年に運用を開始した。口径一〇メートルの南極点望遠鏡が完成したのは、二〇〇七年初頭だ。

もうひとつの適地は、チリ北部のチャナントール天文台である。ここは火山に囲まれた標高五〇〇〇メートルを超える高原で、いまや六六枚の「皿」が並ぶアタカマ大型ミリ波サブミリ波干渉計（ALMA）の本拠地となっている。そこへ行くと、文字どおり息を呑むような経験が味わえる。二〇〇四年十一月、私が三度目にチャナントール天文台を訪れたとき、ALMAでの観測はまだ始まっていなかった。天文台の敷地への道路さえまだ工事中だった。だがそのころ、DASIに似た宇宙背景放射撮像装置はすでに稼働していた。三年後、口径六・五メートルのアタカマ宇宙論望遠鏡の建設がほぼ完了した。BICEP2と同様、望遠鏡の本体は、迷光放射が入らないように大きな円錐形のシールドで囲われているが、二〇一三年に私がしたように、そばにある標高五六〇〇メートルのトコ山の頂上まで歩けば、望遠鏡の威容が望める。

＊　＊　＊

多くの宇宙ミッションや地上の機器が宇宙背景放射――創造の残光、あるいはときに宇宙の赤ん坊の写真とも呼ばれる――を観測しているが、最近の観測はどれもCMBの偏光に注目している。宇宙論に数ある聖杯のひとつは、CMBの偏光のなかでもとらえがたいBモードのパターンを検出することだ。これは、宇宙が生まれてまもないインフレーション期にまでさかのぼる、原始重力波によって生み出されたものである。専門用語だらけだが、順々に教えていこう。

まずは偏光から。ジェイムズ・クラーク・マクスウェルが一九世紀の後半に明らかにしたとおり、光は電磁波が見せる現象だ。通常、変動する電磁場は、どの方向にも――垂直、水平、斜め、またそのあいだのあらゆる向きに――同じ強度で振動している。ところが、光波が反射すると、偏光が生じる。ある方向の振動がほかの方向より強くなるのだ。

偏光サングラスは、この効果をうまく利用している。太陽光が水や雪や道路などの平らな面で反射すると、ある程度水平偏光した光になる。つまり、反射した波が、垂直方向より水平方向にずっと強く振動するのだ。偏光サングラスは水平方向の振動を選択的にブロックするので、反射光はずっと弱くなる。片目で偏光サングラスを覗き、レンズを九〇度回転させれば、その効果がはっきりわかる。

写真家も偏光を知っている。太陽光は空気の分子や塵の粒子によって散乱する。その結果、わずかに偏光する。カメラのレンズの前に回転可能な偏光フィルターを装着すると、空がぐっと濃くなり、たいていもっと印象的な写真になる。

もちろん、偏光した光を取り除くのでなく、偏光を調べてその効果の源を明らかにすることもできる。たとえば大気汚染の場合、大気物理学者はさまざまな波長で太陽の偏光の強度と方向を測定できる。それによって、汚染物質のサイズや構造や組成がわかるのである。

宇宙マイクロ波背景放射は、一三八億年のあいだ宇宙を旅してきている。銀河間の空間はほぼ完全な真空なので、CMBが強く偏光しているとは思わないだろう。それでも、ごくごくわずかな効果はある。CMBは、三〇万分の一パーセントほど偏光していることがわかっている。つまり、天空のどの場所でも、マイクロ波放射が特定の方向に振動しやすい、途方もなくわずかな傾向が見られるのだ。

そんなに小さな程度の偏光は測るのが難しい。六〇〇〇万粒の米を無作為に床に撒いて、米粒の向きのわずかな傾向を見出すことを考えよう。二九九九万九九九九粒は東西方向から四五度以内の向きで、三〇〇〇万一粒が南北方向から四五度以内の向きだとする。おおよそそれが、CMBの偏光を測るのに必要となる検出感度だ。これは、二〇〇一年にDASIによって初めてなし遂げられた。

では、どうしてこのわずかな偏光が生じるのだろう？　背景放射が恒星や惑星で反射したり、恒星間の塵の粒子によって散乱したりするからではない。CMBが一三八億年ほど前に現在のわれわれへ向かう旅を始めたとき、わずかな偏光がそれに刻み込まれたのである。これは、最初期の宇宙における物質の不均一な分布を示す「指紋」だ。すでに、原始のガスにこうしたわずかな密度ゆらぎ――現在の宇宙に見られる大規模構造の「種《たね》」――があったことについては話した。それはCMBの温度にわずかなばらつき（COBEが初めて観測した「ホット」スポットと「コールド」スポット）をもたらしたばかりか、天空のあちこちで方向の異なる極微の偏光も生じさせたのである。

したがって、これがCMBの偏光というものだ。では、インフレーション、原始重力波、Bモードのパターンとは何だろうか？

インフレーションは、宇宙が生まれてからものすごくわずかな時間のうちに起きた現象だ。いや、起きたと宇宙論者が考えている現象だと言うべきか。これは決して立証された概念ではないし、成熟した理論ですらない。むしろインフレーションは、どれかひとつが正解かもしれないいくつかの仮定上のシナリオに見られる共通項にすぎない。いや、どれかひとつが正解でなくてはいけない、とほとんどの宇宙論者は言うだろう。というのも、インフレーションは知られているなかで唯一、もともとのビッグバン理論をさいなむ多くの問題を解決してくれる手だてだからだ。

ここではすべての詳細に立ち入らないが、結局は、とても短い期間の指数関数的な膨張ということになる。宇宙が生まれてから10^{-32}秒（0.000,000,000,000,000,000,000,000,000,000,01秒）経つ前に、空間が、2をおよそ二〇〇回続けて掛けた倍率にふくれあがった（「インフレーションを起こした」）。その結果、空間におけるどの二点間の距離も元の値の10^{60}倍ほどにまで広がった。このきわめて短いインフレーション期の最後に、宇宙の――よりなじみのある――「線形の」膨張が、はるかに落ち着いたペースで引き継いだ。インフレーションは、ある程度はヒトの受精卵細胞の最初の成長段階になぞらえられる。初め、その細胞の数は、一、二、四、八、一六といった具合に増えていくのだ。しかし幸い、この指数関数的な成長はしばらくすると止まり、はるかにゆっくりしたペースになる（そうでないと、あなたはいまや観測可能な宇宙より大きくなっているだろう）。

「ビッグバンのバン」――インフレーションはそう呼ばれる――には、存在を信じるだけのもっともな量子力学的理由がある。さらに（そしてやはり詳細には立ち入らないが）、観測可能な宇宙がこんなにも一様で、時空に全体的な湾曲がないように見える理由は、これでしか説明できないように思える。この概念は、一九八〇年、当時プリンストン大学にいた理論物理学者アラン・グースによって初めて提唱された。以来、とくにスタンフォード大学に勤めるロシア生まれのアメリカの物理学者、アンドレイ・リンデによって、概念は拡張され、修正された。インフレーションは理解しづらいし、信じることもさらに難しいかもしれないが、ほとんどの宇宙論者はその概念に十分慣れてしまっている。

世にある種々のインフレーションのシナリオは、細部が異なるだけだ。具体的に何がインフレーションを引き起こしたのか、いつ始まったのか、指数関数的な膨張がどれだけ速かったのか、それはどれだけ続いたのか、どのようにしてそれが止まったのか、など。当然だが、問題は、宇宙誕生のわずか10^{-32}秒後へさかのぼり、実際に何が起きたのかを見ることができない、ということである。宇宙マイクロ波背景放射は、初期の宇宙からの光としてわれわれに調べられる最古のもので、それが生み出されたのはインフレーションの三八万年後だ。ならば宇宙論者には、インフレーションのどのタイプであるかを見分けることはおろか、インフレーションが実際に起きたと証明できることが望めるものなのだろうか？

ここで重力波の出番だ。インフレーションは空間のあらゆるものをふくらませる。生まれたての宇宙における素粒子の量子ゆらぎは、引き伸ばされてやがて密度のばらつきとなり、それが宇宙マイクロ波背景放射に痕跡を残す。同じように、重力場の量子ゆらぎも引き伸ばされ、密度ゆらぎではなく原初のアインシュタイン波となって、時空の生地そのものに響きわたっていったにちがいない。とりあえずそれが理論だ。この原初の波の振幅は、インフレーションの厳密な特性によって決まる。

そのため、原始重力波を検出できたら、インフレーションが実際に起きたことを強く示すものとなる。少なくともいくつかのインフレーションのシナリオが誤りだと証明できさえするかもしれない。あいにく、インフレーションによる波は直接検出できない。一三八億年に及ぶ宇宙の膨張によって、波長は何億光年にもなっているので、われわれには測る手だてがないのだ。しかし、それもやはり宇宙マイクロ波背景放射に痕跡を残している。CMBが初期宇宙の密度ゆらぎによってわずかに偏光しているように、原始重力波との相互作用によってもわずかに偏光しているのだ。

インフレーションによるアインシュタイン波が起こしたCMBの偏光を測定すれば、宇宙の誕生からほんの一瞬のあいだの出来事について知ることができる。それは、三八万年という限界を超えて、空間や時間、物質、エネルギーの始まりまでも見る、唯一の手だてを与えてくれるだろう。だが、ひとつだけ問題が残っている。原始重力波による偏光は、もとより極微である密度ゆらぎによる偏光の一〇〇倍も小さい。このふたつの効果を切り分けられる望みなどあるだろうか？

そこでついに、Bモードのパターンの出番となる。アメリカのケーキ職人があなたに、そっくり同じ小さなケーキを何千個も作ってくれたとしよう。どのケーキにもホイップクリームが載っている。あなたはそのなかにヨーロッパのケーキがいくつか紛れ込んでいるのではないかと疑っている。だが、それを見つけ出すのは難しい。アメリカでもヨーロッパでもレシピは同じなので、ケーキはどれも同じに見えるのだ。ここであなたは、ヨーロッパの職人がクリームを袋から絞り出すとき、必ず右回りか左回りに袋を回転させる——これは完全に私の作り話だが——ことを知る。アメリカの職人は袋を動かさない。すると、アメリカのケーキのトッピングは完全に対称だが、ヨーロッパのものは左右どちらかに少し渦を巻く。これで、ケーキ本体はそっくり同じでも、容易に見分けられるようになる。

ふたつのタイプの偏光も、これに似ている。偏光の強さと方向を天空のあらゆる場所について示すマップを作れば、なんらかのパターンが現れる。密度ゆらぎによる偏光の場合、パターンは対称になる。特定の「左右の向き」はもたないのだ。これをEモードのパターンという。原始重力波がもたらす（はるかに小さな）偏光の場合、天空に現れるパターンは左右のどちらかのわずかな渦巻きを示す。これをBモードのパターンという（これらのアルファベットの使用はマクスウェルに由来する。彼は電場をE、磁場をBで表した）。

小さいが厄介な問題がひとつある。かすかなBモードのパターンは、偏光した背景放射が巨大な銀河団のそばを通るときに生じることもあるのだ。銀河団の重力レンズ効果——太陽による星の光の屈曲に相当する効果——が、インフレーションや原始重力波と関係のない対称なEモードのパターンに、小さな渦を起こすのである。幸い、この重力レンズ効果によるBモードのパターンは、天空で角度にして一度よりはるかに小さなスケールでしか生じない。これは二〇一三年に南極点望遠鏡によって初めて検出された。そのため、インフレーションを証明して、宇宙誕生からのアインシュタイン波が存在する証拠を見つけたければ、一度以上の角度のスケールをもつはるかに大きなBモードのパターンを、天空に探す必要がある。

これであなたにも、ショール・ハナニーの気球実験をEBEXという理由がわかっただろう。その目標は、宇宙マイクロ波背景放射の偏光のEモードとBモードのパターンを切り分けることにあった。スケールの大きなBモードのパターンが見つかれば、原始重力波の存在が示唆され、インフレーション理論の裏づけになるだろう。Bモードのパターンの相対的な「強度」から、インフレーションの厳密な要因とタイミングについて、なんらかの情報が与えられるはずでもある。

EBEXは、二〇一二年十二月二十九日に打ち上げられた。この気球搭載型のミッションはおよそ二週間にわたり遂行された。興味深いデータはたくさん集まったが、Bモードのパターンは見つからなかった。それでも、私が南極を訪れていたころ、BICEP2望遠鏡が円錐形のシールドのなかで、南天の大きな帯状の領域について偏光の観測データをせわしなく集めていた。何か月もかけてデータをため込むうちに、CMBの偏光のパターンがはっきりしてきた。やがて二〇一三年のうちに、BICEP2のチームは興奮しだした――初めは慎重だったが、何か月ものあいだに確信が強まった。ついに、とらえがたかった、スケールの大きなBモードのパターンが見つかったように思われた。待ちに待ったインフレーションの「証明」と、本書の話にとってさらに重要なことに、宇宙の歴史における最初の一瞬にまでさかのぼる重力波の明確な指紋が、初めてとらえられたのだと。

＊＊＊

二〇一四年三月十二日の水曜日、マサチューセッツ州ケンブリッジのハーヴァード・スミソニアン宇宙物理学センター（CfA）が短い告知を出した。三月十七日月曜日の正午、「大きな発見を公表する」記者会見を開くと。それ以上の情報はなかった。CfAの手狭なフィリップス・ホールには限られた数の記者しか収容できなかったが、広報スタッフのデイヴィッド・アギラールとクリスティーン・プリアムはストリーミング動画による生中継の手配をした。彼らのITチームによれば、ハーヴァードのサーバーは同時に一〇〇〇人の視聴者にも容易に対応できたので、準備万端のように思われた。

アギラールとプリアムが気づかなかったのは、ソーシャルメディアでこの公表についての噂（ビッグバン！　インフレーション！　重力波だ！）が飛び交いだし、大きな騒ぎになって多くの人がログオンする結果、記者会見の最初にウェブ放送のサイトが落ちてしまうということだった。しばらくしてようやくバックアップの遠隔視聴手段が使えるようになったが、それも十分な処理能力がなかった。

BICEP2の主任研究員であるCfAのジョン・コヴァックは、こんな経験は初めてだったと振返っている。私が思うに、彼はまた、こんな大きな記者会見で最初の演者になるのも初めてだったのではなかろうか。初めてでなかったら、まず最大のメッセージから切り出していたはずだ。ところがコヴァックは、CMB観測の歴史についてのミニ講義から始めた。彼の背後にはタイトルを示すスライドが投映され、「BICEP2による1度スケールでのBモード偏光の検出」というやや難解なフレーズが書かれていた。宇宙論の背景知識が豊富なウェブ放送視聴者だけが、結局どういうことなのかを理解していただろう。

コヴァックと共同でプロジェクトリーダーを務める三人も、ますますひどくしただけだった。スタンフォード大学のチャオリン・クオは、インフレーションと、それがどのように原始重力波や宇宙マイクロ波背景放射のBモードの偏光パターンを生み出すのかを、説明しようとした。「かなり説明の難しい概念です」と彼は言った（私もまったくそう思う）。カルテクとNASAジェット推進研究所に所属するジェイミー・ボックは、検出器の技術についてずいぶんわかりにくい話をした。そして、ミネソタ大学でショール・ハナニーの同僚のひとりだったクレム・プライクは、データ解析を論じた。全体として、

2014年3月17日、ハーヴァード・スミソニアン宇宙物理学センターでの記者会見で結果を発表するBICEP2チーム。右から左に：ジョン・コヴァック、チャオリン・クオ、ジェイミー・ボック、クレム・プライク。一番左は独立的な立場の解説者、マーク・カミオンコウスキー。

宇宙論の革命が起きているという印象は与えられなかっただろう。

だがその後、雰囲気が一変した。アギラールとプリアムが、メリーランド州ボルティモアのジョンズ・ホプキンズ大学に所属する理論物理学者マーク・カミオンコウスキーに、発表された結果にかんするコメントを求めた。カミオンコウスキーは、テーブルに並んだ人間のなかでただひとり、BICEP2と書かれた黒のTシャツを着ておらず、公平なアウトサイダーであることを明確にしていた。彼が用意したコメントの最初の一文は、翌日、多くの新聞の記事に載った。

「朝起きて」彼は言った。「ビッグバンから一兆分の一の、一兆分の一の、さらに一兆分の一秒後の出来事についてまったく新しいことを知るなんて、そうあることではありません」カミオンコウスキーはBICEP2の発見を、「実にクール」で「宇宙論のミッシングリンク」だと言い表した。さらにこう続ける。「これはただのホームランではありません。満塁ホームランです。インフレーションの決定的な証拠で……重力波の初めての検出でもあります。……もし結果が正しければ、インフレーションが、重力波にコード化し、マイクロ波背景放射の天空に打ち出した電報を、私たちに送っていたことになるのです」

もうだれもがはっきり目覚めていた。アラン・グースとアンドレイ・リンデ――インフレーション理論の主な創始者であるふたり――もホールにいて、ほぼすべてのインフレーションのシナリオは並行宇宙の存在をほのめかすのだという仰天の事実を喜々として語った。リンデは記者たちにこう言っている。「インフレーションの証拠は、マルチバース（多元宇宙）の存在を真面目に受け止める方向へ私たちを向かわせるでしょう」

「宇宙のさざなみがビッグバンの動かぬ証拠を明かす」と『ニューヨーク・タイムズ』紙はその日ウェブサイトに書いた。『ナショナルジオグラフィック』誌の見出しは「ビッグバンの証拠発見が『マルチバース』への扉を開く」だった。BBCニュースは、この観測はノーベル賞に値するというアラン・グースの言葉を引き合いに出した。イギリスの週刊誌『ニュー・サイエンティスト』では、ハーヴァード大学の理論家アヴィ・ローブが観測結果を「過去一五年の宇宙論で最も重要な大発見」と説明した。クリスティーン・プリアムは、この発表にかんするニュースの切り抜きをおよそ三五〇〇も集めている。チームの研究成果を公表しているBICEP2のウェブサイトには、二日ほどのあいだに五〇〇万以上ものアクセスがあった。

チャオリン・クオがスタンフォードの恩師アンドレイ・リンデへ発見の知らせを伝えたときの、短いユーチューブ動画（撮影は記者会見のずっと前）も拡散した。リンデと妻のレナータ・カロシュ（彼女もまた理論物理学者）は、見るからにクオの一報に感銘を受けていた。夫妻の家のドアが開くなり、クオはこう言う。「実は先生にサプライズがあるんですよ。5シグマで、0・2です」高い統計的有意性で意外なほど強いシグナルであることを示す数値だ。カロシュはクオを抱きしめ、ほどなくシャンパンがふるまわれた。

　ところが、騒ぎと興奮には大きな問題もあった。BICEP2の発表をめぐる多くの但し書きが、少なくとも一般の人々にとってはたいてい抜け落ちてしまったのだ。これは決して科学者の落ち度ではない。会見でどの研究者も、また記者にインタビューされたどの専門家も、同じことを言っていた——「もしこれが本当に確かなら」「もし結果が正しければ」「もしほかの実験で裏づけられたなら」「さらなる精査が必要」。だが多くの人は、その注意を飛ばして、「ビッグバン」や「大発見」「マルチバース」「ノーベル賞」に注目した。

　それに、もちろん「重力波」もだ。カミオンコウスキーが実に明確にしたとおり、アルベルト・アインシュタインによる一般相対性理論の提唱一〇〇周年の一年前になし遂げられた、重要な初の検出となるはずだった。確かに、重力波はそれまで直接検出されていなかったが、それが存在する間接的な証拠は、有名なハルス-テイラーのパルサーをはじめとする中性子星の連星系で確かめていたように、ほぼ確実だった。早くも一九七〇年代に科学者は、物がなくなって家のドアが開けっ放しという状況から泥棒の存在を推定するように、重力波の存在を推定していた。ところが今、彼らはいわば犯人の足跡を花壇に見つけたのだ。

　もし裏づけられたなら。

　記者会見の直後、ほかの理論物理学者たちが懸念を表明した。報告されたBモードのシグナルは、だれの予想よりもはるかに強かった。その結果は、ほかの予備実験の結果とあまり一致しているようには見えなかった。それにBICEP2のチームは、この観測結果に対して考えられる説明がひとつしかないと本当に確信できたのだろうか？

いかにも妥当な懸念で、ジョン・コヴァックらも百も承知だった。BICEP2は、前景汚染［訳注：対象となるものより手前にあるものによる悪影響のこと］のリスクをできるだけ抑えるべく、天の川銀河の面からずっと離れた天空の領域を観測していた。というのも、天の川銀河の塵の粒子もマイクロ波を発し、磁場があるとその波がわずかに偏光し、Bモードのパターンなども示すことがあるからだ。測定が複数の波長でできたなら、この潜在的な問題は容易に正せただろう。だがあいにく、BICEP2の検出器は特定の一波長しか感知できなかった。二ミリメートルで、それは一五〇ギガヘルツの周波数に相当する。

BICEP2のチームは、自分たちが誤認していないことを確かめるために、天の川銀河の塵の分布について、手に入るかぎり最高の情報を利用していた。彼らはまた自分たちの結果を、欧州宇宙機関のプランク衛星による最新の高感度の塵分布データと照合したがってもいた。じっさい、コヴァックはプランクのチームに両者のデータの解析を共同でおこなう提案もしていた。しかしプランクの科学者は、自分たちの観測結果を公表するおそらくもう一、二年後まで待ってもらいたいと答えた。

一方、BICEP2の望遠鏡は二〇一三年初頭に解体されていた。観測は完了し、データ解析もほぼ終わっていた。だれかに出し抜かれるリスクを負いながら、結果を世界に発表するまでもう二年待つべきなのか？　それとも、自分たちの発見を研究者仲間に伝えるべきだろうか？

このジレンマへの答えは、二〇一三年四月、オランダのノールトヴァイクの欧州宇宙研究技術センターで開かれた会議の最中に訪れた。会議は「プランクが見た宇宙」と題され、そのミッションによる最初の科学的成果の詳細な検討を提示するものだった。会議の二日目に、プランクのチームは銀河の塵とその偏光放射について、予備的な分布マップを示した。

マップは定量的な科学データを視覚的に表現したものであり、実際のデータとは違う。その結果は予備的なものでもあった。おまけに、投映されたパワーポイントのスライドをスマートフォンで撮った写真は、扱うのに最適な素材とは言えない。だが、ないよりはましだ。BICEP2のチームは前へ進む決断をした。やがて彼らは『フィジカル・レビュー・レターズ』に出す論文を作成した。そして二〇一四年一月初め、コヴァックは所属機関の広報部門に相談した。このニュースは記者会見すべきものだろうか?

通常、大学や研究機関は、論文の掲載が決まる前に科学的成果を公表するようなことはしない。そして掲載が決まるのは、ひとりか複数の匿名の査読者が論文を丹念に読んで専門的なコメントをしてからだ(アルベルト・アインシュタインが、一九三〇年代にこの査読プロセスに愕然としたのを覚えているだろうか)。しかし、ハーヴァード・スミソニアン宇宙物理学センターの広報スタッフは、そこまで待たないことに決めた。ニュースがリークするのを恐れたのだ。むしろ、二〇一四年三月十七日の朝、フィリップス・ホールでBICEP2の短い科学シンポジウムを開催し、その会合に記者会見をくっつけた。

残念ながら、当初批評家が恐れていたとおり、その結果は時の試練に耐えられなかった。ほかの科学者が結果——記者会見当日にプロジェクトのウェブサイトに公表された——をよく探ると、すぐにコヴァックのチームによる塵の前景汚染の扱い方に大きな問題が見つかった。BICEP2の大胆な主張の一部は、眉に唾を（あるいは塵でも）つけて聞く必要があることが明らかになったのだ。その後同じ年に、プランクのチームとの共同解析がようやくスタートし、当初のBICEP2の論文は部分的に書き直しが必要となった。解析の結果、スケールの大きなBモードのパターンの相対的な強度がはるかに小さな値となったのである。測定の不確かさを考えると、そもそものシグナルが存在しない可能性も排除できない。したがって、原始重力波の存在を示す確かな証拠はない。インフレーションの証拠はない。革命は起きていないのだ。

一応、今のところは。

＊＊＊

この騒動を振り返って、ジョン・コヴァックは一連の出来事をそれほど後悔はしていない。科学は、より多くのデータを集めて結論を修正していく果てしないプロセスだ、と彼は語る。さらに、研究者たちにしても、不確かさや過ちの可能性についてはつねづねよく認識しているので、コヴァックらの学界での評判には影響がなかった。「でも」彼は言い添える。「私たちはインターネット時代の科学コミュニケーションについて、いくつか大事な教訓を学びました。何をするにせよ言うにせよ、とことん明確にしないといけません。また、但し書きと言えそうなものはなんでもはっきり伝える必要があります」

（それに、ウェブ放送はサーバーに十分な処理能力が必要というのも私から加えようか）。

これを書いている時点で、BICEP2の結果が最初に発表されてからほぼ三年になる。そのあいだに、BICEP2に似た望遠鏡をひとつの台座に五つ載せたケック・アレイが、何年か二種類の周波数で天空をスキャンしていた。実は、二〇一二年十二月に私が南極を訪れたときにはすでに運用されていた。また二〇一六年五月からは、BICEP3というさらに大きくなり効率化された装置が、地球の南端からの捜索に加わった。BICEP3は六八センチメートルの口径をもち、二五六〇個ものマイクロ波検出器を収めている。

その隣にあるずっと大きな南極点望遠鏡は、いまや偏光観測カメラを備えている。チリ北部のチャナントール天文台にあるアタカマ宇宙論望遠鏡もそうだ。QUIJOTE、POLARBEAR、AMiBA、CLASSといった面白い名前をもつ、多くの小型の装置も稼働している。中国の天文学者は、チベットに新しくマイクロ波偏光望遠鏡を建設している。そしてもちろん、ショール・ハナニーのEBEX実験に続く、スパイダーやPIPERなどの新たな気球搭載型実験もある。もういつでも、こうしたプロジェクトのどれかが、スケールの大きなBモードのパターンを――それゆえ、宇宙のまさしく誕生時に生み出された重力波を――初めて検出したと宣言するかもしれない。

競争はいよいよ激しくなっている、とコヴァックは語る。そして、同時にますます協力するようにもなっている、と付け加える。多くの科学者は複数の実験に関わっている。さまざまなチームが共同でデータを解析している。そして現在、この分野のコミュニティ全体で将来のプランを描いている。ひょっとしたら、今から二、三年後には、新たな宇宙ミッションを構想しだす時が来るかもしれない。

BICEP2の話は、関与した科学者にとって大きな教訓となった。一方で、LIGOとVirgoのチームにとっても学ぶことがあった。一九六〇年代に重力波の実験が始まって以来、不確かな結果や的外れの主張や撤回があり、そうしたもので科学者たちはずいぶん気まずい思いもした。BICEP2の結果の早まった発表をめぐって当初起きた騒ぎも、この分野に対して揺らいだ評判を正すようなことにならなかった。LIGOとVirgoのチームは、自分たちの主張が絶対に確かで結果が査読を通ってからでなければ、宇宙からの重力波の検出を発表しないことに決めた。そのうえ、メディアや一般大衆とのコミュニケーションを上手にやり、きっちりコントロールする必要もあった。

アドバンストLIGOは、ほぼ稼働の準備ができていた。ハンフォードの検出器もリヴィングストンの検出器も、「フルロック」――干渉計で、光学望遠鏡の「ファーストライト」〔訳注：初観測のこと〕に相当するもの――に達していた。最初の動作確認は済んでおり、科学者や技術者による最終的なテストと点検の最中だった。二台の検出器は、エンジニアリング・モードと呼ばれる状態でオンラインになっていた。二〇一五年九月十八日金曜日が、第一次観測運用の正式な開始となる予定だった。

そのあいだに、LIGOの科学者は手順を練っていた。検出されたら何をすべきか。信頼性をどうチェックするか。いつメディアに知らせるか。どんな主張でも絶対確実になるまでだれにも何も言わないのがなぜ重要なのか。すべてのことにルールやガイドラインが設けられた。なにしろ、新型の検出器では感度が向上していることを考えれば、最初のアインシュタイン波が数週間から数か月以内に見つかることも考えられたのだから。

ひょっとしたら。

あわよくば。

第11章　つかまえた！

時空の生地に生じたさざなみが、宇宙を駆け抜けていく。これは四次元の系における小さな外乱だ。それが、局所的な湾曲をごくわずかにあちこちへ変化させる。これまで一三億年のあいだに、おそろしく弱まっていた。だが、それでも存在する。劇的な出来事のかすかに響くエコーとして。ちょうど、落雷のしばらくあとに、雷鳴が次第に弱まって遠くへ届くように。

重力波はこれだけではない。多くの同じようなうねりが宇宙に広がっている。ありとあらゆる方向に、幅広い周波数と振幅で。これまで何十億年にもわたり、それらは広がってきた。ほとんど感知できないほどだが、時空はつねに太鼓の皮のように震えている。しかし、今回の波は特別だ。宇宙の歴史で初めて、人類が実際に検知することになる重力波なのである。

この波は秒速三〇万キロメートルで宇宙を駆け抜け、およそ一〇万年前に天の川銀河に入った。そしてこちらへ向かいながら、恒星や惑星を小さく震わせてきた。一九一五年、アルベルト・アインシュタインが一般相対性理論を打ち立てたときには、好奇心の強い生き物の住む小さな惑星に出くわすまで、残り一〇〇光年しかなかった。

それは南から来た。日付は、二〇一五年九月十四日の月曜日。時刻は、協定世界時九時五〇分四五秒。ほんの一瞬、地球は一パーセントの一〇〇〇京分の一（10^{21}分の1）だけ引き伸ばされてつぶれた。この惑星上の何もかもが、それによって伸びて縮んだ。そのなかには、ルイジアナ州リヴィングストンのレーザー干渉計型重力波天文台もあった。そして七ミリ秒後、ワシントン州ハンフォードのそっくり同じLIGO検出装置も伸びて縮んだ。

直後に、すべてが落ち着きを取り戻す。重力波は遠くの宇宙へ旅を続ける。一・三秒後には、月の軌道を越える。数時間で、行く手のあらゆるものを優しく揉みながら太陽系を出ているだろう。

＊＊＊

二〇一五年九月十四日の月曜日は、ほかの多くの日と変わらない。ロンドンでは、シンガーソングライターのエイミー・ワインハウスの両親が、四年前に自殺しなければこの日に三二歳になっていたはずの才能豊かな娘の死を悼んでいるにちがいない。歴史に詳しい宇宙科学者は、五六年前のこの日にソヴィエトの宇宙探査機ルナ2号が、地球以外の天体に到達した初の人工物として月面に衝突したことを思い出している。だが大多数の人にとってはごくありふれた日にすぎない。何も特別なことはない。

その朝、ポスドク研究員のマルコ・ドラゴは、ドイツのハノーファーにあるアルベルト・アインシュタイン研究所の自室にひとりでいた。彼はイタリアのパドヴァ大学で物理学を学んだ。パドヴァは、いち早く重力を研究したひとりであるガリレオ・ガリレイが住んでいた町だ。ドラゴは、あいた時間にモーツァルトやベートーヴェンをピアノで弾く。また、イタリア語でファンタジー小説を二冊出している。二冊とも、竜たちとマルコという少年の物語で、ドラゴはイタリア語で「竜」を意味する。

現地時間の一一時五四分ごろ、ドラゴのメールボックスに電子メールが届いた。ＬＩＧＯのデータ伝送ラインから自動的に送られた通知だ。暗号のような数字と、自動生成されたハイパーリンク［訳注：クリックすると当該サイトを閲覧できるインターネットアドレス］がずらりと並んでいる。どうやらソフトウェアが三分ほど前に何か特異事象を検出したようだ。なんだろう。

ドラゴはハイパーリンクのひとつをクリックする。コンピュータの画面に、検出器の出力を示すグラフが現れる。このグラフがふだんどのように見えるのかをドラゴは知っている。小刻みに動く線だ。それは、干渉計の腕の端に吊された石英ガラスの鏡の、途方もなく小さな動きを示している。そう、振動ノイズである。ＬＩＧＯといえども、原子核の一万分の一のレベルで鏡を完全に止めておくことはできない。

だが今回は違う。むろん、ノイズはある。しかしノイズに重なって、はるかに強い信号がある。交互に上下する正弦波だ。それがどんどん強くなり、速くなる。すぐにその波は消え、またバックグラウンドノイズに支配される。ほんの一〇分の一秒ほどの出来事だ。しかもそれはリヴィングストンだけで見られたのではない。ハンフォードでも、数ミリ秒後に。興味深いどころか、実に興味深かった。

ドラゴは、廊下に出て隣の同僚、アンドルー・ランググレンのオフィスに入る。ランググレンは、この研究所でドラゴより長く働いている。より経験が豊富だ。ふたりで一緒にグラフを見た。波打つ線は、ドラゴとランググレンがとてもよく知っているシミュレーションの結果とそっくり同じように見える。周波数と振幅の増大だ。重力波のシグナルに特徴的な「チャープ」［訳注：周波数が連続的に変わる波形のことで、原義は鳥のさえずり］である。〈これはひょっとして……？　いや、まさか〉シグナルは予想外に強い。はっきり見える。専用の解析ソフトウェアでノイズのなかから掘り出す必要もないのだ。何か別の説明が

つくにちがいない。〈本物のはずがない……いや、もしかして？〉

「制御室に電話しよう」とランググレンが言う。二台の検出器はエンジニアリング・モードで運用中だ。第一次観測運用の正式な開始は金曜日まで予定されていない。種々のテストがまだおこなわれている。今回のシグナルは、システムの反応をチェックするための意図的な「ハードウェア注入」である可能性が大いにある。〈そうだ、それにちがいない。わくわくするのはよそう〉

ハンフォードでは午前三時三〇分だった。だれも電話に出ない。当直のオペレーター、ナッツィニー・キブンチューは、制御室を出たばかりで電話を取りそこねた。リヴィングストン（午前五時三〇分）では、オペレーターのウィリアム・パーカーが、ハードウェア注入なんて聞いていないと答える。確かに過去二週間にわたり、LIGOの科学者、アナマリア・エフラーとロバート・スコフィールドが診断テストをたくさんおこなっていた。だが昨日が最終日だった。ふたりはとても遅くまで働いて、朝の四時半ごろまで帰らなかった。

では、何なのか？

だれも知らないハードウェア注入があったというのか？　だれもが警戒を怠らないようにし、LIGOのプロジェクト全体をチェックするために、LIGO研究所が任命した秘密チームによっておこなわれた盲検注入なのか？　似たようなチェックはかつてイニシャルLIGOでもおこなわれていた。だが、なぜ今、最初の観測運用が実際に始まる前におこなうのか？　しかもランググレンいわく、適切な盲検注入に必要な一連の複雑な手順は、まだ用意しているところだった。

一二時五四分、通知のメールを最初に見てから一時間後に、ドラゴはLIGO科学コラボレーションの各チームに一通の電子メールを送った。バースト解析ワーキンググループ、データ解析ソフトウェア

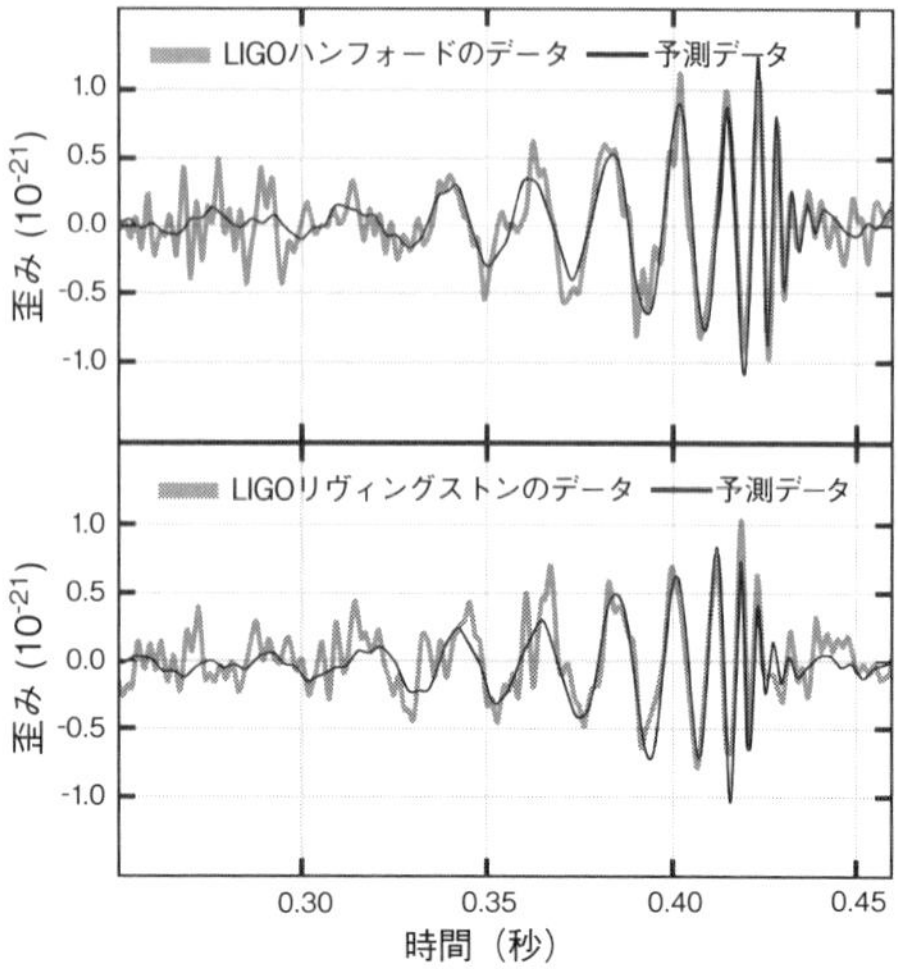

史上初めてとらえられた重力波のシグナル GW150914。LIGOのハンフォード（上）とリヴィングストン（下）の検出器で観測された。ふたつのグラフは、観測された波の振幅（歪《ひず》み、相対量で表される）を時間の関数として示している。振幅も周波数も時間とともに増大し、これは真正な重力波シグナルの「チャープ」と呼ばれる特徴だ。太線が実測データで、細線は、太陽質量の36倍と29倍の質量をもつ2個のブラックホールの合体について理論計算で「予測」したもの。

グループ、コンパクト連星合体グループ、較正チーム、検出器特性評価担当者たち、動作確認・観測チーム、LIGOオープン・サイエンス・センター、さらにメーリングリスト lsc-all@ligo.org にも。

> 皆さん
> 一時間前にcWBが大変興味深いイベントをGraceDBに記録しました。
> https://gracedb.ligo.org/events/view/G184098

LIGOの科学者以外の人にとってはちんぷんかんぷんだろう。cWBとは、コヒーレント波バースト検出パイプライン（coherent Wave Burst detection pipeline）のことだ。GraceDBは、重力波候補イベントデータベース（Gravitational Wave Candidate Event Database）である（なお、あなたのインターネット・ブラウザで先ほどのリンクをわざわざ入力しないように。アクセスするにはLIGOへのログインが必要だ）。このあとにもハイパーリンクがもう二、三並んでいる。ドラゴはさらなる情報を求める文でメールを締めくくる。

取り急ぎ調査してわかるかぎり、ハードウェア注入の標識ではありません。ハードウェア注入でないことを確認できる人はいませんか？

マルコ

アメリカではまだ夜か早朝なので、当地の大半のＬＩＧＯコラボレーションのメンバーは、数時間経ってからこのメッセージを読むことになる。しかしカルテクのスタン・ホイットカムは違った。どうしたわけか眠れなかったのだ。午前四時ごろにベッドを抜け出し、ラップトップを起動してメールをチェックする。ドラゴのメッセージが数分前に届いていた。「なんてこった」ホイットカムはつぶやく。「これから数か月、忙しくなるな」

ホイットカムは一九八〇年からカルテクに在籍している。彼は、有名な一九八三年のブルーブック――ＬＩＧＯに似た干渉計の最初のコスト評価――を執筆したひとりだ。カルテクの四〇メートルのプロトタイプ装置の建造で、ロン・ドリーヴァーと緊密に協力した。産業界で六年間働いたのち、一九九一年にＬＩＧＯに復帰し、立地評価委員会の共同委員長を務め、最終的にＬＩＧＯの主任研究員になった。

スタン・ホイットカムは最近、カルテクを九月十五日の火曜日に退職すると告げたところだった。この分野から完全に離れるつもりではない。彼はＬＩＧＯの広報担当者ガブリエラ・ゴンサレスに、アドバンストLIGOが何か興味深いものを見つけたらすぐに検出委員会の共同委員長になると約束していた。それは、会議やテレビ会議に二、三回出て、書類の束を処理するだけの静かな仕事のように思える。だがまずは、とってしかるべき休暇が必要だ。水曜日に車でコロラドへ行き、母親を訪ねるつもりでいる。

そこへ、これだ。シミュレーションではなく、本物のチャープ。しかも、刺激的なものでもある。持続時間が短く、終端の周波数が比較的低い――これは、二個のかなり大質量のブラックホールの衝突以外にありえない。もっと質量の小さい中性子星は、合体するのにもう少し時間がかかる。おまけに、サイズがはるかに小さいので、最後に合体するときの軌道周波数［訳注：互いのまわりを回る周波数のこと］は高くなる。ホイットカムは、ほぼ即座にこれは本物だと確信する。LIGOが最初の検出をやってのけたのだ。〈つかまえた！〉

もちろんホイットカムは、もうベッドには戻れない。その朝、一緒に犬の散歩をしながら、妻に伝える。「退職後はもっと家で過ごすと約束したのはわかっているよ。でも、これから忙しくなりそうなんだ」コロラド行きは取りやめなかったが、母親の家でも毎日パソコンの前で二、三時間すごした。

一方、ガブリエラ・ゴンサレスは動転した。ゴンサレスはアルゼンチン生まれで、バトン・ルージュにあるルイジアナ州立大学に勤める物理学者だ。二〇一一年から、MITのレイ・ワイス、シラキュース大学のピーター・ソールソン、フロリダ大学のデイヴィッド・ライツィのあとを継いで、LIGO科学コラボレーションの公式な広報担当者を務めている。ここ何週間、何か月も、彼女はせっせと規約や手順を起案し完成させていた。どうやらハノーファーのポスドクは、そうした規約をおそろかにしているようだ。マルコ・ドラゴは、メッセージを全員に送ってしまっていたのである。「lsc-all」［訳注：LI

ＧＯ科学コラボレーション全体という意味〕のメーリングリストにさえも。幸い、これは投稿が管理されたメーリングリストで、ゴンサレスはたまたま管理者なので、そのメッセージは遮断できる。しかし、ほかの宛先のチームへドラゴのメールが届くのは防げない。今ごろは、みんなが語り合っていることだろう。

もちろん、ゴンサレスもどきどきしている。最初は、強力な信号はきっと何かのテストによるものにちがいないと考えていた。だがすぐに、その時間に何もおこなわれていなかったことがわかる。ハンフォード天文台で検出を主導するマイク・ランドリーからメッセージを受け取る。「ゲイビー〔訳注：ガブリエルの愛称〕、盲検注入を許可したのですか？」リヴィングストンの天文台長ジョー・ジャイミからも同じ問い合わせが来る。いや、許可などしていない。確かに彼女こそ、プロジェクトのリーダーたちと相談して許可を出す人物のはずだった。簡単なチェックで、少なくとも通常のやり方では注入がされていないことが判明する。ならば、これは正真正銘の重力波にちがいない。ソフトウェアの欠陥、機器の異常、悪意のハッキングがあったのでなければ。だが、それを確かめるのは検出委員会の役目だ。すべて手順で定めてある。

まだ実施されていない手順がほかにあった。ほかの観測者へ自動的に通知するサービスだ。二〇ほどの地上や宇宙の観測施設が、ＬＩＧＯ科学コラボレーションと特別な協定を結んでいた。重力波が検出されるとただちに、そうした施設が発生源と推定される場所に望遠鏡や機器を向ける予定となっている（詳しくは第14章）。目的は、Ｘ線や可視光や電波で何かが見えないか確かめることにある。どんな電磁的なシグナルも――なんらかの爆発現象による高エネルギーの放射など――アインシュタイン波と同じ速度（光速）で進むため、同時に到着しているはずだ。しかし、重力波より長く残る可能性が高い。

昨夜のシグナルが真に本物であるかはまだ確実ではない。また、たとえ本物だとしても、どこから来たのか正確には言えない。それでも、ゴンサレスと、ヨーロッパのＶｉｒｇｏコラボレーションの広報担当者フルヴィオ・リッチは、ともかくほかの観測手段をもつ捜索チームに、重力波——かりに本当にそうだとして——の発生源とおぼしき南天の広い帯状領域の座標を添えたメッセージを送ることにした。天空に何かが見えても、すぐに消えてしまうことがあるので、位置の精度がかなり低くても、できるだけ早く観測を始めたほうがいい。

だが、ゴンサレスが主に気にかけていたのは秘密確保だ。共同研究の関係者以外には、このシグナルのことが知られないようにする必要がある。今はまだ。検出関連規約の要諦は、「秘密保持を遵守すべし」だ。ジョー・ウェーバーやＢＩＣＥＰ２の経験があったあとでは、もうだれも、発見の主張をしてからのちに撤回する羽目にはなりたくない。面目がまるつぶれになるだろう。

九月十六日の水曜日、ゴンサレスは、Ｖｉｒｇｏコラボレーションの広報担当者リッチと責任者フェデリコ・フェリーニ、およびＬＩＧＯの統括責任者デイヴィッド・ライツィと副責任者アルバート・ラザリーニと協力した。連名で、ＬＩＧＯ-Ｖｉｒｇｏコラボレーション（ＬＶＣ）とざっくり呼ばれたものに属する一〇〇〇名を超えるメンバーに宛てて、電子メールを出したのである。文面は次のとおり。

各位

すでに多くの方は、興味深い一時的イベントの候補が、ER8のデータ・ストリームで先週末に見つかったことをお聞き及びのことと存じます。……私たちは、このトリガーを追跡調査できる天文学関係のパートナーに、この情報を提供しました。……

とくに今回の候補について、また一般にあらゆる候補と結果についても、**ＬＶＣ内で厳重に秘密を保持する必要があることを皆様に意識していただきたく**よろしくお願いいたします。共同研究の結果について、ＬＶＣのメンバー以外と会話や連絡をおこなうことは、結果を公表するまでは「不可」です。情報漏洩や噂は、私たちの研究をいっそう困難にするだけです。

今回のイベント候補ならびに０１で今後見つかりうる候補について、友人や同僚から訊かれる方もいらっしゃるかもしれません。……ＬＶＣ外からなんらかの問い合わせを受けた場合は、ＬＳＣとＶｉｒｇｏの広報担当者にお知らせください。

よろしくお願いいたします！

ゲイビー、フルヴィオ、デイヴ、アルバート、フェデリコ

しかし、自分のチームが世紀の発見をしたときに、口をつぐんでいることは容易ではない。マルコ・ドラゴはイタリアの両親に話した。スタン・ホイットカムは妻に話した。ほかの人はボーイフレンドやガールフレンドに話した。マサチューセッツ州ケンブリッジでは、メールアドレスを打ち間違え、今回の発見にかんするメッセージをうっかりＭＩＴの財務部門の職員に送ってしまった人がいた。幸い、職員にはほとんど物理がわからなかった。だが、このニュースはどのみち漏れ出す可能性が高いように思われた。

そして実際に漏れる。だれかが、アリゾナ州立大学（テンピー）の理論物理学者で、一般向けの科学書を何冊か書いているローレンス・クラウスに話したのだ。クラウスは情報源の名前を明らかにしていない。その人は共同研究のメンバーではないが、実は著名で受賞歴もある実験物理学者だ。クラウスはそこまでは話すのをいとわない。九月二十五日の金曜日、彼はツイッターにニュースを投稿した。

LIGO検出器で重力波検出の噂。本当なら素晴らしい。立ち消えにならなければいずれ詳細をツイートする。

クラウスのツイートは、ソーシャルメディアに騒動を起こす。ガブリエラ・ゴンサレスは必死になる。記者から彼女に電話がかかりはじめる。LIGOが何かを発見したのは本当か？　いつ？　どうやって？　なぜ秘密にするのか？　イベントは一度だけか？　公式発表はおこなわれるのか？　その日のうちに、ゴンサレスはLIGO-Virgoコラボレーションのメンバーに宛てて、また電子メールを書いた。

……こうしたツイートに対していかなる意見も反応も「しない」でください。また、もちろん今回のイベントにかんするいかなる情報も外部に漏らさないでください。……本件にかんするソーシャルメディアでの会話に加わらないことを、重ねてお願いいたします。

ゲイビー

追伸：今回の重要なニュースがこれほど早くソーシャルメディアに出てしまったことに、大変失望しました。LScには多くのメンバーがいますが、このような邪魔が入らずに研究が続けられるよう、もっと相互に信頼できるものと心より考えておりました。

ゴンサレスは、クラウスと接触しないことに決めた。だれも彼に接触しない。噂を単に無視することが、当面は最上の策と思われた。メディアからの問い合わせに対する公式の回答は、「データの前景および背景の解析と把握に数か月を要するため、現時点では何も申し上げられません」だった。

当然ながら、科学ジャーナリストも盲検注入についてゴンサレスに尋ねた。そのなかには、二〇〇九年と二〇一一年の出来事を覚えている人もいた。そのころは、イニシャルLIGOやイニシャルVirgoの時期だった。双方のチームで、だれもが盲検注入の可能性を認識していた。LIGO-Virgoコラボレーションの上層部の二、三名が、干渉計のデータ・ストリームに偽のシグナルを注入する権限をもっていた。その目的は、検出解析ソフトウェアの能力をテストし、理論家がチャープ・シグナルの特徴から正しい結論を導き出せるかどうかチェックし、専門的な公表資料を作成する経験を積み、手順のなかに変更を要する点があればそれを見つけることだった。

重力波の可能性があるシグナルが検出され、さらなる解析に回されるとすぐに、盲検注入チームは、それが注入されたものかどうかという疑問への答えを入れた封筒に封をする。そのシグナルを調べる作業が完了したところで、初めて開封して答えを示すのである。

それで確かにメンバーはしばらく忙しくなった。二〇〇七年の秋から二〇〇八年の終わり近くまで、LIGOの科学者は、二〇〇七年九月二十二日に検出され、奇しくも秋分イベントと呼ばれるシグナルの詳細な解析に取り組んだ。三台の検出器のすべて――ＬＩＧＯハンフォード、ＬＩＧＯリヴィングストン、Ｖｉｒｇｏ――で、ノイズのなかに微弱なチャープが記録されたのだ。連星系のふたつの中性子星がらせんを描きながら近づき、衝突・合体する場合に予想されるシグナルに似ていた。

しかしその後の解析で、秋分イベントには、アインシュタイン波の検出を主張できるほどの確証がないことが明らかとなった。「シグナル」が統計の気まぐれである可能性が、わずかに高すぎたのだ。そこで、二〇〇八年の秋に科学者は、秋分イベントを本物の重力波の候補と見なさないということで意見の一致を見た。

解析作業がすべて完了した二〇〇九年の三月になってようやく、そのシグナルは盲検注入だったことが明らかにされた。さらに、秋分イベントのほんの九日前に別の盲検注入があったことも発表されたが、これはどうやら検出ソフトウェアがすっかり見逃していたらしい。全体として、有益な経験となった。

次の有名な盲検注入は、二〇一〇年九月十六日のビッグドッグ・イベントだ。ビッグドッグは、はるかに明瞭なシグナルだった。これも三台の検出器のすべてで見つかった。こちらは、中性子星とブラックホールの衝突から予想されるチャープに似ていた。三つの場所への到達時間のわずかな差は、衝突が「おおいぬ座」のどこかで起きたことを示していた。だからビッグドッグ（Big Dog）の名前がついたのだ。

このケースでは、何もかも非常に説得力があるように見えた。数か月のうちに、科学者は解析を終え、『フィジカル・レビュー・レターズ』に提出する発見論文の草稿も書いた。そして立派なことに、このあいだも科学者は、ビッグドッグが偽のシグナルである可能性を十分意識していたのだ。二〇一一年三月十四日（アルベルト・アインシュタインの一三二回目の誕生日）、チームが論文の最終稿について合意に達したあとになってついに、カリフォルニア州アルカディアでの会合で真実が明かされた。当時ＬＩＧＯの責任者だったカルテクのジェイ・マークスが「封筒」（実際には、パワーポイントによるプレゼンテーション資料が入ったメモリースティック）を開け、およそ三五〇人の共同研究のメンバーからなる聴衆は、自分たちが蜃気楼を追いかけてきたことを知ったのだ。それでも努力を称えるためにシャンパンが開けられたが、もちろん『フィジカル・レビュー・レターズ』への論文は提出されなかった。

そしてまたもや、同じ観測運用中の第二の盲検注入は見逃されていたことが明かされた。

秋分イベントもビッグドッグ・イベントも、九月に注入された。だから、二〇一五年の九月に、多くの科学者がまただまされているのではないかと疑うのはほとんど無理もない。だがガブリエラ・ゴンサレスは、今回は違うことを知っている。ありえない。もちろん彼女は、根掘り葉掘り訊く記者にそのことを伝えるつもりはない。記者には、過去に実際に偽のシグナルが注入されたことだけが知らされる。しかし、ゴンサレスは共同研究のメンバーには近々伝える予定だ。メンバーはもう、九月十四日に検出したシグナルが本物である可能性に気づいているはずである。

本物かもしれない。これから重労働が始まるのだから。今回のシグナルが盲検注入でなくても、必ずしも宇宙からの正真正銘の重力波によるものとは言えない。ほかに考えられる原因が何十もある。たとえば、ソフトウェアの欠陥だ。ハンフォードとリヴィングストンの鏡の小さな振動の検出は、何千行ものコンピュータのコードによってなされる。プログラマーならだれでも知っているとおり、ソフトウェアにバグがないことはありえない。だから、この可能性を詳しくチェックする必要がある。

あるいは、シグナルは地球の裏側で起きた地震によるものかもしれない。だれかがアメリカ地質調査所に問い合わせなければならない。大きな隕石が大気に衝撃波を起こしたり、さらには人の住んでいない地域に落ちたりした可能性は？　人の可聴域を下回る超低周波音の記録を調べる必要がある。地球磁場の何か奇妙な現象が原因かもしれない。ならば、衛星によってプラズマ物理学者が集めた測定結果をよく見る必要がある。ときには、激しい雷雨が電離層——地球大気圏の高いところにある荷電粒子の層——に波を起こすことさえある。たくさんの自然現象が、精巧な機器のトリガー（検出の引き金を引くもの）となる可能性がある。すべてをチェックし、さらにまたチェックしなければならない。

これは、ＬＩＧＯのスタン・ホイットカムとＶｉｒｇｏコラボレーションのフレデリク・マリオンが統括している検出委員会の仕事だ。委員会は、何をなすべきかをちゃんと知っている。規約はすでにある。委員会のメンバー——アメリカとヨーロッパの両方——には、各自の仕事がある。それぞれが、可能性が疑われる数件だけの問題に集中する。チェックリストにマークがされ、データの表が埋められていく。ゆっくりとだが着実に、ほかに説明できそうな要因が排除されていく。たとえば、落雷の国際気象データベースによれば、今回の検出時刻あたりに西アフリカのブルキナファソで、非常に強力な稲妻が発生していた。しかし詳細な分析の結果、ＬＩＧＯの鏡に影響を与えた可能性はないことがわかった。

ほかにもチェックすべきことがたくさんある。確かに、チャープ・シグナルはＬＩＧＯの双方の検出器でほぼ同時に観測された。このように同時に検出できることが、そもそも干渉計を二基建造する主な理由だった。それでもやはり、あらゆる局所的なノイズの源を排除する必要がある。簡単に言えば、双方の場所で同時にドアが閉まったりトラックが通り過ぎたりすることはありそうにないが、ありえなくはない。そこで、これも検出委員会の大きな仕事だ。イベントの時刻に、干渉計のトンネル内に人はいたか？　それを知るために、手に入るかぎりの業務記録や映像や音声をチェックする。検出器の近傍で何か変わったことが起きていなかったか？　種々の環境センサーの記録から、必要な情報が得られるはずだ。磁気異常など、鏡の懸垂状態を乱した可能性のある装置面の影響はないか？　すべてがモニターされ記録されているので、全部のデータからそうした要因も排除しなければならない。

さらに、スタン・ホイットカムにとって悪夢のシナリオがある。リヴィングストンのバーで四人の大学院生が、ビールを飲み過ぎ、ただのいたずらでシステムに侵入する手だてを考えるといったシナリオだ。なにしろ、この共同研究プロジェクトにはおそろしく頭のいい人がたくさんいるのである。だれかが、データ・ストリームにアクセスしたり、コンピュータの棚の電子ボードを一枚入れ替えたりする巧みな方法を思いつくかもしれない。考えてみれば、恨みをもつ元職員による悪意の行為の可能性も無視できない。だが最後には、こうしたほとんど起こりそうもないことも排除される。

ホイットカムは、科学に絶対確実というものがまずないことを認めている。CIAや北朝鮮の秘密工作員が、検出委員会をかつぐことができるかもしれない。あるいはトム・クルーズが、映画『ミッション・インポッシブル』の新作で……。しかし、チーム内のいたずら者や、心ないアウトサイダーの仕業ではない。検出委員会のメンバーのひとりが言うように、だれか個人がうまくこれを仕掛けたとしたら、それだけでノーベル賞に値する。

十月から十一月にかけて、ありとあらゆるクロスチェックがおこなわれた。近くの送電線にかかわる障害、低空を飛ぶ飛行機、真空ポンプの機械的摩耗、検出装置の区画に技術者が置き忘れた携帯電話。どれも、九月十四日のシグナルを説明できない。検出委員会は、共同研究に参加しているほかのチームやワーキンググループの活動さえもチェックし、適切に仕事をしたか検証する。全体の作業は十二月までかかる。

そのころには、だれもが確信していた。いよいよ来た。宇宙からの初の重力波だ。ちなみにこれが最後でもない。十月十二日の月曜日に、最初のものよりはるかに不明瞭ではあるが、別のそれらしい候補が検出された。第三の候補は、非常に確度が高いもので、十二月二十六日の土曜日に見つかった。三週間後の一月十九日に、アドバンストＬＩＧＯの第一次観測運用（Ｏ１）は終了した。ようやくＬＩＧＯは、名前の「Ｏ」にふさわしいものとなった。長いこと奇跡の技術でしかなかったが、いまや天文学の発見マシンになっている。まさしく天文台（Observatory）。時空のさざなみが、実に初めて地上で感知されたのだ。アルベルト・アインシュタインが初めて概念を公表して一世紀後、このとらえがたい波がついにつかまった。宇宙はみずからの秘密を漏らしており、科学者は大喜びでそのメッセージの解読を始めているのだ。

二〇一五年九月十四日の朝に、マルコ・ドラゴのコンピュータの画面に最初に現れたチャープ・シグナルに、こうして本当の名前がつく。もはや、これが正真正銘の重力波であることを疑う者はいない。名前はＧＷ１５０９１４だ。

＊　＊　＊

二〇一五年十月、ＬＩＧＯの教育・一般啓蒙チームは、すでにニュースをどう世界に報じるかについて考えはじめていた。今すぐではない――だれもＢＩＣＥＰ２の経験を繰り返したくはないので、偏見のない第三者による査読を経て発見論文の掲載が認められるより前には絶対にしない――が、四か月ぐらいのうちにするかもしれないと。

また記者会見は、なんであれ慎重に準備をしてリハーサルをおこない、誤って伝わるおそれをなくさないといけない。計画ではふたつの記者会見を同時におこなう予定で、ひとつはワシントンDCで全米科学財団が主催し、もうひとつはイタリアのヨーロッパ重力観測所でVirgoが主催する。これには多くの関係者との調整が必要だ。外部の専門家を引き入れたほうがいいだろう。宇宙や天文学についてコミュニケーションの経験が豊富な人を。

高エネルギー物理学者のフィオナ・ハリソンには、心当たりがある。ハリソンはカルテクの物理学・数学・天文学部門長だ。そしてまた、NASAのNuSTAR――核分光望遠鏡アレイ（Nuclear Spectroscopic Telescope Array）――ミッションの主任研究員でもあった。その立場で彼女は、カルテクのキャンパスから数キロメートル北西のジェット推進研究所（JPL）で広報スタッフを務める、ホイットニー・クラヴィンと一緒に仕事をしたことがあった。だからホイットニーがその道のプロだと知っている。

JPLは、NASAの惑星科学ミッションおよび地球観測にかかわる研究開発センターだ。その運営母体はカルテクであり、このふたつの機関のあいだには多くのつながりがある。クラヴィンはもちろん、発見の知らせを聞いて大いに胸を躍らせた。そして、カルテクやMITやNSFと共同で、メディアを利用した広報活動を組織できる期待にいっそう胸を躍らせた。

JPLで、クラヴィンは通常、ふたりのグラフィック・アーティストと緊密に連携して仕事をしている。これまで長年にわたり、ロバート・ハートとティム・パイルは、系外惑星から赤外線天文学まで幅広いテーマで、何百もの解説画像やビデオアニメーションや美しいイラストを作成してきた。ハートは赤外線天文学の教育も受けており、クラヴィンから、LIGOによる初の重力波検出のグラフィックやイラストをすべて担当してもらうと告げられると、まずうれしさで声を上げてから、感情を抑えきれなくなった。パイルは、プロのグラフィック・アーティストだが科学の学位をもっておらず、こう尋ねる。

「重力波って何ですか？　それにロバートはどうして泣いているんですか？」

　ＬＩＧＯコラボレーションのすべてのメンバーと同じく、彼らも口をつぐんでいなければならない。クラヴィンは、自分の居場所をＪＰＬでだれにも明かすことができなかった。テレビ会議は密室でおこなう。それは大変なことだ——一緒に物事を調整する人があまりにも多い。そして、何も——何ひとつ——成り行きまかせにはできない。

　それから、アメリカでの記者会見で発表をする科学者の訓練もあった。対象者は、ＬＩＧＯの責任者デイヴィッド・ライツィ、広報担当者ガブリエラ・ゴンサレス、そしてプロジェクトの創始者であるレイ・ワイスとキップ・ソーンだ。電子メール、電話、テレビ会議が増す。集中して。簡潔に。メッセージを単純明快に。科学の専門用語を避けて。人の心をとらえる比喩を使って。クラヴィンは繰り返し練習をさせる。電話で三回、対面で二回。ライツィはこれを面白がった。ワイスとソーンは、ややご機嫌ななめだ。ふたりは、こうしたことで発表の楽しみが削がれてしまうような思いもする。だが最後には、だれもが出来映えに納得した。

　ＬＩＧＯの三人目の創始者ロン・ドリーヴァーは、出席できない見通しだ。八四歳の彼は、認知症を患い、グラスゴーの介護施設にいた。だが、全米科学財団の理事長フランス・コルドヴァはきっと出席する。記者会見は、ホワイトハウスに近いナショナル・プレス・クラブでおこなわれる。クラヴィンは、ウェブ放送のサーバーに十分な処理能力をもたせた。会見はユーチューブでのライブ配信が予定されている。

　日取りを決めるのが難しいことも明らかになる。皆の忙しいスケジュールに合わせないといけない。

発見論文が『フィジカル・レビュー・レターズ』に掲載許可される必要もあり、それに伴う二本の論文も別の雑誌に通らなければならない。一月初め、日取りが決まる。二〇一六年二月十一日の木曜日が、一大発表の予定日となる。あとは、抜かりなく事を進めるだけだ。そしてもちろん、土壇場でのリークも防ぐ。

ところがそれが難しくなる。一月十一日、アリゾナ州立大学の物理学者ローレンス・クラウスが二度目のツイートを投稿した。

　私が前に流したLIGOにかんする噂は、別の情報源で確認がとれた。目を離すな！　重力波が発見されたかもしれない!!　わくわくする。

このツイートは拡散される。LIGOの科学者たちはカンカンだ。クラウスを、無責任で世間の注目を横取りしようとしているとして非難する。クラウス自身は、ソーシャルメディアの役割は一般の人々を科学の営みと直接結びつけることだと信じていた。それに、彼みずから「映画の予告編」と呼んだツイートは、発表に対するメディアの関心を高めることになるかもしれない。一月二十二日、クラウスは自分の大学で催された「アインシュタインの遺産――一般相対性理論一〇〇周年を記念して」と題したパネル・ディスカッションの司会を務めた。パネリストのひとりは、LIGOのキップ・ソーンだ。ふたりの理論物理学者のやりとりは、控えめに言ってもぎこちなかった。

記者会見の八日前、はるかに具体的なリークが起きる。カナダのオンタリオ州ハミルトンにあるマクマスター大学の素粒子物理学者、クリフ・バージェスによる電子メールが、ツイッターに添付画像として投稿されてしまうのだ。内容は次のとおり。

皆さん、LIGOの噂は本当のようで、『ネイチャー』二月十一日号で公表されるらしい（きっと報道発表もある）から、刮目して待たれよ。

論文を見たスパイたちによると、連星ブラックホールの合体による重力波が観測されたそうだ。ふたつの検出器が検出したそれは、検出器間の距離を考えると速度c［訳注：光速のこと］で進んでいるとされ、検出の確度は五・一シグマとのこと。ブラックホールの質量は、当初は太陽質量の三六倍と二九倍で、最終的に六二倍。シグナルは華々しく、最後はカーへのリングダウンまで観測した模様だ［訳注：カーとはカー・ブラックホールというもののことで、リングダウンは合体の際に励起された振動が徐々に減衰していく状況のこと］。

やったぁ！（であってほしい）

そして二月八日、ＬＩＧＯは記者会見の通知をおこなう。メディアへの通常のルートのほか、ツイッターでも公表された。

LIGOの記者会見を二月十一日、東部標準時の午前一〇時三〇分におこないます！　詳しくは http://bit.ly/1TLIihq を参照。#AdvancedLIGO & #GravitationalWaves!

同じ日、アメリカのサイエンスライター、ジョシュア・ソコルが『ニュー・サイエンティスト』のウェブサイトに、チリのヨーロッパ南天天文台のオンライン観測ログを調べた結果を載せる。彼は、LIGOの検出に対する追跡観測が、九月十七日に南天の広い領域で始まっていたことを見いだしたのである。さらに別の追跡観測も、十二月二十八日におひつじ座とうみへび座で開始されていた。「LIGOは信じられないほど幸運に恵まれていたのかもしれない」とソコルは書いている。

そのころには、二〇一五年九月十四日の最初のシグナルと、十二月末の第二のシグナルと、十月のもうひとつのシグナルかもしれないもののことが、ほうぼうで噂されていた。会見の前日、私はグーグルで「GW150914」を検索してみた。なにしろ、あのビッグドッグ・イベントは二〇一〇年当時、GW100916と呼ばれていたからだ。検索でヒットしたのはただ一件。LIGOプロジェクトの隠れたウェブページで、非公開のはずのものだ。そこではGW150914のほか、GW151012とGW151226についても言及されている。したがって、ここには三つの日付がある。それ以上のことはわからない。数時間後、もうそのページにアクセスできなくなっていた。

いよいよ二月十一日。NSFの理事長フランス・コルドヴァが、簡単に前振りをする。コルドヴァは一九七八年にカルテクで物理学の博士号を取得しており、当時キップ・ソーンは彼女の論文を審査する委員のひとりだった。かつてコルドヴァは、LIGOは「思いつきの段階」にすぎない、と私に言っていた。それがいまや一変したのだ。「新たな観測の窓が開くことによって、私たちの宇宙や、そのなかで起きる最大級の激しい現象が、まったく新しいやり方で見られるようになるのです」と聴衆に向かって語る。彼女はまた、一九九二年にLIGOプロジェクトに最初に提供された資金が、それまでにNSFがおこなったなかで最大の投資だったことも話す。

それから短い導入ビデオが、軽快な音楽に乗って流れる。これにはコルドヴァも含め、会見に出る五人のパネリストが登場する。「それが科学の発見というものなのです」ビデオのコルドヴァが語る。「簡単なことを選んでやっているわけではありません」彼女のコメントに続き、いくつかの数が提示される。二台の検出器、一〇〇〇人の科学者、一六か国、二五年。ビデオの最後に、キップ・ソーンが自分の感想を述べる。「見て、思いました。『ええっ』と。そのものズバリに思えます」

続いて、デイヴィッド・ライツィが演壇へ向かう。テレビ画面に、合体するふたつのブラックホールの映像が流れる。ライツィは会場を見渡し、微笑みながら口を開く。「皆さん、われわれは——重力波を——検出しました。やりました!」満場の拍手が鳴り響く。

ライツィは、今回の発見を、ガリレオ・ガリレイが観測天文学の分野を切り拓いたことと比べてみせる。ブラックホールの衝突は「度肝を抜かれる」と表現する。LIGOの感度は、一番近い恒星までの距離を人の髪の毛一本の太さの精度で計測するほどとなぞらえる。「LIGOはまさしく月へロケットを打ち上げるようなものなのです」ライツィは言う。「そして、われわれはやりました。月に着陸したのです」

ガブリエラ・ゴンサレスが、実際の検出について説明する。「これが最初で、今後多くの検出が続くでしょう」と聴衆に請け合う。そして多くの人の成果だったことを強調する。「そのためには世界規模の村が必要です」次に、レイ・ワイスが重力波について話す。時空の伸び縮みを、網目の入ったビニールをいろいろな方向へ引っぱって実演してみせた。ワイスは、LIGOによる観測の仕組みも説明する。「このテクノロジーがアルベルト・アインシュタインにも手に入っていたら、LIGOを考案していたでしょう」そんなひとことまで飛び出す。「とても頭が良く、物理学に通じていたのですから」

最後にキップ・ソーンが、最愛のテーマであるブラックホールについて語る。ふたつのブラックホールの合体で、これまでずっと鏡のように静かな海に見えていた「時空の生地に激しい嵐が」生じたのだ、と説明する。「嵐は、短くてもおそろしく強烈で、宇宙のすべての星を合わせた量の五〇倍ものエネルギーを一瞬で放出するのです」

このウェブ放送は、絶えずほぼ一〇万人が視聴していた。数日後には、五〇万人が再生して見ていた。二月十一日の記者会見が終わった午前一一時一五分ごろまでには、ニュースがインターネットにあふれている。まだ二〇一六年であっても、すでに人々はそれを世紀の科学的発見と呼んでいた。

翌朝の『ニューヨーク・タイムズ』紙は、一面を、ＬＩＧＯのビームパイプの一本に佇《たたず》む白装束の技術者を収めたＳＦのような写真で飾る。見出しはこうだ。

かすかなさえずり《チャープ》で、アインシュタインの正しさを証明
時空のさざなみ
一〇億光年先のブラックホール衝突のエコー

ほぼ一〇〇年前に、星の光が太陽の重力で曲がるというアインシュタインの予測が確かめられたときほどは、心を奪われる見出しではないかもしれないが、フランス・コルドヴァが言うとおり、「アインシュタインも喜んでいるでしょうね？」だ。その週末、アトランタのジョージア工科大学のキャンパスでアルベルト・アインシュタインの大きな像を撮った写真が、インターネットに広まる。首にかけられた手書きの看板には、「言ったでしょ」と書いてあった。

2016 年 2 月 11 日、ワシントン DC での記者会見で重力波の発見を説明するLIGO の責任者デイヴィッド・ライツィ（左）。その右には、LIGO の広報担当者ガブリエラ・ゴンサレスと、LIGO のふたりの「創始者」、レイ・ワイスとキップ・ソーンが並んでいる。

＊＊＊

遠く離れたドイツでは、重力波のパイオニアであるハインツ・ビリングが、いまや一〇一歳となり、一九八九年のカルステン・ダンツマンとの約束を果たしていた。重力波が見つかるまで生きていたのだ。しかしビリングは、今ではほぼ耳が聞こえず目も見えず、記憶障害がひどくなっていた。ドリーヴァーと同様、彼も介護施設で暮らしている。短いあいだ頭が明晰になったときに、若い研究者にＬＩＧＯの発見について聞かされた。「ああ、そう、重力波ね」彼はドイツ語で答える。「私はたくさんのことを忘れてしまったよ」ビリングは二〇一七年一月四日、一〇二歳の生涯を閉じた。

ロン・ドリーヴァーは、身内からその知らせを受けたとき、本当に理解できたのかはわからない。だが、チャープ・シグナルを目にして、記者会見を見ていたときに、彼の瞳が小さく輝いた。それから四か月のうちに、ドリーヴァーは――レイ・ワイスとキップ・ソーンとともに――四つの大きな科学賞の共同受賞者となった。基礎物理学ブレイクスルー特別賞、グルーバー財団による宇宙論賞、ショウ天文学賞、カヴリ宇宙物理学賞だ（ブレイクスルー賞とグルーバー賞は、LIGO-Virgoコラボレーションの全メンバーにも与えられている）。また、Virgoの創始者であるアダルベルト・ジアゾットとグイド・ピッツェーラは、二〇一六年のアマルディ・メダルを授与されている。これは、イタリア一般相対性理論・重力協会が隔年で授与しているヨーロッパの賞だ。

ロン・ドリーヴァーは二〇一七年三月七日に世を去った。しかし、LIGOの残るふたりの創始者が、いつかその分野でだれもが欲しがる賞――ノーベル物理学賞――を受けることを疑う人はまずいない。

第12章　黒魔術《ブラックマジック》

だれもブラックホールを見たことはない。最近まで、天文学者や物理学者はまだその実在について議論していた。だが、いまや彼らは一三億光年先で衝突するふたつのブラックホールを見つけたと主張している。その状況証拠は？　時空のわずかな震えだ。震えの大きさは、陽子の直径の一〇〇〇分の一にすぎない。時間にしてたった〇・二秒。ただの思い込みなんじゃないか、とあなたは言うかもしれない。

天文学はかつてとは違う。それだけは明らかだ。昔は、ただ空を見上げて彗星や爆発する星を見つけていた。これを、デンマークの天文学者ティコ・ブラーエは一六世紀後半にやっていたのだ。その後、夜空を望遠鏡で見ることで、連星、火星表面の黒い模様、淡い星雲の渦巻構造も明らかになる。目で見たものが、成果なのだ。

そうした時代は終わった。新たな発見――あるいは新たな発見の主張――の多くは、説得力がなさそうに見える観測と、集中的なデータ処理にもとづいている。かぞえるほどの光子をとらえたり、わかりにくいスペクトルの特徴を見つけたり。すべては、統計的な証拠と確率の解析にかかっている。いつでも、手に入るデータからできるだけ多くの情報を引き出すことが目標となっているのだ。

重力波天文学も例外ではない。思い出してもらおう。マルコ・ドラゴのコンピュータの画面に現れた波打つ線――GW150914のいわゆる「チャープ」――が、実のところ唯一得られている証拠なのだ。周波数と振幅が一気に増大し、あとは沈黙。何がこの小さなさざなみを起こしたのだろう？　データ解析ソフトウェアを実行すれば、答えが出てくる。遠くの宇宙で合体するふたつのブラックホールだ。だれも実際に見たことがない。魔術《マジック》のようにも思える。

それでも、キップ・ソーンなどの理論家は、自分たちの主張に大いに自信をもっている。シグナルは二台の検出器で観測しただけなので、どの方向からやって来たのかを正確に言うのは難しい。距離も正確にはわからない。八億光年から一八億光年のあいだのいくらでもありうる。だが衝突の状況は、はるかに明確にわかる。

どこか遠くの銀河で、ふたつのブラックホールが互いのまわりを回っていた。ひとつはわれわれの太陽の質量の三六倍で、もうひとつは二九倍だ。天文学者たちが予想していたよりずっと重い（これについては本章の最後で触れる）。この質量のブラックホールでは、いわゆる事象の地平線――ブラックホールへ近づいていって帰還不能となる球「面」――の直径は、数百キロメートルとなる。

何百万、何千万年もかけて、ふたつのブラックホールは、ハルス-テイラーのパルサーの場合と同じく、弱い重力波の放出で系からエネルギーが奪われるにつれ、らせんを描きながらとてもゆっくりと近づいていった。それらのブラックホールは、近づくほど、互いのまわりをどんどん速く回るようになる。加速度が増せば、重力波の振幅が大きくなる。軌道周期が短くなると、それに応じて重力波の周波数は高くなる。

最終的に、ふたつのブラックホールは三五〇キロメートル以内にまで近づき、光速の半分以上の速度で駆けまわるようになる。すると、一瞬のうちに合体して、太陽質量の約六二倍もあるはるかに大質量のブラックホールになった。ここで、小学生でも36＋29＝65だと知っているのだから、残りの太陽三個ぶんの質量はどうなったのか？　エネルギーに変換され（またしても$E=mc^2$）、アインシュタイン波の巨大なバーストとして放出されたのである。

前にも言ったように、時空は極端に硬い。だが太陽三個ぶんの質量に相当するエネルギーを特定の場所にいきなり放り込めば、時空さえも震えださずにいられない。最終的に合体したブラックホールの事象の地平線のすぐ外側、一〇〇〇キロメートルほどの距離で、重力波はほんの一瞬、あらゆる物体を一パーセントも伸び縮みさせる。さほど劇的には聞こえないかもしれないが、これで十分に、ほとんどの分子の精妙な化学結合がめちゃめちゃになる。あなたは生き残れない。一般相対性理論によって殺されるのだ。

もう少し安全な距離から見れば、ふたつのブラックホールの合体は壮観にちがいない。二〇一六年二月十一日の記者会見で、ソーンは映画『インターステラー』のために使われたものと同じ種類の科学的アルゴリズムによるコンピュータ・アニメーションを披露した。アニメーションでは、ふたつのブラックホールは、星々を背景に漆黒の円盤のシルエットとなって見えている。両者が互いのまわりを回っていると、背景の星々の光は、各ブラックホールの事象の地平線の近くで働く強い重力によってあちらこちらへ曲がる。この重力レンズ効果によって、星の像が動いたり揺らめいたりする幻覚のようなパターンが生じるのだ。ふたつのブラックホールがらせんを描きながら近づいて合体すると、ひとつになったブラックホールは、たたかれたゴングのように――ただしはるかに速く――「リングダウン」する。映像の終わりで、静寂と落ち着きが戻る。それから一〇億年以上経って、この破局の生み出した時空の

中程度の質量をもつふたつのブラックホールが衝突・合体しかけている状況のスーパーコンピュータによるシミュレーション。重力波シグナル GW150914 が生じる直前に、近くにいる仮想的な観測者からはこう見えただろう。連星ブラックホールをとりまく渦巻模様は、互いのまわりを回るブラックホールがもたらす大きな時空の湾曲により、背景の星々の光に重力レンズ効果が働いて生じたもの。

さざなみが、ほとんど検知できないほどの振幅ではあるが、地球に届く。

では科学者は、これが実際に起きたとどうしてそんなに確信できるのだろう？　その映像は説得力があるように見えるが、一般相対性理論の方程式にもとづくアニメーションにすぎない。ソーンと仲間の研究者たちには、合体するふたつのブラックホールの質量や合体後の質量がどうしてわかるのか？　それがほかの何かでなくブラックホールの合体だったといったいどうしてわかるのだろう？　ふたつのLIGOの短いチャープだけから、どうやってわかるというのか？

それはある程度、常識と単純な推論による。アインシュタインの理論によれば、コンパクトな連星は、軌道周波数の二倍の周波数をもつ重力波を生み出す。合体の直前、観測された波の周波数はおよそ二〇〇ヘルツだったので、ふたつの物体は互いのまわりを一秒間に一〇〇回ほど回っていたことになる。これだけでも、巨大な質量と密度についてある程度のことを教えてくれる。イベントの持続時間からもわかることがある。質量の小さい物体では、軌道の減衰に時間がかかる。直径の小さい物体では、合体は高い軌道周波数で起きる。さらに、リングダウンの段階におけるアインシュタイン波の周波数は、最終的なブラックホールの質量によって決まる。

もちろん、正確に質量を決定するには、はるかに綿密な解析が必要になる。そして、ここに大きな問題がある。観測された波形（チャープ）をもとに、そのデータからさかのぼって合体の特徴を推定することは事実上不可能なのだ。その代わりに、理論家はあらかじめ計算した何万もの波形と観測結果を照らし合わせ、できるだけよく一致するものを探さなければならない。

指紋でも同じことが言える。指紋はひとつひとつ異なっているので、刑事が見つけたどの指紋についても、ひとりだけ一致する人間がいる。だが、その指紋だけから、だれのものかを明らかにすることはできない。一致するものを探せるような、何百万、何千万もの指紋を集めたデータベースが必要なのである。

だから理論家は、多種多様な合体イベントで予想される重力波の形状の計算に勤しんできた。事実、考えられるかぎりの合体イベントについて計算されている。（ハルス-テイラーの連星を構成するふたつの天体のような）太陽質量の一・四倍の中性子星同士が衝突したら、どんなアインシュタイン波が出ると考えられるか？　ふたつの中性子星の質量がもっと大きかったら？　片方の質量がもう片方より五〇パーセント大きかったらどうなるだろう？　四〇パーセント、六〇パーセントでは？　片方が中性子星で、もう片方がブラックホールの場合は？　ブラックホールふたつなら？　潮汐変形［訳注：物体に働く重力が物体内の各点で異なる場合、その力の差で物体が歪んだり引き裂かれたりする作用］はどうか？　離心軌道では？

物体の違い、物体の質量や物体同士の質量比の違い、観測方向の違い、回転状態など、ありとあらゆる条件で生じる波形が計算できる。何年もかけて、理論家は数十万通りもの波形からなるライブラリーを作り上げてきた。ＧＷ１５０９１４の特徴的なチャープに一番よく一致するのは、太陽の三六倍と二九倍の質量をもつ二個のブラックホールで予測された波形だった。したがってＬＩＧＯの「刑事」によれば、「指紋」が一致するので、この合体イベントが「犯人」にちがいないということになる。黒魔術のように思えるかもしれないが、真面目な科学なのだ。

確かに、これは決して簡単な計算ではない。一般相対性理論の数学はとても複雑だ。だから、アインシュタインがアイデアを体系化するのにかなり時間がかかったのである。たとえば、ブラックホールは周囲の時空を歪ませる。時空の湾曲は、なんらかの量のエネルギーを意味している。アインシュタインによれば、エネルギーは質量と等価だ。すると、湾曲のエネルギーがさらなる湾曲を生み出す。この一般相対性理論が示すいわゆる非線形の挙動のために、あらゆる計算が非常に難しくなり、時間のかかるものとなる。

もうひとつ厄介なのは、座標系の概念だ。アイザック・ニュートンの万有引力理論では、どんな事象も絶対的な空間と絶対的な時間において記述できる。空間も時間も、計算の際に不変の座標系となるのだ。ところがアインシュタインの一般相対性理論では、何も絶対的なものはない。あなたの座標系（時空）自体が、記述しようとする事象そのものの影響を受けるのだ。ブラックホールの場合、その強大な重力によって、時空さえも大きく歪み、引き寄せられ、呑み込まれる。座標系が引き裂かれたら、物体の位置を算出することがどれほど難しくなるか、あなたにもきっと想像がつくにちがいない。

したがって、コンパクトな連星が合体した場合に予想される波形を計算することは難しい。最も単純なレベルのものでも、封筒の裏ではもちろん、電卓でもできはしない。一九七〇年代になってようやく、数理物理学者が初めて計算に成功した。現在では、大半の計算上の障害については対処が済んでいる。それでも、妥当な時間で計算を終えるには、スーパーコンピュータのすさまじい処理能力が必要になる。だから、数十万通りの波形のライブラリーを作るのは、かなりの大仕事なのだ。

また、もちろんアインシュタイン波のライブラリーには、コンパクトな連星の合体以外のイベントによる波形も収められている。非対称な超新星爆発では、まったく異なる波形が生じる。表面に小さなこぶがあって高速で自転している中性子星でもそうだ。中性子星はその密度の高さゆえ、自然界で最も完璧な球体と考えられているが、たった一ミリメートルの高さの「山」でさえ、観測可能な重力波を生み出すことがある。どの場合でも、具体的な状況に応じて、波形は大きく変わりうる。

ともあれ、観測された波形と理論的な予測がよく一致している事実を考えると、ＧＷ１５０９１４が太陽の三六倍と二九倍の質量をもつ二個のブラックホールの合体によって生み出されたことは、だれも疑っていない。そして一般相対性理論から、発生するアインシュタイン波の最初の振幅がわかるので、衝突が起きた地点までの距離はかなり簡単に計算できる。観測された振幅から逆算するだけでいいのだ。

同様に、第二の検出イベント（ＧＷ１５１２２６）は、太陽の一四・二倍と七・五倍の質量をもつ二個のブラックホールの合体での予測と一致した。この合体は、もう少し遠い一四億光年先で起きた。理由は明らかだが、このイベントの分析は、二〇一六年二月十一日までは開始されなかった。ＬＩＧＯとＶｉｒｇｏの科学者は最初の一大発表の準備に忙殺されていたのだ。ガブリエラ・ゴンサレスとフルヴィオ・リッチとデイヴィッド・ライツィは、ＧＷ１５１２２６の分析結果を、六月十五日にカリフォルニア州サンディエゴで開かれた第二二八回アメリカ天文学会会合の記者会見で発表した。

合体に関与する質量が前より小さかったため、第二のイベントにおける軌道の減衰段階は、より遅いペースで進行した。観測されたチャープの持続時間は、ＧＷ１５０９１４では〇・二秒だったが、今回はまる一秒を上回った。観測された波のサイクル（周期）の数もそれに応じて増し、最初のイベントでは一〇サイクル（軌道五周に相当）だったのに対し、五四サイクル（軌道二七周）となった。そしてやはり、最終的なブラックホールの質量は、元の二個の和より小さく、太陽質量の二〇・八倍だった。したがって、今回は太陽〇・九個ぶんの質量に相当するエネルギーが重力波に変換されたのである。

二〇一五年十月十二日の第三の検出シグナルについてはどうか？　研究チームによれば、太陽質量の二三倍と一三倍の二個のブラックホールが、地球から三〇億光年以上の距離で合体して生じたのかもしれないという。しかし、検出の統計的有意性は、ほかの二回に比べてはるかに低かった。検出器のバックグラウンドノイズに見られる一般的なゆらぎを考えると、このイベントが本物の重力波ではない可能性が一パーセントあると推定されている。それだけの理由で、これには正式な「GW」の名称が与えられていない。その代わりに、現在は正式にLVT151012と呼ばれている。「LVT」は、LIGO-Virgoトリガー(Trigger)の略だ。だからといって、共同研究の大半のメンバーがこれを本物の検出と見なしていないというわけではない。信頼性のレベルが「たった」九九パーセントであっても。

このように、LIGOが早々に検出した波形はすべて、ブラックホールの合体を示している。一部の科学者によれば、重力波が観測できたことは、ブラックホールの存在を初めて直接証明したことにさえなるという。事実、ブラックホールは、その名のとおりいかなる光も(電磁放射も)発しないので、直接観測することができない。もちろん、時空の生地に生じるわずかな振動を「感じられる」のでなければ、だ。ブラックホールが外の宇宙と直接やりとりする唯一の手段は、重力なのである。ブラックホールが唯一話せる言語は、重力波という言語なのだから。ブラックホールの存在を示すほかの既存の証拠はすべて、状況証拠で間接的なものにすぎない。

＊＊＊

ブラックホールという概念は、実はアインシュタインの一般相対性理論よりもはるかに古い。一七八三年、イギリスの聖職者で地質学者でもあったジョン・ミッチェルが、初めてこの概念を思いついた。アイザック・ニュートンの没後半世紀が過ぎたばかりのころだ。万有引力理論は広く知れわたり、しっかり確立していた。ミッチェルは、どんな天体にも脱出速度——その天体の重力のくびきから完全に逃れるために必要な速度——というものがあることを知っていた。たとえば、地球からの脱出速度は秒速一一・二キロメートルであり、太陽からの脱出速度は秒速六一七・五キロメートルだ。

太陽の質量がもっと大きかったらどうなるだろう、とミッチェルは考えた。当然、脱出速度はさらに速くなるはずだ。ある星が十分に大きくて重ければ、脱出速度は秒速三〇万キロメートルにまでなるのではないか。これは光速だ。そして、星から光が脱出できないとどうなるか？

『ロンドン王立協会哲学紀要』に掲載された論文で、ミッチェルは答えを提示した。「もし自然界に、密度が太陽ほどもあり、直径が太陽の五〇〇倍を超える物体が実在すれば、その物体の発する光はわれわれのもとへ到達できないから……［そうした］物体の存在について……視覚による情報は得られないだろう」要するに、光が物体の重力から脱出できなければ、その物体はわれわれには見えないのだ。しかし、ミッチェルはそうした物体を「ブラックホール」とは呼ばず、「ダークスター（暗い星）」と呼んでいた。

当然だが、ミッチェルのダークスターは曲がった時空とは関係がない——その概念は、一七八三年当時には存在していなかったのだ。また、一八世紀の科学者はまだ、光速が自然界で可能な最大の速度であることを知らなかった。そのため、ミッチェルが想定したダークスターは、ブラックホールのように何も脱出できない物体とは考えられていなかった。光はダークスターから脱出できなくても、宇宙船なら脱出できるかもしれなかった。エンジンを十分に長く動かすだけで（ただし、もちろん一七八三年には宇宙船はなかったが）。

現在のブラックホールの概念は、一九一六年の初めにさかのぼる。アルベルト・アインシュタインが一般相対性理論を初めて提示してわずか数か月後のことだ。アインシュタインの場の方程式を覚えているだろうか（ライデンのブールハーフェ博物館の東側の外壁に刻まれている）。これにより、重力が非常に強いために、時空を曲げていわばそれ自身に呑み込ませるような空間領域が、存在可能になる。場の方程式に対するその解は、ふたりの明敏な科学者がそれぞれ独立に発見した。ひとりは、四二歳のドイツの物理学者で、天文学者でもあったカール・シュヴァルツシルトだ。もうひとりは、オランダの数理物理学者ヨハネス・ドロステで、当時ヘンドリック・ローレンツの指導を受ける二九歳の大学院生だった。

一九一四年に第一次世界大戦が始まると、シュヴァルツシルトはドイツ軍に入隊した。一九一五年から一九一六年にまたがる冬に、東部戦線でロシア兵と戦い、また皮膚に水疱《すいほう》ができる希少疾患とも戦い、この病気がもとで一九一六年の五月に亡くなったようだ。そのあいだに、時間を見つけて集中し、科学論文を三本書いた。そのひとつが、現在ブラックホールと呼ばれているものをテーマにしていた。シュヴァルツシルトは、自分の発見についてベルリンのアインシュタインと手紙のやりとりもした。ドロステの解法もアインシュタインが大いに称賛し、より鮮やかなものだったが、一九一七年まで公表されなかった。

ともあれ、十分に強い点状の重力場は、いくつか奇妙な特性を示すことが明らかとなった。第一に、特定の距離（今ではシュヴァルツシルト半径と呼ばれている）より内側では、時空があまりにも強く湾曲するため、あらゆる運動は、どの方向へ向かったとしても、出発点よりも中心へ近づくことになる。言い換えれば、シュヴァルツシルト半径の内側の領域からは、素粒子であれ、宇宙船であれ、光線であれ、いっさい脱出できないということだ。第二に、シュヴァルツシルト半径における重力赤方偏移は途方もなく大きい。じっさい大きすぎて、時間の進みが顕著に遅くなるどころか――少なくとも外部の観測者から見て――完全に止まってしまう。第三に、シュヴァルツシルト半径（事象の地平線とも呼ばれる）を越えた物質はすべて、ゼロ次元の数学的な点で無限大の密度をもつど真ん中に行き着く。少なくとも、方程式はそう言っているように見える。きっと、ブラックホールのなかで起きていることについて、われわれの理解がひどく不十分であることを示しているにちがいない。

アインシュタインも含め、ほとんどの物理学者が「シュヴァルツシルト計量」（シュヴァルツシルト解）を一般相対性理論における奇妙な数学の気まぐれと考えたことは、さほど不思議ではない。そんなに奇妙なことは、われわれの物理的現実ではとうていありえないのではないか？　なにしろ、「一般相対性理論で許される」というのは、「自然界に存在する」こととと必ずしも同じではないのだ。

ところが一九三四年、第6章で述べたとおり、ヴァルター・バーデとフリッツ・ツヴィッキーが中性子星の存在を予測した。中性子星は、大質量星のコアが生涯の最期に破局的な超新星爆発を起こし、つぶれたものだ。これが、中性子（電荷をもたない核子）が密に詰め込まれてできていることを思い出してほしい。実のところ、中性子星はひとつの都市の大きさをもつ原子核と言い表すことができ、確かに原子核と同じ途方もない密度をもっているのだ。

バーデとツヴィッキーの予測から五年後、理論物理学者のロバート・オッペンハイマー――のちに「原子爆弾の父」として知られるようになる――が、中性子星は質量が大きくなりすぎると重力にもちこたえられない、と主張した。太陽のおよそ三倍の質量をもつ中性子星は、さらにつぶれる。それを阻む物理法則は知られていない。それどころか、理論家に言えるかぎり、重力崩壊は決して止まらない。オッペンハイマーと同僚のハーラン・スナイダーの計算によれば、物質はひたすら圧縮されてどんどん高い密度になり、最終的に、重力が途方もなく強くて何も脱出できない空間領域となる。

だがこれは、まさにシュヴァルツシルトとドロステが一九一六年に述べていたことだ。無限大の密度、時空の極端なまでの湾曲、光の閉じ込め、時間が止まるように見える帰還不能の「面」。オッペンハイマーとスナイダーは、そうした物体を「フローズンスター（凍った星）」と呼んだ。「ブラックホール」という言葉は、一九六〇年代まで使われていなかった。その言葉は、一九六四年にアメリカの記者アン・ユーイングが書いた新聞記事に初めて登場し、一九六七年にジョン・アーチボルド・ホイーラーが再び使った。シュヴァルツシルトとドロステが解を発表した半世紀後のことだ。

そのころまでには、宇宙物理学者はもはやブラックホールを無視できなくなっていた。大質量星のコアが（その星が超新星になったあとに）つぶれて中性子星になるとしたら、超大質量星のコアはつぶれてブラックホールになる。そんな単純な話だった。それでも多くの人は、まだこの謎めいた物体の存在について懐疑的だった。ちょっと奇想天外すぎるように思えたのだ。それに、光がブラックホールから脱出できないのなら、その存在を観測で証明する手だてがないではないか。

さらに半世紀が経ち、状況は大きく変わった。過去数十年間で、天文学者はブラックホールの存在を間接的に示す証拠をたくさん見つけた。ブラックホールそのものは、当然ながら確かに見えない。だが、ブラックホールが周囲に及ぼす影響なら観測できる。これはちょっと透明人間に似ている。透明人間は見えないが、庭に足跡を残し、ベッドに座ればシーツにしわが寄るだろう。

ブラックホールの存在がうかがい知れそうな手だてがひとつある。ふたつの大質量星からなる連星系を考えよう。第5章で見たとおり、重い星のほうが速く進化する。超新星になり、コアがつぶれてブラックホールになる。その後、もう一方の星が膨張しだして巨星になる。すると周回するブラックホールが、膨張した星の外層のガスを吸い込む。ガスは、ブラックホールへ落ち込む前に、周囲に降り積もって回転する薄い円盤になる。この降着円盤と呼ばれるものが、ものすごく高温になり、X線を出しはじめる。

これをまさに科学者が一九七一年に発見した。はくちょう座にある強いX線源――はくちょう座X-1――が、超巨星と一致することがわかったのだ。ドップラー効果を計測すると、この超巨星は太陽の一〇倍以上の質量をもつ物体のまわりを五・六日の周期で回っていることが明らかになった。この大質量の伴星は、通常の恒星ではありえない。通常の恒星なら望遠鏡で見えるはずだ。中性子星でもない。中性子星の質量は、太陽の三倍程度を超えないからだ。さらに、観測されたX線から、この大質量の伴星はどういうわけかガスを数百万度にまで熱していることもわかった。これを説明するものとして唯一考えられるのは、超高温の降着円盤に囲まれたブラックホールなのである。

多くのX線連星は、ブラックホールを隠しもっていると今では考えられている。これは、恒星が爆発したあとに残されるものなので、恒星質量ブラックホール、あるいは縮めて恒星ブラックホールと呼ばれる。さらに、天文学者ははるかに大きなブラックホールを銀河の中心核に見つけている。そんな超大質量ブラックホールは、太陽の数百万倍から数百億倍の質量をもつ。ほとんどの場合、こうしたブラックホールは、おびただしい量の高エネルギー放射を発することで存在を明らかにしている。また、荷電粒子の強力なジェットも爆発的に宇宙へ放出している。このような「活動」銀河の中心核を、クエーサーという。そのエネルギー放射の源は、ブラックホールの降着円盤だ。ジェットはおそらく強力な磁場によって生じているのだろうが、磁場の源はまだかなり謎のままである。

超大質量ブラックホールも、銀河の中心核での星々の運動に与える影響によって、存在がうかがい知れる。銀河の内奥にある星々の速度分布が、中心に超大質量で超コンパクトな物体があることを示す場合があるのだ。一九八四年には、M32（アンドロメダ銀河のそばにある小銀河）の中心部について速度の測定をした結果、超大質量ブラックホールが初めて発見された。われわれの天の川銀河でも、天文学者は、星々が太陽のおよそ四〇〇万倍の質量をもつ見えない物体のまわりを回る様子を観測している。その物体は超大質量ブラックホールとしか考えられない。ほかに説明できそうなものがないのだ。

状況証拠がどんどん積み上げられたおかげで、ブラックホールは臆測やSFという暗い小屋から徐々に出て、すでにれっきとした宇宙物理学の現実という宮殿に入っている。それでも、ふたつのブラックホールの衝突による重力波の検出は、ブラックホールの存在の喜ばしい裏づけとなった。ここに至って初めて、ブラックホール——あるいはダークスター、シュヴァルツシルト計量、フローズンスターなど、ほかにどんな名前で呼ぼうとも——がわれわれの宇宙の要素だという、自然からの明確なメッセージが得られたのである。

それは強力なメッセージでもあった。GW150914を生み出した合体イベントでは、太陽三個ぶんもの質量に相当するエネルギーが、ほんの一瞬のうちにアインシュタイン波の形で放出された。事実、ブラックホール同士の衝突は、これまで宇宙で観測されたなかで最大級のイベントなのである。

天文学的に大きな数をさらに挙げて驚かす前に、まず、しばしあなたを悩ませていたかもしれない疑問に答える必要がある。ブラックホールがそこから何も脱出できない時空の領域なら、どうして質量を失えるのか？　もとは、ふたつのブラックホールの質量は太陽の三六倍と二九倍だった。ところが合体のあとには、太陽の六二倍の質量をもつブラックホールが残った。太陽三個ぶんの質量は、どうやってふたつのブラックホールの重力のくびきから逃れたのだろう？

率直な答えは、そんなことは起こらなかったというものだ。ブラックホールの合体では、手品のように物質を吐き出してはいない。それどころか、そもそもブラックホールに物質が含まれていると言うのは、ちょっと語弊がある。ブラックホールがどのようにしてできるにせよ、なかに入った物質は、無限大の密度をもつ中央の無次元の点——物理学者がブラックホールの「特異点」と呼ぶもの——でつぶれてなくなる。物理的に残るのは、時空の大きな湾曲だ。天文学者がブラックホールの質量について語る場合、物質の量ではなく、時空の湾曲の量を指している。それが、どんなブラックホールでも観測できる数少ない特性のひとつなのだ。

したがって、一三億年前に名もない遠くの銀河で起こったのはこういうことだ。それぞれ固有の湾曲の量をもつ時空のふたつの「渦」が、激しい時空の「嵐」に取り込まれ、そこで合体してひとつの大きな「竜巻」となった。合わせて得られる湾曲の大半（ほぼ九五パーセント）は、合体してひとつになるブラックホールを作るのに使われた。そして五パーセント弱（太陽三個ぶんの質量にあたる）が重力波に変換されたのである。

太陽三個ぶんの質量（6×10^{30}キログラム）と光速の二乗（$9\times10^{16}\mathrm{m}^2/\mathrm{s}^2$）をアインシュタインの有名な方程式$E=mc^2$に代入すると、$5.4\times10^{47}$ジュールという量のエネルギーが得られる。これは、太陽が一日に放出するエネルギーの一京六〇〇〇兆倍だ。この想像を絶するほど大きなエネルギーが、一、五ミリ秒ほどのあいだに放出されたのだから、ピークのエネルギー出力は3.6×10^{49}ワットという途方もない量に達していた。観測可能な宇宙にあるすべての星や銀河からの放射を合わせた量の数十倍にあたる。

ハノーファーにあるアルベルト・アインシュタイン研究所の所長ブルース・アレンが、GW150914検出の興奮を、息子のマーティン（当時一二歳）とダニエル（当時一五歳）に伝えようとしたとき、初め息子たちはたいして心を奪われなかった。そこでアレンは、ささっと簡単な計算をして、このイベントのエネルギー出力を、映画『スター・ウォーズ』に登場する銀河帝国の「最終兵器」デス・スターの破滅的なパワーと比べてみせた。「このブラックホールの衝突に比べたら、デス・スターなんて子どものおもちゃみたいなものだよ」アレンは息子たちに話した。「この合体で放出されたエネルギーの量は、天の川銀河と同じサイズの銀河一〇〇個に含まれる、全部の太陽系の全部の惑星をすっかり蒸発させてもありあまるほどなんだ」それでようやく息子たちは言った。「わあ、すごい」

もうひとつここで大事な点は、ふたつのブラックホールの衝突と合体が、なんとも極端な重力のかかわるイベントだということである。第3章で、アルベルト・アインシュタインの一般相対性理論による予測を検証すべく、物理学者がありとあらゆる実験をおこなっているさまを見た。だが、相対論的効果は、非常に強い重力場（あるいは光速に近い速度）において初めて重要となる。もちろん、原子時計を飛行機にのせて地球を回ったり、地球軌道上でジャイロスコープのずれを測ったり、宇宙探査機が太陽の背後に隠れるときに探査機からの無線シグナルの遅延時間を計ったりしても、それはわかる。しかし、これは皆弱い重力での実験だ。少なくとも一般相対性理論にかんするかぎり、中性子星の連星さえも「弱い場の環境」なのである。

一方、ブラックホールの事象の地平線で起こる現象を観測するのは、まったく別の話になる。この場合、アインシュタインの理論を強い場の環境で検証できる。そして、まさにここで、物理学者は一般相対性理論による予測からのずれが生じうると考えている。これこそ、彼らが重力波天文学の可能性に胸を躍らせるひとつの理由なのである。ブラックホールの衝突で生じる時空のさざなみは、宇宙でも有数の極端な環境に対し、貴重な探査手段を与えてくれる。だからここで、検証をおこないたい、アインシユタインを審理にかけたい、と考えられているのだ。

前にも話したが、物理学者は、一般相対性理論で重力に決着がつくわけではなさそうだと考えている。一般相対性理論は、量子力学――二〇世紀の物理学におけるもうひとつの大きな柱――と矛盾している。重力にかんするわれわれの記述を、自然界に存在するほかの力についてーーまたわれわれの知るすべての粒子についても――とてもうまく説明する記述と矛盾しないようにするには、両者の理論の少なくとも片方を、どうにかして相手に適合させなければならない。長く探し求められている「万物の理論」に至る正しい道はわからないが、ブラックホールの縁《へり》の近くに、役に立つ道しるべがあるかもしれない。ブラックホールの衝突によるアインシュタイン波を調べると、この道しるべが明らかになり、物理学者は自然の最も基本的な特性の理解をいっそう深められるようになる可能性がある。

ところで、ブラックホールのすぐそばでの一般相対性理論が研究できそうな、もうひとつの方法がある。オランダのナイメーヘンにあるラドバウド大学のハイノ・ファルケ、米国マサチューセッツ州ケンブリッジにあるMITのシェップ・ドールマンなどの電波天文学者は、世界の各大陸の大型ミリ波電波望遠鏡をネットワークでつないでいる。そうすることで、彼らが「事象の地平線望遠鏡」と呼ぶものを作ろうとしているのだ。「事象の地平線望遠鏡」は、天文観測において史上最もシャープな視野をもつものとなる。計画では、この望遠鏡を天の川銀河の中心にある超大質量ブラックホールに向けることになっている。二万七〇〇〇光年の距離があっても、星々や輝くガス雲からなる明るい背景に対し、ブラックホールの事象の地平線がシルエットとして見えるはずだ。その眺めは、キップ・ソーンがLIGOの記者会見で見せた動画にあった漆黒の円盤に多少なりとも似ているだろう。この画像におけるブラックホールの厳密な外見を、一般相対性理論による予測と比較する。そうして生じうるずれが、新たな物理学への道を示してくれるのではなかろうか。

＊＊＊

新たな物理学は、まだ未来の夢かもしれない。だが、重力波の初めての検出が、すでに新たな宇宙物理学をもたらしている。じっさい、二〇一六年二月十一日に公表されたGW150914にかんする論文のひとつは、その発見がもつ宇宙物理学的な意味のみを扱っていた。驚いたことに、このまさに最初のイベントが、大質量星の進化に対する新しい重要な知見をすでに与えてくれていたのである。

アドバンストLIGO（aLIGO）が稼働する前、共同研究の多くのメンバーは、その干渉計で主に中性子星の衝突が見つかるだろうと予想していた。それどころか、どこまでの距離の中性子星の合体を検出できるかが、干渉計の感度を定量化する一般的な指標となっていた。たとえばイニシャルLIGO（iLIGO）とイニシャルVirgoでは、この「リーチ」（検出可能距離）は五〇〇〇万光年から六五〇〇万光年のあいだであり、aLIGOの第一次観測運用――最終的な設計感度の三分の一で稼働していた――では、もう二億光年に達していた。

確かに、宇宙物理学者はブラックホールの衝突が起きることも期待していた。互いのまわりを回るふたつの中性子星が軌道を減衰させて近づくのなら、互いのまわりを回るふたつのブラックホールもそうなるだろう。そして当然、ブラックホール同士の衝突は、はるかに遠い距離でも検出できるはずだ。だからより大きな質量が関与するので、結果的に生じるアインシュタイン波の振幅もずっと大きくなる。

GW150914は、一三億光年も離れていながら、地球で検出できたのである。

だが、連星ブラックホールが宇宙にいくつあるのかはだれにもわからなかった。それまで、ただのひとつも発見されていなかったのだ。だから、衝突と合体がどのぐらいの頻度で起こると期待できるのかも、だれにもわからなかった。その頻度の推定値には何桁もの幅があった。一方、中性子星の連星は、天の川銀河のなかですでに見つかっている。ハルス－テイラーの連星が最初だ。統計学と若干の科学的推論を組み合わせれば、LIGOなどの干渉計で検出できそうな衝突イベントの数をかなりおおざっぱに見積もるのは、さほど難しくはなかった。iLIGOでは、この見積もりは一〇年に一回ほどだった。aLIGOでは、年に数回だ（感度が三倍に向上して、「リーチ」が三倍になり、六五〇〇万光年から二億光年になったことを思い出してほしい。だがこれは、空間の体積では二七倍に相当するので、期待される検出頻度も二七倍になる）。

このため中性子星の合体については、科学者は期待される検出頻度を多少は知っていた。主にそんな理由で、そのイベントが先進型の検出器で最初に見つかるだろうと考えられたようだ。天文学の背景知識が十分にない物理学者は、二〇一五年の検出イベントがどれも実はブラックホールの衝突だったことに驚いた。ところがカルテクのスタン・ホイットカムなどは、ブラックホールの合体がLIGOの検出イベントの主体になるとずっと思っていた。ホイットカムの理屈は、ブラックホールの合体ははるかに頻度が少ないだろうが、はるかに遠くのものでも「見る」ことができる、というものだ。またキップ・ソーンは、一九九四年の著書『ブラックホールと時空の歪み』で、不気味なほど二〇一五年九月に起きたことを思わせる「未来の」シナリオさえ描いていた。

波形の詳細から、コンピュータは軌道の減衰と合体とリングダウンの過程のみならず、合体前と合体後のブラックホールの質量と自転速度も導き出す。合体前のブラックホールは、どちらも太陽質量の二五倍で、ゆっくり自転していた。合体後のブラックホールは、太陽質量の四六倍で、自転速度は最大許容値の九七パーセントに達している。太陽四個ぶんの質量に相当するエネルギー（2×25−46＝4）は、時空の湾曲のさざなみに変換され、その波に運び去られた。

かなり近い！

ちなみにGW150914の場合、個々のブラックホールの自転速度についてはほとんど情報が得られていない。それでも、合体後の太陽質量の六二倍のブラックホールが、最大許容値の六七パーセントの速度で自転していることがデータから明らかになっている。GW151226の場合は、合体前のふたつのうち少なくとも片方が最大自転速度の二〇パーセント以上で自転しており、合体後の太陽質量の二一倍のブラックホールは最大許容値の七四パーセントの速度で自転していることがわかった（ブラックホールには表面がないので、自転速度を一秒間の回転数で表したり、キロメートル毎秒で求めたりしても意味がない。ブラックホールの最大許容自転速度――いや、もっと厳密に言えば最大許容角運動量――は、事象の地平線のすぐ外側で物体が光速で回転するときの値である）。

先見性のある「予言」をしていたことを考えれば、ソーンは太陽質量の三六倍と二九倍のブラックホールの発見にさほど驚かなかったかもしれない。だが、多くの天文学者は驚いた。ブラックホールの合体と、このふたつぐらい質量の大きなブラックホールの存在とでは、まるで話が違っていた。確かに、銀河の中心にあるブラックホールははるかに大質量だが、形成の過程がまったく違う（詳しくは第13章）。一方で連星系のブラックホールは、前に述べたとおり恒星質量ブラックホールと呼ばれるもので、大質量星の進化の最終産物だ。そして、それほどの重量級を生み出す手だてを考えられる宇宙物理学者はほとんどいなかった。

あなたは単純に、極端に質量が大きい星から始まれば、自然にかなり大質量のブラックホールができると思うかもしれない。だが、それには但し書きがふたつほどある。まず第一に、好きなだけ大きな質量の星を作ることはできない。巨大なガス雲が自重によって収縮すると、高温になって放射を始め、それ以上のガスが、できかけの星に降り積もれなくなる。ガス雲のなかに重い元素がわずかに存在することは、この効果を増すばかりだ。そのため星は、通常は太陽質量の一〇〇倍をはるかに超える質量にまで大きくはなれない。

それで十分に太陽質量の三六倍のブラックホールができるのではないか？　実は、そうでもない。極端に重い星は、その短い生涯のあいだに、強い恒星風によって外層の大半を宇宙へ飛ばして失ってしまう。そしてまた、この星に水素やヘリウムよりも重い元素が少量含まれていると、恒星風はさらに強くなる。そのため太陽質量の一〇〇倍の星は、短い生涯の最期には、質量の半分以上を失っていても不思議はない。残ったうちのかなりの部分は、最後の超新星爆発で放出される。最後に残ってブラックホールになる恒星のコアは、太陽質量の一〇〜一五倍にすぎないと考えられる。

これであなたにも、天文学者がなぜＬＩＧＯの最初の検出イベントにこれほど興奮したのかがわかるだろう。それは、ブラックホールの存在を初めて直接示す証拠だった。それはまた、連星ブラックホールが実在することも明らかにした。そして第三に、太陽質量の約一〇倍という一般に認められていた限界をはるかに超える質量の恒星ブラックホールを、自然が作り出せることも示してみせたのである。

ラドバウド大学のハイス・ネレマンスは、『アストロフィジカル・ジャーナル・レターズ』に掲載されたＧＷ１５０９１４にかんする宇宙物理学論文のまとめ役二名のうちのひとりだった（ネレマンスは、アルベルト・アインシュタインと同世代でオランダの宇宙物理学の創始者として知られるアントン・パネクーク――アムステルダム大学の天文学研究所には彼の名前がついている――の孫だ）。ネレマンスによれば、GW150914は自然からの気前のよい贈り物だった。これは史上初めて検出されたアインシュタイン波であるだけでなく、大質量星の誕生と進化について新たに重要な情報をもたらしてくれたのである。

ネレマンスと共同執筆者らは、合体するブラックホールの前身の恒星には、重い元素がごくわずかしか含まれていなかったにちがいないと考えている。そうであれば、恒星風による質量の減少は抑えられたはずだ。また、それらの恒星が、水素とヘリウムより重い元素が無視できるほど少ないかなり「純粋な」星間ガス雲から生じたとすれば、まさに重量級の恒星として出発したのではなかろうか。一般に受け入れられている宇宙物理学の知識をわずかに調整すると、太陽質量の数十倍のブラックホールの形成を説明できるかもしれない。

連星ブラックホールの厳密な形成プロセスなど、多くの謎が現時点でまだ解き明かされていない。もともと極端に質量の大きな星のペアだったのか？　それとも、ふたつのブラックホールは、形成されたずっとあとに互いにパートナーになったのか？　一部の説によれば、太陽質量の数十倍のブラックホールは、宇宙の最初期にまでさかのぼって存在していたという。どの形成のシナリオが正しいのであれ、恒星ブラックホールの合体がさらに見つかれば、宇宙にある超大質量星の誕生と進化と死に新たな光を投げかけることは間違いない。そのうえ天文学者は、一般にブラックホールの性質についても、もっと多くのことがわかることを期待している。

では、遠くの銀河の中心にある超大質量ブラックホールについてはどうだろう？　そうした宇宙の怪物について、重力波は何を教えてくれるのか？　かなりたくさんあるとわかっている。だが、ＬＩＧＯやＶｉｒｇｏのようなレーザー干渉計によって知るのではない。宇宙そのものを検出器として利用する必要がある。ここでパルサーの話に戻ろう。

第13章　ナノサイエンス

パークスは、オーストラリアのシドニーから西へ五時間ほど行った、のどかなニューサウスウェールズ州にある小さな町だ。一八五三年に誕生したこの町の名は、オーストラリア連邦の父のひとりとも言われるヘンリー・パークスにちなんでいる。町のこぢんまりした中心から、車でさらに二〇分行くと「ディッシュ」がある。町からニューウェル・ハイウェイで北へ向かい、テレスコープ・ロード（望遠鏡道路）で右折する。数分で巨大な電波望遠鏡に着く。

ディッシュ――口径六四メートルのパークス電波望遠鏡の非公式な呼び名――の建造は、一九六一年に完了した。当時、電波天文学はまだ揺籃期にあった。だが、天空からの電波の研究のほかに、この施設は宇宙機の追跡にも役立っていた。一九六〇年代には、NASAの惑星探査機マリナー2号とマリナー4号の通信を受信していた。そして一九六九年七月には、アポロ11号の歴史的な月面着陸のテレビ用ライブ映像の受信に利用されたのだ（だが注意してもらいたい。オーストラリアのロブ・シッチ監督による二〇〇〇年の映画『月のひつじ（原題 The Dish）』は、大いに脚色したコメディーであり、ドキュメンタリーではない）。

「ディッシュ」は、オーストラリアのニューサウスウェールズ州パークスにある 64 メートル電波望遠鏡のニックネーム。この望遠鏡はパルサーの天文学に重要な貢献をしてきた。

天文学者には、パークス天文台は主にパルサーの研究で知られている。天の川銀河で知られているパルサーのほぼ半数は、この望遠鏡で発見されたものだ。確かにこれは、今日の基準からすれば旧式な施設だが、パルサーは今でもほぼ毎日観測されている。研究の目標のひとつは、パルサーのタイミング計測によって重力波を検出することである。

第6章で説明したとおり、パルサーは高速で回転する中性子星であり、それがたまたま宇宙で都合のいい（われわれにとって都合がいいということ）方向を向いている。軸を中心に自転する際、その灯台の光の一本が、一回転ごとに一度地球を通過する。その結果、電波の短いパルスがきわめて規則的な間隔でずっと続く。なかには、原子時計より正確に時を刻むパルサーもある。

この途方もない規則正しさのおかげで、パルスの到着時間を計測すると、パルサーの運動にかんするあらゆる情報が得られる。これは、ジョー・テイラーとジョエル・ワイスバーグが最初の連星パルサーPSR B1913＋16 のゆっくりした軌道減衰を発見したときのやり方だ。あなたも覚えているだろうが、これは重力波の存在を間接的に示す初めての説得力のある証拠だった。

だが、パルサーによってとらえがたい時空のさざなみの存在を明かす、もっと直接的な方法が別にある。重力波が、空間そのものの伸縮を繰り返しながら宇宙を進んでいるとしよう。波長が十分に長い――つまり、伸縮がとてもゆっくり起こる――としたら、遠くのパルサーのパルスの到着時間に与える影響が検出できるはずだ。理由は次のとおり。地球とパルサーのあいだの空間がわずかに伸びると、パルスが電波望遠鏡に到達するまでの時間が少し長くなる。逆に空間がわずかに縮むと、パルスの到着は少し早くなるのだ。

当然だが、ＧＷ１５０９１４のような短時間のイベントは、この方法では観測できない。一個のパルスにはほとんど影響を及ぼさないだろうからだ。しかし、ゆっくりと続く時空のうねり――数百ヘルツではなく、その約一〇〇〇億倍も遅い数ナノヘルツの周波数をもつ波――なら観測できるかもしれない。そんなきわめて周波数の低いアインシュタイン波が、実際に存在すると考えられている。遠くの銀河の中心にある超大質量の連星ブラックホールが生み出すはずなのだ。そうしたナノヘルツの波は、レーザー干渉計では検出できない。代わりに、われわれの天の川銀河を検出器として利用する必要がある。パークス天文台の電波天文学者や各国の仲間がこの先思い知ることになるだろうが、大変な辛抱も必要になる。

モスクワ大学シュテルンベルク天文研究所にいたソヴィエトの宇宙物理学者ミハイル・サジンは、一九七八年、ナノヘルツの重力波を直接検出するのにパルサーを使うことを初めて提案した。翌年には『アストロフィジカル・ジャーナル』で、イェール大学の天文学者スティーヴン・デトワイラーも、パルサーのタイミング計測が重力波の探索手段になると述べた。しかしデトワイラーは、この手法が実際に使い物になるためには、観測の精度がはるかに高くならないといけないと結論づけた。

もちろん、パルスの到着時間のわずかな変化を探して低周波のアインシュタイン波を見つけようとするなら、きわめて規則正しいパルサーが必要となる。また、タイミング計測をできるかぎり正確にするには、理想を言えばパルスはとても短いものでなければならない。PSR B1919+21――ジョスリン・ベルが一九六七年に発見した最初のパルサー――のようなパルサーは、あまり役に立たない。このパルサーのパルスは、一個一個の持続時間がおよそ四〇ミリ秒なのだ（イギリスのポストパンクバンド「ジョイ・ディヴィジョン」のファンなら知っているように、波形もかなり不規則だ――一九七九年のデビューアルバム『アンノウン・プレジャーズ』のレコードジャケットは、ベルが発見したパルサーの波形チャートが描かれていることで有名)。

運よく、新たに理想的なタイプのパルサーが、一九八二年に偶然発見された。カリフォルニア大学バークリー校のドン・バッカーとシュリニヴァス・クルカルニは、天の川銀河にある4C21.53という謎めいた電波源を研究していた。かつて天文学者は、この電波源がパルス状に脈動しているとは気づいていなかった。だが、これはとんでもなく速く瞬《またた》いているために、パルスが検出されていなかっただけなのではなかろうか? バッカーとクルカルニは調べてみることにした。すると驚いたことに、4C21.53はなんとパルサーで、一・五五七七ミリ秒という非常に短い自転周期をもつことがわかった。この中性子でできた巨大な球は、太陽より五〇パーセントほど重くて都市ひとつぶんの大きさで、毎秒六四二回も自転していたのである。

バッカーとクルカルニは、最初の「ミリ秒パルサー」を発見したのだ。今では、天空の座標をもとにPSR B1937+21と呼ばれている。これは、ジョスリン・ベルが一五年前に「ジョイ・ディヴィジョンのパルサー」を見つけた場所からさほど離れていないが、地球からの距離ははるかに遠い。

ほどなく、電波天文学者たちはほかにもミリ秒パルサーを見つけた。その大半は連星系を構成する片方である。どうやら、相手の星からのガスがコンパクトな中性子星に降着していたようだった。風車《かざぐるま》が回転方向に息を吹きかけるとどんどん速く回るように、ガスの流入によって中性子星の自転速度が増したのだ。ミリ秒パルサーは非常に速く回転しているので、電波パルスの長さは一秒よりずっと短くなる。しかも、それがきわめて安定していることもわかっている。

とりわけ有名なミリ秒パルサーのひとつが、PSR B1257+12だ。これはおとめ座で、二三〇〇光年ほどの距離にある。一九九〇年、ポーランドの電波天文学者アレクサンデル・ヴォルシュチャンが、ロ径三〇五メートルのアレシボ電波望遠鏡を使って発見した。一九七四年にハルス-テイラーのパルサーを見つけたのと同じ望遠鏡だ。パルスの周波数は一六一ヘルツで、自転周期では六・二二ミリ秒となる。ミリ秒パルサーとしてはとくに速くはない。しかし、ほかの点がヴォルシュチャンの注意を引いた。パルスの周期が完璧に一定ではなかったのである。

一九九二年にヴォルシュチャンは、アメリカの共同研究者デール・フレイルとともに、驚くべき説明を思いついた。ふたつの小さな天体が、六六・五四日と九八・二一日の周期でパルサーのまわりを回っているために、パルサーはわずかに周期的なよろめきを見せているとするものだ。ドップラー効果によって、こうしたわずかな動きがパルスの到着時間のずれとして現れていた。そのタイミング計測から、ヴォルシュチャンとフレイルは、パルサーが引き連れている天体の質量を推定できた。地球の質量の四・三倍と三・九倍だ。史上初めて、天文学者はわれわれの太陽以外の星を周回する惑星を発見したのである。

二年後、データのなかに第三の惑星が発見された。月の質量のわずか二倍で、公転周期は二五・二六日。二〇一五年十二月には、国際天文学連合がこの三惑星を、幽霊やゾンビのような架空の存在にちなみ、ドラウグル、ポルターガイスト、ポベートールと正式に命名した。こうした名前を選んだのは、この三つの小天体が、超新星爆発を起こした星の亡骸《なきがら》のまわりを回っているという事実による。じっさい、これらの惑星はパルサーを生み出した超新星爆発の残骸でできたようだ（多少なりとも太陽に似た星を周回する惑星は、一九九五年になって発見された）。

ここで重要なのは、PSR B1257+12がミリ秒パルサーでなかったら、惑星は発見されていなかっただろうということだ。速い回転、時計仕掛けの正確さ、そしてパルスの持続時間の極端な短さ。これらが、パルスの周波数のわずかな変化を見つけて調べるために必要なタイミング精度を与えてくれたのである。

過去数十年で、天の川銀河にほぼ一五〇個のミリ秒パルサーが見つかっている。その多くは球状星団——数十万の星が巨大な球状に群がったもの——にある。それもそのはず、球状星団で星が密集している中心部では、パルサーが連星系をなし、相手の星によって自転速度が上がる可能性が高くなるからだ。たとえば、大きな球状星団きょしちょう座47には、ミリ秒パルサーが少なくとも二二個ある。テルザン5という別の球状星団には、そんな高速で自転するゾンビ星が三三個もある。

テルザン5のミリ秒パルサーのひとつに、PSR J1748－2446adと呼ばれるものがある。これは、二〇〇五年にカナダ出身のオランダの天文学者ジェイソン・ヘッセルスにより発見された。その自転周期は一・三九六ミリ秒で、これまでのところ最も速い。自転速度で言えば毎秒七一六回で、キッチンのミキサーより速いのだ。パルサーの赤道付近の自転速度は、光速のおよそ二五パーセントになる。

一九八〇年代の終わりまでには、天の川銀河にあって、非常に低い周波数のアインシュタイン波を探るツールとして、ミリ秒パルサーが理想的なものであることが明らかになっていた。これは、LIGOの建設が始まるずっと前のことだ。さらに言えば、パルサーを研究する天文学者のなかには、レーザー干渉計の連中を出し抜いて重力波の最初の直接検出をなし遂げられるのではないかと考える人もいた。

バークリーの電波天文学者ドン・バッカーとロジャー・フォスターは、その手順を一九九〇年、『アストロフィジカル・ジャーナル』の「パルサー・タイミング・アレイなるものの構築」という論文で発表した。計画は、天空に散らばる多くのミリ秒パルサー——これがアレイ（群）——を監視するというものだ。一個のパルサーだけを観測していても、タイミングの変化が本当に重力波によるものだと確実に言えない。しかし、多数のミリ秒パルサーについて、パルスの到着時間を長期間にわたり精密に計測すると、低周波の重力波によるものとしか考えられないわずかなずれを特定できるだけのデータが得られる。タイミング計測を長く続けるほど、検出の可能性は高まるのだ。

この実験のために、バッカーとフォスターは、ウェストヴァージニア州グリーンバンクにある国立電波天文台の四三メートル電波望遠鏡を利用した。そして、三つのミリ秒パルサーで二年ほどデータを集めた。ひとつ目はPSR B1937+21で、バッカーとクルカルニが一九八二年に見つけたまさに最初のミリ秒パルサーだ。ふたつ目はPSR B1821−24で、球状星団M28にある。三つ目はPSR B1620−26で、別の球状星団M4に見つかった（興味深いことに、この三つ目の天体のタイミング計測により、これも惑星を従えていることが明らかになっている）。

三つのパルサーと二年間のデータでは、重力波を検出するには十分でなかった。だが、まだこれは始まりにすぎない。天空全体で少なくとも数十年にわたり、数十個のパルサーについて精密なタイミング計測のデータが集まれば、ナノヘルツの波を暴き出せるはずだ。今こそ仕事にかかるべき時なのである。

＊＊＊

話を進める前に、そうしたナノヘルツの波とその出どころについて、もう少し説明する必要がある。これは実に奇妙な波だ。あなたも覚えているだろうが、どんな波でも周期は周波数の逆数になる。波の周波数が一〇〇ヘルツなら、毎秒一〇〇個の山（と谷）が通り過ぎる。すると、波の周期（連続するふたつの山のあいだの時間）は一〇〇分の一秒になる。周波数が一ヘルツ（一秒に一サイクル）の波なら、もちろん周期は一秒となる。

したがって、周波数一ナノヘルツ（一〇億分の一ヘルツ）の波の周期は一〇億秒だ。これは三〇年を超える！　通り過ぎる重力波の周波数が一ナノヘルツであれば、空間はゆっくり一五年ばかりかけてほんの少し伸びてから、また一五年かけて縮む。その伸び縮みの量、――波の振幅――はとても小さいようで、一〇兆分の一パーセントのオーダーだ。つまり、おそろしく遅々としたペースで繰り広げられる微小な変化を検出しようとしているのである。

ナノヘルツの重力波についてもうひとつ念頭に置くべきことは、これも光速で伝わるという事実だ。波の周期が三〇年なら、波長は三〇光年になる。だから、「遅い」波と言っていても、それは実際の速度のことではなく（実は自然界で許容される最高の速度）、波の存在を感知させるのに長い時間がかかるということなのだ。

宇宙におけるどんな事象が、このような極端に周波数が低い時空のさざなみを生み出すのだろう？本書でこれまでに、中性子星の連星や連星ブラックホールといった互いのまわりを回る天体によって重力波が生じることを見てきた。軌道を一周するごとに二サイクルの波が生じることも覚えているだろうか。ふたつのブラックホールが一秒間に一〇〇回、互いのまわりを回っていると（GW150914のケースでブラックホールが衝突・合体する直前にそうだったように）、それで生じるアインシュタイン波の周波数は二〇〇ヘルツだ。言い換えれば、波の周期は軌道周期の半分になる。

今しがた言ったとおり、周波数一ナノヘルツの重力波の周期は三〇年ほどだ。するとこの重力波は、互いのまわりを六〇年周期で回っている天体によって生み出されるはずである。しかし、ふたつの中性子星やふたつの恒星質量ブラックホールが六〇年周期で互いのまわりを回っていても、検出可能な重力波は生じない。質量や加速度が小さすぎるのだ。GW150914では、ふたつのブラックホールが衝突・合体する直前に波の振幅が劇的に大きくなって初めてＬＩＧＯで観測可能になったことを思い出してもらいたい。

六〇年周期で互いのまわりを回っている二天体が検出可能な強度の重力波を出すには、二天体の質量がとてつもなく大きくなければならない。遠くの銀河の中心部にある超大質量ブラックホールを考えてみよう。それも、ふたつの飢えた黒い怪物が、どちらも太陽の数百万倍の質量をもち、ゆっくりとダンスを踊って、六〇年周期で互いのまわりを回っている。実は、彼らが踊っているのは死のダンスだ。質量が小さい連星ブラックホールの場合と同様、軌道が減衰して互いに近づいていき、遠い将来には衝突・合体する。

この宇宙に超大質量ブラックホールの連星が実際にあるとしたら、当然、数か月から数千年まで、幅広い軌道周期をもちうると考えられる。それに応じて、生じるアインシュタイン波も、一〇分の一ミリヘルツから一〇ピコヘルツあたりまで、幅広い周波数をもちうる。もちろん、数百年に及ぶ周期の重力波を観測するのは難しい。その効果は、人の一生のうちにはほぼ変わらないので、検出できる可能性はほとんどない。おまけに、軌道周期がそこまで長いと、十分な振幅をもつ波が生じるのに、極端に大きな質量のブラックホールが必要となる。それでも、パルサー・タイミング・アレイなら一〜一〇ナノヘルツほどの周波数をもつ波を見つけ出せるはずだ。

では、超大質量ブラックホールの連星は存在するのか？　答えはイエスだ。第12章で見たとおり、ほとんどの銀河の中心には超大質量ブラックホールがある。それはきっと、何十億年も前に銀河そのものと一緒にできたにちがいない。このブラックホールが具体的にどのようにしてできたのかはまだよくわかっていないが、天文学者は一二〇億光年を優に超える距離のクエーサーを発見している。クエーサー

（英語の quasar は、quasi-stellar object［準恒星状天体］の略）は、銀河の明るい活動的な中心核であり、超大質量ブラックホールによって「エネルギーが供給されて」いる。そんな遠くで見えるのだから、それは宇宙がまだ幼かったころにもう存在していたことになる。ひょっとしたら、どの銀河の誕生にも、超大質量ブラックホールの形成が関わっていたのかもしれない。

さて、単独の超大質量ブラックホールが存在するとしたら、連星をなす超大質量ブラックホールもあるにちがいない。銀河はやがて衝突し合体するからだ。宇宙が膨張していても、隣り合う銀河――たとえば大きな銀河団のなかにあるもの――は互いの重力を感じている。それらは次第に近くへ引きつけられ、ついには合体してより大きなひとつの銀河になる。双方の銀河の中心に超大質量ブラックホールがあれば、ブラックホール同士も引きつけ合い、合体した銀河の中心核で超大質量ブラックホールの連星となる。

天文学者は宇宙のあちこちで銀河の合体を目撃している。もちろん、それはあまりにもゆっくり起きているので、リアルタイムで起きている状況が見えるわけではない。むしろ、交通事故の瞬間を撮った写真のように、宇宙での衝突の動画からひとコマの画像だけ見えている。歪んだ渦巻形、ガスや星からなる巨大な尾、再び起きる星の形成活動――考えられるかぎりの銀河の衝突段階が、われわれを取り巻く宇宙で見つかっている。そうした観測結果に詳細なコンピュータ・シミュレーションを組み合わせると、全過程についてかなり立派なイメージが得られる。

実を言うと、われわれの天の川銀河は、一番近くにあるアンドロメダ銀河と衝突必至の状態にある。両者はまだ二五〇万光年離れているが、一秒間に一〇〇キロメートルほどの割合で互いに近づいている。今から数十億年後に、このふたつの壮麗な渦巻銀河は、衝突・合体してばかでかい楕円銀河になるだろう。そして、どちらの銀河の中心にも超大質量ブラックホールがあるので、できた銀河（ミルキーウェイ［天の川］とアンドロメダの合成語でミルコメダという）は中心に超大質量ブラックホールの連星をもつことになる。

超大質量ブラックホールの連星は、間接的にだが、すでに観測までされている。三五億光年ほど離れた遠くのクエーサー状天体の、周期的な光度変化とドップラー効果の測定結果が、その証拠である。詳細な観測データと、裏づけとなるコンピュータ・モデルから、解釈はただひとつに絞られる。ふたつの非常に質量の大きいブラックホールが互いのまわりを回っているというものだ。現時点で、そのブラックホール同士は数兆キロメートル（一光年のうちかなりの割合を占める距離）離れている。今から数万年後には合体すると予想されている。

＊＊＊

したがって、宇宙には超低周波の重力波があふれていると考えられるだろう。それは宇宙のありとあらゆる方向から届いている。周波数はかなり幅広い（だがどれもおおよそナノヘルツの領域だ）。要因となるブラックホールの質量によって、また当然ながら、波が伝わってきた距離に応じて、振幅も大きく異なる。そうした波が渾然一体となり、時空をあちらこちらへゆっくりと、ほんのわずかだが、絶えず伸縮させている。天文学者はこれを背景重力波と呼んでいる。

ここで、わかりやすいたとえを示そう。あなたが、かなり穏やかな海で小さなボートに乗っているとしよう。水面の小さなさざなみを観測するのはそう難しくない。だれかが大きな石をボートのそばに投げ込んだら、あなたはボートがちょっと上下に揺れだすのを感じるだろう。しかし、水面の非常にゆっくりした絶え間ないうねりを検知するのはずっと難しい。波の振幅は大きいかもしれないが、周波数は圧倒的に低いのだ。この「背景波」を計測するにはどうしたらいいだろう？

答えは、実は単純だ。あなたのボートではなく、まわりのボートを「検出器」にするのである。海に浮かんでいるほかのボートも、あなたのボートと同じように小さな速い波を受けてわずかに揺れるが、長時間見ていると、そうした動きは均《なら》されてしまう。ところが低周波の波では、ほかのボートはとてもゆっくり上下に動く。多くのこうしたボートについて長期間の動きを計測すれば、海面にゆっくりしたうねりがあることが明らかになる。それぞれのボートまでの距離がわかっていて、計測結果を十分に集められたら、低周波の波の発生源を別々に見分けることさえできるかもしれない。

これがまさにパルサー・タイミング・アレイの仕組みだ。海面は時空である。まわりのボートは天の川銀河のミリ秒パルサー。もちろんパルサーは上下に動きはしない（前にも言ったとおり、どんなたとえも完璧ではない）。その代わり、低周波の重力波が通ると、地球とパルサーのあいだの空間が伸びて縮むのを繰り返す。実のところ、その空間の伸び縮みは、とてもゆっくりで、ほんの少しだけだ。しかし、パルスの到着時間を長年続けて追跡すれば、いずれはその影響が見えてくるはずである。簡単だろう。

いや、そんなに簡単ではない。地球もパルサーも宇宙で静止していて、パルサーが真に完璧な時計だったなら、パルスの到着時間の変化はすべて、アインシュタイン波によるものとなる。だが、話はずっと複雑だ。まず第一に、パルサーは完璧ではない。自然界に完璧なものなどない。パルサーの自転は、非常にゆっくりとだが、減速する。また、「グリッチ」――自転周期に突然生じるわずかな変化――が現れることもある。グリッチの原因は、中性子星の表面での「星震」〔訳注：星の表面に生じる振動現象〕かもしれないし、星の外皮と超流動状態の内部との相互作用かもしれない。こうした影響を計測して補正しなければ、重力波を見つけることはできない。

さらに、ミリ秒パルサーは連星の片方であることも多い。その軌道運動もパルスの到着時間に影響するので、それを補正する必要がある。また、観測する電波望遠鏡が宇宙において示す動きについても補正する必要がある。地球の自転、地球が太陽をめぐる軌道運動、太陽系の他惑星から受けるわずかな重力による攪乱、潮汐効果、天の川銀河における太陽の動き、そして大陸の移動さえ、すべてを考慮に入れなければならないのだ。重要なのは、考えられるかぎりの影響を精密にモデル化し、計測結果からその影響を差し引くことである。それでも残る、完璧に一定の長さで続くパルスからのずれが、ひょっとすると重力波によるものかもしれない。

理論上は、この観測をひとつのミリ秒パルサーでおこなうことができる。だが、それでは、ほかのものでなく本当に重力波を計測していると確実に言えない。だからもっと多くのパルサーが必要なわけで、多ければ多いほどいい。なるべくなら、天空全体にランダムに分布しているといい。それらを何年も――いや、できれば何十年も――じっと見張る必要がある。長く観測を続けるほど、感度は向上する。そしてパルサーまでの距離がわかれば、観測データの解析に大いに役立つ。もしかすると、比較的近くの超大質量ブラックホールの連星による、平均以上の強度をもつナノヘルツの重力波源がふたつ、混沌とした背景の上に重なったものとして見つかるかもしれない。

パルサー・タイミング・アレイの素晴らしいところは、それ自体はタダで済むことだ。天の川銀河には、高精度の時計が満ちあふれている。複雑で高価なレーザー干渉計を開発して建設する必要はない。必要なのは、十分に大きな電波望遠鏡――既存の古いものでもいいだろう――と、観測データからパルサーのシグナルを掘り起こし、パルスの到着時間を正確に計測する電子機器だけだ。それでもかなり複雑だが、どうしても何億ドルもかかるというものではない。ある意味で、パルサー・タイミング・アレイの観測は、貧者が重力波を捜索するための手だてなのだ。

しかし、この捜索には根気と辛抱が必要になる。これはスローペースの科学だ。このプロジェクトを今日始めたとして、一〇年や一五年もせずに結果が出ると期待してはいけない。少なくとも、オーストラリアのパークス・パルサー・タイミング・アレイ(PPTA)プロジェクトでは、これまでのところそんな状況だ。プロジェクトが正式に開始されたのは二〇〇四年だが、今のところ決定的なものは検出されていない。このため、チームリーダーであるオーストラリア国立望遠鏡機構のジョージ・ホッブズと、三〇名を超えるチームメンバーは、データを集めつづけて観測感度の向上を図っている。

PPTAプロジェクトでは、ひとつの機器だけを使っている。パークスの口径六四メートルのディッシュだ(「アレイ(群)」という言葉がパルサーのアレイを指していて、望遠鏡のアレイではないことに注意)。ほかの観測プログラムの合間に、この巨大な電波望遠鏡を二〇個ほどのミリ秒パルサーへ向け、各パルサーのタイミング計測を数分ずつおこなってデータを集めている。パルサーの周波数が二〇〇ヘルツなら、五分間ではパルス六万個に相当する。個々の電波パルスの持続時間は一〇分の一ミリ秒ほどかもしれず、パルスひとつひとつで違うように見えるかもしれない。だが、パルス六万個以上で平均をとると、パルスの周期を一〇〇ナノ秒つまり一万分の一ミリ秒ぐらいの精度で決定できるようになる。

同様のプロジェクトがヨーロッパでも進められている。二〇〇六年にスタートした欧州パルサー・タイミング・アレイ(EPTA)プロジェクトは、五か所の電波天文台を利用している。ひとつは由緒ある口径七六メートルのラヴェル望遠鏡で、イギリスのジョドレル・バンク天文台にある。この望遠鏡では、ジョスリン・ベルの画期的な発見の直後である一九六九年から、パルサーの観測を続けている。さらに大きいのは、ドイツのエッフェルスベルクにある一〇〇メートルの皿すなわちパラボラだ。オランダのヴェステルボルク合成電波望遠鏡――二五メートルのパラボラアンテナが一列に一四基並んだもの――は、一九九九年からパルサーの観測をおこなっている。そして四つ目のEPTAの望遠鏡は、フランス中部にある巨大なナンセ・デシメートル波電波望遠鏡。最後に二〇一四年、最近完成したイタリアの六四メートル・サルデーニャ電波望遠鏡が、この共同プロジェクトに加わった。

同じパルサーを三台以上の望遠鏡で観測することには、ひとつ大きな利点がある。一台だけだと、機器に特異な技術的問題が生じた場合、データがおかしくなっても気づかないおそれがある。二台あれば、両者で異なる結果が得られるので、少なくとも何かがおかしいことはわかるが、どちらに問題が起きているのかはわからない。三台なら、大丈夫。欧州プロジェクトの五台の望遠鏡は、それぞれ設計が大きく異なっているため、異なるデータセットを組み合わせるのは複雑な仕事となる。それでもヨーロッパのパルサー天文学者たちは、さらに良好な計測結果を得るために、いまやパルサーのタイミング計測を標準化している。

二〇〇七年から、アメリカの大型望遠鏡二台も、パルサー・タイミング・アレイの観測に正式に協力している。それは、プエルトリコの巨大なアレシボ電波望遠鏡と、ウェストヴァージニア州の一〇〇メートル・グリーンバンク望遠鏡だ。このプロジェクトは、北米ナノヘルツ重力波観測所（ＮＡＮＯＧｒａｖ）と呼ばれ、一五の大学や研究機関から数十名の電波天文学者が集まっている。ここまで挙げた三つのグループ（ＰＰＴＡ、ＥＰＴＡ、ＮＡＮＯＧｒａｖ）は、国際パルサー・タイミング・アレイ（ＩＰＴＡ）というゆるい連携のもとに共同研究をおこなっている。

ほんの数年前、電波天文学者はまだ、アインシュタイン波の直接の証拠を、LIGOやVirgoの物理学者よりも先に見つけ出せるかもしれないとひそかに期待していた。二〇一〇年と二〇一一年には、LIGOとVirgoのレーザー干渉計が、大規模な改良のために稼働を停止していた。それまでに、これらのレーザー干渉計でいかなる重力波も見つかっておらず、先進型の検出器は、それぞれ二〇一五年と二〇一六年まで稼働する予定はなかった。そのあいだ、パルサーの観測は休みなく続けられていた。二〇一三年にNANOGravの主任研究員ゼイヴィア・シーメンスらは、『クラシカル・アンド・クウォンタム・グラヴィティ』誌に楽観的な論文を載せさえし、「検出は一〇年以内に可能で、早ければ二〇一六年にもありうる」と述べていた。

もちろん、そうはならなかった。LIGO-Virgoコラボレーションが、最初の一連の発見で世界を驚かせたのだ。二〇一六年二月十二日、GW150914の記者会見の翌日に、次のメッセージがIPTAのウェブサイトに掲載された。

国際パルサー・タイミング・アレイ（IPTA）は、今回の重大な成果にかんしてLIGOとVirgoの仲間に祝意を表したい。重力波を初めて直接検出するという科学技術の偉業は、実に途方もなく、広く認知されるに値する。……IPTAは、主に超大質量ブラックホールの連星の軌道減衰で生じるナノヘルツ重力波の検出へ向けて、絶えず能力を向上させている。われわれも重力波検出を主張する機会に恵まれる日が来ることを期待しているが、今日はただグラスを掲げてLIGOのすばらしい成功に乾杯しよう！

そして楽観的な見方ももちろん失われていなかった。二〇一六年三月、NASAジェット推進研究所のスティーヴン・テイラーらは、新たな分析結果を発表し、ナノヘルツ重力波が一〇年以内に検出される可能性を八〇パーセントと予測した。

ひとつ念頭に置く必要があるのは、あらゆる期待は理論モデルにもとづいているということだ。背景重力波の強さは、多くの前提にもとづいている。モデルや前提が間違っている可能性もある。確かに銀河には超大質量ブラックホールがあり、確かに銀河は衝突し合体する。だが、悪魔は細部に宿るものかもしれない。超大質量ブラックホールの質量分布はどうなのか――つまり、なんらかの質量範囲のなかにそれはどれだけ存在するのか？　銀河と超大質量ブラックホールはどのように進化するのか？　銀河が衝突する頻度は？　遠い過去には今より頻繁に合体が起きていたとしたら（その可能性はかなり高い）、合体の起こる率は時間とともにいったいどのように低下しているのだろう？

ほかにも、衝突後の出来事にかかわる不確定要素がある。ふたつの超大質量ブラックホールが、合体した銀河の中心に重力で「沈み込む」のにどれだけの時間がかかるのか？　それらのブラックホールは、検出可能な重力波を発するほどにまで近づくのか？　こうしたことには、ブラックホールが銀河の中心部にある個々の星やガス雲とどう相互作用するかが関係している。これについては、ほとんど何もわかっていない。

背景重力波を検出できる期待が間違っている可能性があることについては、多くの理由が考えられる。ひょっとしたら、初期の宇宙で生まれた超大質量ブラックホールの数は、もっと少ないのかもしれない。銀河の合体が起こる率は、一般に考えられているよりも低かったのかもしれない。超大質量ブラックホール同士が十分接近するのに数十億年かかる可能性はないだろうか。あるいは、宇宙には「合体が途中で止まった」ケースが何百万もありさえしたとか。最終的な軌道減衰の段階は、理論家が考えるよりもはるかに短いということも考えられる。いろいろな要因が混ざっているのかもしれない。

それでも、パルサー・タイミング・アレイの計測は——これまでの成果がゼロであっても——パズルの貴重なピースとなる。背景重力波の強さは、銀河と超大質量ブラックホールの進化について有益な情報を与えてくれる。先ほど挙げた一〇年以上にわたるプロジェクトのおかげで、いまや理論家は、持論と突き合わせる実際のデータをいくらか手にしている。銀河の合体による進化については、いくつもの理論モデルがすでに退けられている。そうしたモデルから予測されたナノヘルツの波は非常に強いので、今までに検出されているはずだからだ。また、ナノヘルツの波が近い将来に実際に検出されたら、波の特徴から、遠くの宇宙や合体した銀河の中心部で起きている現象について、多くのことがわかるだろう。

現在、パルサー天文学者はきめ細かい仕事を続けている。およそ二週間間隔で数十のミリ秒パルサーを調べ、満たされゆくデータベースにタイミングのデータを加えているのだ。ゆっくりとだが確実に、感度は年々向上している。この探求がいずれは成功を収めることを疑っている者はいない。しかし、LIGOのような革命的な検出とはならないだろう。むしろ、次第に確信の度合いを高めていくようなものなのだ。


二〇三〇年へ一挙に飛ぼう。過去の機器はもう時代後れになっている。アレシボ、パークス、グリーンバンクの望遠鏡はどれも、一〇年前、政府の資金援助機関が予算をほかへ振り向ける決定をしたため、財政問題に直面した。巨大な電波望遠鏡は野外博物館の展示物となり、文化・産業・科学の遺産として愛でられている。制御棟は、今では科学教育普及センターになり、小中学生の団体がよく訪れている。巨大なパラボラの維持管理は、地元の天文同好会とア

マチュア無線団体のボランティアによってなされている。

ヨーロッパでも状況は同様だが、欧州パルサー・タイミング・アレイ（EPTA）プロジェクトに加わっていた電波望遠鏡の一部は、今でもプロの天文学者が利用している。オランダ北東部では、ヴェステルボルク合成電波望遠鏡が完成六〇周年を祝われたところだ。施設内には、一九七〇年代に銀河にダークマターが存在する最初の信頼性が高い証拠を得たことなど、この天文台におけるとくに重要な天文学的発見を集めたちょっとした展示がある。展示の最後のパネルでは、二〇二〇年代初めにナノヘルツのアインシュタイン波が検出され、EPTAの五か所の観測所をつないでほぼ口径二〇〇メートルの一台の「バーチャル」望遠鏡とすることでそれが可能となった、という話が語られている。その数年前に稼働を始めた大規模欧州パルサーアレイ（LEAP）プロジェクトによって、背景重力波を高い信頼性で計測するのに必要なだけの感度の飛躍が、ついになし遂げられたのである。

一方、パルサー天文学は活況を呈する科学分野となっている。現時点で、二万個ほどのパルサーが天の川銀河で発見されている――推定される個数の約一〇パーセントだ。そのなかに、ミリ秒パルサーは一〇〇〇個以上ある。最速のものは毎秒一一三〇回という途方もないペースで自転している。パルサーがもつ惑星の数は、知られているかぎり、一四の星系で総計三四個にまで増えた。連星パルサーも多数ある。とくにある連星パルサーは、二〇二七年に発見されて、連星間の距離が短く、周期がきわめて短く、軌道減衰が速いために、衆目を集めた。近々打ち上げられるレーザー干渉計宇宙アンテナでは、この周回する二天体が発する、かすかな中程度の周波数をもつ重力波シグナルの検出が期待されている。

ジョスリン・ベル国際パルサー研究センターでは、ナノヘルツの重力波の研究も日常的におこなわれている。国際パルサー・タイミング・アレイ・プロジェクトは、現在、五〇〇個ほどのミリ秒パルサーを監視している。タイミング計測の精度は、一〇ナノ秒程度にまで向上している。特徴のはっきりした背景重力波以外に、もっと強い極低周波

の波の発生源が五つ発見され、位置を突き止められた。近くの銀河団の中心領域にある銀河の、超大質量ブラックホールの連星だった。

この架空の未来のシナリオにいくらかでも真実が含まれているとしたら、それは——とりあえず大部分は——地球上にあるほかのどれもがちっぽけに見えるほどの電波天文台が新たにできるおかげだ。これは、パークスやアレシボ、あるいは中国で最近完成した五〇〇メートルFAST望遠鏡のような、一枚皿の機器ではない。また、オランダのヴェステルボルク合成電波望遠鏡やニューメキシコ州（アメリカ）の超大型干渉電波望遠鏡群のような、古典的な電波干渉計でもない。むしろ、このスクエア・キロメール・アレイ（SKA）と呼ばれるものは、何百ものパラボラアンテナと数万の単純なダイポールアンテナを計画的に設置した集合体だ。最終的に、集光面積の総計が一平方《スクエア》キロメートルになる予定で、それが名前の由来となっている。すべてのアンテナは光ファイバーでつながり、一体となって働き、毎秒数百テラバイトの生データを中枢となる高性能のスーパーコンピュータへ送り込む。これは、人類が建設するこれまでで最大の科学的施設となる。

ニューサウスウェールズ州のパークスが、小さな町で中心もこぢんまりしていると思うのなら、大陸の反対側にある西オーストラリア州のマーチソンに行ってみるといい。そこには家がまばらに点在し、商店とバーとガソリンスタンドを兼ねた店が一軒あるだけだ。かつては先住民ワジャリ・ヤマジの土地だったここに、今は数十人が住んでいる。さらに遠く離れた奥地の農場に、もう数十人が住んでいる。全体として、マーチソン・シャー〔訳注：シャーとは、州や特別地域の下にある独自の政府をもつエリア〕はアメリカのメリーランド州とほぼ同じ広さで、住民は一一〇人だ。電波天文学者にとっては天国のような場所である。

オーストラリアの天文学者たちは、ブーラーディ・ステーションという大牧場の近くに、口径一二メートルのパラボラアンテナを三六基、広大な砂漠地帯に散らばるようにして建設した。これが、オーストラリア・スクエア・キロメートル・アレイ・パスファインダー、略称ASKAPだ。パラボラアンテナ群の建設は二〇一二年に完了している。高感度位相配列アンテナの給電システムの設置には、さらに二年ほどかかった。最初の科学的観測は――一二基のみのパラボラで――二〇一六年の春におこなわれた。

ASKAPから遠くないところに、もうひとつSKAパスファインダー望遠鏡がある。マーチソン広視野アレイ（MWA）だ。これはまるで電波天文台らしく見えない。MWAは、何十ものアンテナ設置場――「タイル」――からなる。各タイルには、蜘蛛《くも》に似た形で高さ五〇センチメートルほどのダイポールアンテナが、一六個載っている。その技術は、オランダのLOFAR（低周波アレイ）望遠鏡で開発されたものだ。ASKAPとMWAは補完し合う関係にある。ASKAPは、宇宙の広域走査用に設計された、世界最速レベルの走査速度を誇る望遠鏡だが、MWAは、ビッグバンのわずか数億年後にまでさかのぼる、宇宙からの極低周波の電波に的を絞っている。

この辺鄙な奥地が選ばれたのは、電波環境がきわめて静かなためだ。携帯電話の使用は厳しく禁止されている。ASKAPの管理棟は金属の外殻で覆われ、棟内のコンピュータや電子機器の電波が外へ漏れるのを防いでいる。電波妨害の主因のひとつは高空を飛ぶ航空機なので、電波天文学者はいくつかの空路を移転してもらおうとしている。この土地そのものは、平坦で暑く乾燥し、蚊と猛禽類とカンガルーが棲む、赤い砂と低木がはるかに広がる場所だ。

今から数年も経てば、マーチソン電波天文台はＳＫＡのオーストラリアにおける中核施設となっているだろう。ＭＷＡで得られた経験をもとに、クリスマスツリーに似た形で人の背丈ほどもある、もっと大きなダイポールアンテナが何万も建造されるのだ。それらをまとめて載せた円形のステーションは、何百キロメートルも続くオーストラリアの赤い砂漠に散らばるだろう。このアンテナ群は、光ファイバーで中継されてパースにある大型スーパーコンピュータにつながれ、これまでに建設されたなかでも最高感度の低周波電波の耳になる。

一方、南アフリカのグレート・カルー半乾燥地帯では、カーナーヴォンという小さな町の北西で、現在また別のＳＫＡパスファインダー望遠鏡が二基稼働している。ＨＥＲＡ（水素再イオン化期アレイ）は、一九個の単純な一四メートル金網パラボラアンテナで構成されている。現在拡張が進められており、二〇一八年の終わりまでにパラボラの数は三五〇ほどになる。ＭｅｅｒＫＡＴは、六四個の一三・五メートルパラボラアンテナのアレイだ。これは、まさに始まろうとしている中周波域ＳＫＡ建設の第一期に加わることになる。

やがては、ここで数百のパラボラアンテナが同期し、電波銀河、クエーサー、銀河の起源と進化、超新星の残骸、宇宙にある前生物的な分子について、研究がおこなわれるだろう。もちろん、パルサーの研究も。ＳＫＡ（とくにその南アフリカのパート）は、その非常に高い感度によって、パルサー・タイミング・アレイでの計測のまったく新しい時代の到来を告げることになろう。

もうひとつ、重力波研究でＳＫＡが大きな役割を果たすと期待されている領域がある。それは重力波源の特定だ。時空のわずかな震えを「感知」すれば、確かに恒星の爆発や中性子星の合体などの宇宙の破局的事象について多くを知ることができる。だが、科学者はいつでもさらに多くを求める。考えてみれば、それはかなり自然な反応だ。足元の地面が揺れだしたら、人は何が原因かと見まわすだろう。手がかりは多く得られるほどいい。だから天文学者は、できるだけ多くの観測結果を組み合わせて、重力波源に対応する電磁的なものを突き止めようとしている。電波天文台や高速応答する光学機器を使えば、最初にアインシュタイン波を生み出したイベントを実際に「見る」ことができるかもしれない。

マルチメッセンジャー天文学［訳注：電磁放射、重力波、ニュートリノなど複数の情報を補完的に利用する天文学］へようこそ。

第14章　フォローアップの問題

カナリア諸島ラ・パルマ島のロケ・デ・ロス・ムチャーチョス天文台は、私がこれまで訪れたなかでも指折りの魅力的な場所である。ラ・パルマ島は、モロッコ沖の大西洋から二四二三メートル立ち上がった急峻な火山島だ。この天文台は、火山の巨大なカルデラの北側の縁《へり》に載っている。港町のサンタ・クルス・デ・ラ・パルマから、ヘアピンカーブが何十も連なる危険な道を通って、岩だらけの山頂にたどり着く。そこからはよく、はるか下の山裾にかかる雲の層が望める。まさに世界の頂上にいて、これ以上ないほど星々に近づけたような気になる。

一九九七年二月二十八日金曜日の晩、天文台のドームのひとつが突然動きだした。口径四・二メートルのウィリアム・ハーシェル望遠鏡は、正式には、へび座方向の空の一角を観測する予定になっていたところが今、望遠鏡ははるか西の、地平線上のとても低い空の領域を向くように動いていた。天文台スタッフの天文学者ジョン・テルティングが、オリオン座の北西部分にある小さな領域の写真を何枚か撮る。その夜のうちに、このデジタル画像はインターネットでオランダのアムステルダム大学へ送られた。ほどなく、大学院生のパウル・フロートとティトゥス・ハラマが、ガンマ線バースト天文学という生まれたての分野で大発見をなし遂げた。

確かにこれは、重力波についての本であって、ガンマ線バーストについての本ではない。だが、本章でのちほどわかるように、このふたつのテーマは大いに関係している。それにさしあたり、天文学で短命な現象のフォローアップ観測（追跡観測）をすばやくおこなう必要があることを理解したければ、この話は重要となる。そこで、ガンマ線バーストについてごく簡単に説明しよう。

一九六〇年代の後半、アメリカのスパイ衛星ベラが収集したデータから、高エネルギーのガンマ線の謎めいたバーストが見つかった。この短いバーストは宇宙からのものだと天文学者が確信するのに、一〇年かかった。NASAのコンプトン・ガンマ線観測衛星が一九九一年四月に打ち上げられるまでには、さらに一〇年ほどかかった。この観測衛星の目標のひとつは、宇宙の謎めいた爆発現象についてできるだけ多くのデータを集め、それが何であるかを明らかにすることだった（宇宙からの高エネルギーのガンマ線は、地上からは観測できない。この死の放射線は、幸いにも地球の大気に吸収されるからだ）。

ところが、ガンマ線バーストの謎を解くのは予想以上に難しいことがわかった。確かに、コンプトン衛星のBATSE（Burst and Transient Source Experiment［バースト・短期線源実験］）検出器は、数年のうちに何百ものバーストを記録した。だが線源の距離はもちろん、天空でどの場所にあるのかもあまり正確には決定できなかったのだ。おまけに、短いバースト——一秒よりずっと短いこともある——は、どうやらランダムに、至るところで起きているようだった。その分布からは、かなり弱くて近所なのか（小惑星同士の衝突や、近くの恒星の表面で起きた爆発かもしれない）、遠くの銀河でのきわめて強力な事象なのかはとうていわからなかった。

イタリアとオランダが共同開発した衛星ベッポサックス（BeppoSAX）が一九九六年四月に打

ち上げられると、この状況が一変した。ガンマ線モニターのほか、この小型衛星にはX線望遠鏡も備わっていた。これは、宇宙でのどんな爆発も、高エネルギーのガンマ線を非常にわずかな時間しか生み出さないが、低エネルギーのX線は比較的長く放出されるという考えにもとづいている。しかも、X線望遠鏡は天空におけるバーストの位置をはるかに正確に特定できる。この情報を地上の天文学者に迅速に伝えれば、電波の「残光」、あるいは可視光のそれさえも、見つけられるかもしれなかった。

だからパウル・フロートとティトゥス・ハラマは、ベッポサックスがその日もっと早い時間にバーストを検出したと知ったとき、できるだけ速く行動すべきだとわかっていた。公式には、ふたりはその情報を電波観測以外に利用することは許されていなかった。そのうえ、イギリスとオランダが共同で建設したウィリアム・ハーシェル光学望遠鏡は、その晩はほかの観測をおこなうことになっていた。またもどかしいことに、フロートとハラマは論文指導教官のヤン・ファン・パラダイスに相談しようとしたが連絡がつかなかった。結局フロートは、規則を無視することに決めた。ラ・パルマのジョン・テルティングに電話して、ベッポサックスが示したオリオン座北西部の領域の写真を撮るように頼んだのだ。

ほどなく、可視光の「残光」が実際に見つかった。ガンマ線バーストが、数十億光年先のはるか遠くの銀河で起きたことが明らかになったのだ。これは、爆発で放出されたエネルギーが途方もなく大きいことも意味する。ガンマ線バーストは、これまでに宇宙で観測されているなかでも最大規模のエネルギーが生じる現象なのだ。この革命的な発見は、高エネルギー宇宙物理学というまったく新しい分野の登場をもたらした。そして、宇宙の短期的な現象に対するすばやいフォローアップ観測の重要性をはっきり示した。

今日、そうしたすばやいフォローアップは、天文学で日常的なことになっており、多くの場合、完全に自動化されている。ガンマ線衛星やX線衛星が特異なバースト状事象を観測すると、何分かあとには地上の自動化された小型望遠鏡が、それに対応する可視光を求めて天空で疑わしい領域の写真を撮りはじめる。大型望遠鏡は、通常はそれほどすぐに反応できないが、ときには正規の観測プログラムを中断して発生源の特定に手を貸すこともある。

重力波のシグナルも例外ではなく、それには十分な理由がある。たとえば二〇一五年九月十七日、チリ北部のセロ・パラナルにあるヨーロッパのＶＬＴサーベイ望遠鏡が、三日前にＬＩＧＯが検出した重力波のシグナルに対応する可視光を求めて、南天のスキャンを開始した。第11章で述べたとおり、自動的に通知するサービスはまだ実施されていなかったが、ＬＩＧＯとＶｉｒｇｏの広報担当者、ガブリエラ・ゴンサレスとフルヴィオ・リッチは、天文学者たちにどこを見るべきかを伝えていた。ちょうど、パウル・フロートとティトゥス・ハラマがラ・パルマの研究者に、ガンマ線バーストに対応している可能性のある可視光を探すのにどこを見るべきかを伝えたように。

カナリア諸島のラ・パルマとともにチリ北部は、可視光天文学にとって世界でも有数の適所だ。セロ・パラナルは、チリの海岸山脈にある人里離れた不毛の山で、港町アントファガスタの一三〇キロメートルほど南に位置する。私が一九九八年に初めて訪れたとき、そこへ行くルートは、火星のような不気味な景色のなかを八〇キロメートルも伸びた、轍《わだち》の深い砂利道だけだった。この道はその後舗装されたが、景色は変わっていない。二〇〇八年に公開されたジェームズ・ボンドの映画『００７ 慰酬』のラストシーンは、ここで撮影されている。

パラナルには、地上にある光学観測施設としては世界でもとりわけ多くの成果を上げているものがある。超大型望遠鏡（ＶＬＴ）だ。一九九〇年代にヨーロッパ南天天文台が建造したＶＬＴは、そっくり同じ八・二メートル望遠鏡四台で構成されている。四台のすべてに、高感度のカメラと分光器が多数装備されている。VLTの観測プログラムを支援すべく、四台の大型望遠鏡の横に、小さな二・六メートル望遠鏡も一台建造された。このVLTサーベイ望遠鏡は、VLTよりずっと広い視野をもつ。その二六八メガピクセルの巨大なカメラは、空の広い帯状の面積にわたって非常にかすかな星の光を、数分以内でとらえられる。GW150914に対応すると考えられる可視光を探すのに優れたツールなのである。

あいにく、この望遠鏡による探索は成果がなかった。ほかの世界じゅうの天文台でおこなわれた、重力波に対応する別のシグナルの探索でもそうだった。ひょっとしたら、観測できるものは本当になかったのかもしれない。そもそも、ふたつのブラックホールの衝突から、どんな光学的シグナルが期待できるというのか？　一方で、成果がないのはまったく別の理由のためだった可能性もある。アインシュタイン波がどの方向からやって来たのか、正確にはだれにもわからなかった。つまり、探すべき天空の領域が広すぎたのだ。それでも、可視光や赤外光、紫外光、ミリ波、X線、ガンマ線、電波を見出すフォローアップ観測の重要性については、だれもが認めている。重力波を生み出すイベントから出るどんな種類の電磁波も、貴重な情報を補ってくれるかもしれないのである。

では、なぜ代わりになる電磁波の探索がそんなに重要なのだろうか？　たとえ話をするとわかりやすくなるだろう。あなたが耳と鼻とのどの専門家で、サッカー場にいるとしよう。試合が静かなときに、だれかのくしゃみの音が耳に入る。それは変な音のくしゃみで、あなたは本物のプロなので、そのくしゃみについて何もかも知りたいと思う。くしゃみは右手のどこかから聞こえたのだが、耳だけでは正確に特定できない。また、聞こえた音量からは、距離についてもおぼろげにしかわからない。あなたには、

ヨーロッパ南天天文台（ESO）が運用するチリのパラナル天文台の空撮写真。写真中央に並ぶ大きな建屋には8.2メートルの望遠鏡が合計4台収められ、それらがESOの超大型望遠鏡（VLT）を構成している。同じ台座に、もっと小型のVLTサーベイ望遠鏡も載っていて、GW150914の可視光シグナルの探索に利用された。写真の後方には、VISTA望遠鏡がある。

だれがくしゃみをしたのかはわからない。だれであることもありうるのだ。

しかし、あなたがくしゃみの直後にすばやくそちらに顔を向けたら、ひとりの女性がまだ前屈みになって手で顔を覆い、そのあとティッシュに手を伸ばすのが見えるかもしれない。くしゃみをした人が特定できたら、音が届いた距離が正確にわかるので、くしゃみの実際の音量をはじき出すことができる。さらに、おかしな音のくしゃみについて詳しく知ろうと、その人の生理機能を調べることもできる。

ここで、ふたつの点が重要である。第一に、ひとつの方法で何かを観測している場合、同じ現象をまったく違う方法でも観測すると、必ず新しいことが明らかになる。何かを聞けば、見てみたくもなる。宇宙での爆発によるガンマ線をとらえたら、電波望遠鏡や光学機器でフォローアップをおこないたくなる。時空の微弱なさざなみを機器が検出したら、それに対応する電磁波も探したくなるのだ。そして第二に、観測される現象が短命なら、すばやく行動する必要がある。

＊＊＊

何世紀ものあいだ、天文学はスローペースの科学だった。惑星は天空でゆっくりとしか位置を変えないし、星座はいつでも同じに見える。流星や、たまに現れる彗星は、いくらか興奮をもたらすにしても、概して天文学者は急ぐ必要がなかった。ある日に調べられたことは、翌日にも、翌年にも調べられたのである。

そうした時代は終わった。過去数十年のうちに、われわれはみずからの「地平」を百数十億光年にまで伸ばしてきた。見る景色を電磁スペクトルの全域にまで広げてきた。さらにまた、観測の感度を大幅に向上させてきた。その結果、天空が見たところ不変なのはまやかしであることに気づいた。短時間の現象もよくあるのだ。それどころか、唯一不変なのは、天空の本来的な可変性なのだ。星が脈動すると、光度が変化する。赤色巨星は超新星爆発を起こして死を迎えることがある。矮星は激しいフレアを見せる。白色矮星の表面に、連星をなす相手からあまりに多くの物質が降り積もると、大規模な熱核爆発が起きる（これが新星）。小惑星同士が衝突することもある。彗星が惑星にぶつかることも。高速で自転する中性子星は、電波やX線の波長でパルスを出す。ブラックホールは粒子や放射線のジェットを宇宙へ噴射する。クエーサーは明滅する。中性子星同士が衝突し合体する現象もある。「cosmos」（宇宙）という英語は「秩序」を意味するギリシャ語に由来するが、実際のuniverse（宇宙・世界）は絶え間ない変化と混乱の状態にある。そして多くの短命な現象は、データが不十分なため、まだ説明できていない。

ところで、なかには宇宙が原因ではない場合もある。天空の明るい閃光が恒星の爆発のように見えても、実は通信衛星のアンテナで太陽光が反射したときのきらめきなのかもしれない。NASAのフェルミ宇宙望遠鏡が記録するガンマ線バーストのなかには、遠くの銀河ではなく、地球上の雷雨によって生じるものもある。また最近では、オーストラリアのパークス天文台の科学者たちが、天文台のキッチンにある電子レンジにだまされたことまであった。「ディッシュ」が、四分の一秒ほど持続する謎の電波シグナルを記録したのだ。これは伝説の動物の名をとって「ペリュトン」と呼ばれた。ところが、ペリュトンは電子レンジの扉を調理が終わっていないうちに開けると生じることがわかった。宇宙の新たな謎ではなく、ただ、そこで働くせっかちな天文学者や技術者が、自分の昼食の調理に時間がかかりすぎと思っていただけだったのである（これも、電波天文台で電波の完全な封止が重要であることを思い起こさせる）。

もちろん、宇宙における実際の短期的なシグナルのほうが、はるかに天文学者の興味を引く。そして、なかには今でも大きな謎のままのものもある。たとえば、高速電波バースト（ＦＲＢ）だ。ペリュトンのように、これは一秒よりずっと短い時間しか続かない電波のバーストだ。またペリュトンと同じく、パークスの六四メートル電波望遠鏡で最初に発見された。しかし、高速電波バーストは本当に宇宙からやってきている。これはガンマ線バーストと同じく、ほぼ間違いなく、遠くの銀河で生じているが、その正体はまだわかっていない。これまでのところ、新たなＦＲＢの検出にすばやく反応し、ほかの波長で観測できたためしはないのである。前にも言ったが、スピードが肝要なのだ。

高速電波バーストをめぐる現在の状況は、ガンマ線バースト天文学の初期にやや似ている。ほとんどの場合、実際のエネルギー出力について何か言えるほどには、距離がよくわからないのだ。また、ほかの波長での観測もできていないので、なんらかのフォローアップをすることも難しい。ならば、ガンマ線バーストの距離スケールの確立に寄与したオランダの天文学者が、ＦＲＢの謎も解きたがっているのもさほど不思議ではない。二〇〇六年から二〇一七年初めまで、パウル・フロートはナイメーヘンにあるラドバウド大学の宇宙物理学科長を務めていた。現在、南アフリカとイギリスの研究者とともに、ＭｅｅｒＬＩＣＨＴプロジェクトで突破口を開きたいと考えている。

ＭｅｅｒＬＩＣＨＴでは、別の観測手段での探索に要する反応時間は実質的にゼロになる。これは比較的小さい口径六五センチメートルのロボット望遠鏡で、南アフリカのサザーランド天文台に最近設置された。この望遠鏡は、常時ＭｅｅｒＫＡＴと正確に同じ方向を観測するようにプログラムされている。ＭｅｅｒＫＡＴは、南アフリカのスクエア・キロメートル・アレイ（ＳＫＡ）パスファインダー望遠鏡のひとつで、ＭｅｅｒＬＩＣＨＴの二五〇キロメートルほど北にある。この電波望遠鏡が偶然ＦＲＢ

（あるいは何か別の短命な現象）を観測し、それに伴う光学的な現象も十分に見えるほど明るければ、画像は自動的にロボット望遠鏡でとらえられる。スピードの点で、同時に勝るものはない。

あなたは、この方策が重力波に対応する光学的シグナルを見つけるのにも有望なものだと思うかもしれない。しかし、ＬＩＧＯやＶｉｒｇｏのようなアインシュタイン波検出器の場合、それと常時同じ方向を光学望遠鏡に観測させることは難しい。理由は簡単で、ＬＩＧＯやＶｉｒｇｏは全方向を感知するからだ——十分に強い重力波なら、どの方向から地球に到達しても記録する。そしてもちろん、高感度の光学望遠鏡に全天を途切れなくカバーさせることはできない。望遠鏡の視野はふつう満月の見かけのサイズよりはるかに小さいため、天文学者は、どこもかしこも同時に観測することはできないという事実を受け入れなければならないのだ。

わかりやすい解決策は、ＬＩＧＯとＶｉｒｇｏのために考案された通知システムだ。重力波のもっともらしい候補が検出されると即座に、天文学者たちに発生源の方向の情報を知らせ、地上の望遠鏡や宇宙望遠鏡で観測できるようにするのである。原理上、これはすべて自動化できる。ＬＩＧＯとＶｉｒｇｏのレーザー干渉計からのデータ・ストリームを、検出アルゴリズムによって間断なくチェックする。なんらかのシグナルが——ＧＷ１５０９１４やＧＷ１５１２２６の場合のように——さらなる分析に値するほど重要に思われたら、データをもとに天空でのおおまかな場所が計算できる。するとその結果を、ＬＩＧＯ-Ｖｉｒｇｏコラボレーションと正式に協定を結んでいるすべての観測者に、インターネットを介して通知する。ロボット望遠鏡が使われていれば、実際にアインシュタイン波が検出されてから数分以内に、対応する別のシグナルをとらえた最初の画像を得ることも可能だ。

＊　＊　＊

これまで天文学者は、重力波とともにどんな種類のシグナルが出ると予想できるか、またそれがどれだけ長く観測できるかについて、あれこれ考えてきた。こうした疑問に答えるには、まず宇宙のどんな出来事が観測可能な重力波を生み出すかを知る必要がある。

今あるレーザー干渉計は、およそ一〇から一〇〇〇ヘルツの周波数の重力波を感知する。これは、主に中性子星やブラックホールの衝突・合体で生じる波だ。こうした現象は、距離が遠くてもＬＩＧＯとＶｉｒｇｏには「見える」。やがて、先進型《アドバンスト》の検出器がまるまる設計感度に達したら、数億光年先の中性子星の合体を観測できるようになるだろう。中性子星とブラックホールの合体なら、ブラックホールの質量が大きいおかげで、観測できる距離は一〇億光年を優に超える。ブラックホール同士の合体なら、質量が十分に大きければ、数十億光年先でも観測できる。

では、光学望遠鏡で、あるいは赤外線やＸ線や電波の波長で、何が見えると期待できるのだろうか？それは場合による。ブラックホールが「きれいに」合体すると、電磁放射がいっさい出ない。なにしろ、そうした現象は、キップ・ソーンが語るとおり「時空の生地に生じる嵐」にすぎないのだ。周囲に、なんらかの放射を発しそうなもの――原子や分子や何もかも――がない。ブラックホールの合体が外の宇宙とやりとりできる唯一の手段が、重力波なのである。

だから、ＧＷ１５０９１４がふたつのブラックホールの合体によるものだったことに、対応するシグナルを探し求めていた人々は少しがっかりした。おそらく、宇宙規模の衝突が起きた場所にいくらかの物質が星間ガスや塵の形で存在していたとしても、ふたつのブラックホールの途方もない引力を考えれば、その量は多くはなかったにちがいない。したがって、加熱されたり衝撃波を生み出したりする物質がなければ、この衝突によってなんであれ検出可能な電磁放射が生じた可能性は薄い（ともあれ、それでも天文学者たちは別のシグナルの探索をやめてはいない）。

しかし、中性子星の合体や、中性子星とブラックホールの衝突の場合、話が大きく変わってくる。中性子星には、太陽質量の少なくとも一・四倍に相当する通常の核子がある。ふたつの中性子星が衝突したら、当然のなりゆきとして、最終的に一個のブラックホールになるにちがいない。また、中性子星がブラックホールにぶつかると、前者の質量の大半は永久に消滅する。だがどちらの場合も、大量の物質が熱せられてきわめて高温になり、光速にそこそこ近いスピードで宇宙へ放出されるだろう。この爆風が周囲の星間物質にぶつかると、星間物質がどんなに希薄であっても、強力な衝撃波で幅広い波長の電磁放射が生じる。こうして、少なくとも一個の中性子星が関与する衝突で、華々しい宇宙の花火が起こると考えられる。

実は、ここに重力波とガンマ線バーストの結びつきが関わってくる。すでに一九九〇年代の初め、一部の宇宙物理学者は、ガンマ線バーストが遠くの銀河における中性子星の合体によって生じるのかもしれないと主張していた。これは、爆発的事象までの距離スケールが確立するはるか以前のことだった。今では、観測されるガンマ線バーストのかなりの割合が中性子星の合体によるものであることは、ほぼだれも疑っていない。

ここで知っておきたいのは、ガンマ線バーストはふたつのグループに分けられ、それぞれが宇宙の現象として異なる種類にあたるということだ。短いガンマ線バーストは何分の一秒かで終わるが、長いガンマ線バーストは数秒から数分持続する。長いバーストはきっと非常に強力な超新星爆発にちがいない。

これは極超新星とも呼ばれ、高速で自転する超大質量星が、短い生涯の最期に破局的な崩壊を起こしてブラックホールになった結果と考えられる。短いバーストについてはさまざまなシナリオが提案されているが、中性子星の合体というモデルが圧倒的に広く支持されている。

そこで、短いガンマ線バーストに的を絞ろう。その一部では、かすかなX線と可視光の残光が検出されている。こうした残光は、もとのガンマ線バーストよりもずっと長く持続する――一日より長いことさえある。すると、あなたは単純に、重力波に対応する別のシグナルを探して期待すべきことは明らかだと思うかもしれない。なにしろ、ここで語られているのはどれもまったく同じ物理現象――中性子星の合体――のようなのだから。重力波のバーストが中性子星の合体で生じるなら、それとほぼ同時に高エネルギーのガンマ線が閃《ひらめ》き、ときにはかすかな残光も続くと思うのではないだろうか？

残念ながら、事はそれほど単純ではない。ガンマ線バーストは指向性の高い「ビーム」だからだ。この瞬間的な途方もない量のエネルギーは、正反対の二方向にのみ発せられる。極超新星（長いバースト）の場合、ビームは崩壊する星の自転軸に沿って放射される。中性子星の衝突（短いバースト）の場合、ビームは合体するふたつの星の軌道面に対して垂直な方向に出る。どうやらこれは、おおかたの物質が連星系から光速に非常に近いとんでもない速度で放出される方向のようだ。

たまたまこのビーム（つまりジェット）が出るどちらかの方向からのぞき込めば、巨大な爆発がガンマ線バーストとして観測できる。だが、横から見ていたら、ガンマ線バーストはまったく見えず、残光もあまり見えない。言い換えると、中性子星の合体の多くはガンマ線バーストとして観測できず、宇宙で実際に起きている中性子星の合体の数は、天文学者が検出する短いガンマ線バーストの数よりはるかに多いのである。

一方、重力波はあらゆる方向に放射される（必ずしもまったく同じ強さではないが）。中性子星の合体が、その空間上の向きによって、短いガンマ線バーストとして観測されなくても、アインシュタイン波の発生源としては観測されうる。ただし、注意事項がひとつある。その波は弱くて検出しにくいのだ。そのため、中性子星の合体によるこの波は、およそ数億光年以内でのみ観測が期待できる。

したがって、確かに重力波の発生源と短いガンマ線バーストの関連はあるようにも思えるが、ひと筋縄ではいかない。じっさい、これはちょっと中性子星とパルサーの関係に似ている。第6章で見たように、高速で自転し、強力な磁気を帯びた中性子星は、回転する「灯台」の光のような電波を発する。向きがちょうどいいと、数万光年離れていても、そうした中性子星をパルサーとして検出できる。もちろん、中性子星の実際の数は、観測されるパルサーの数よりずっと多い。しかし、中性子星から出る等方性の放射――あらゆる方向に出る放射――は非常に弱い。だから、パルサーとして観測でき、、、ない中性子星は、とても近く――数百光年ほどの距離――にある場合にしか見えないのだ。

いよいよ本題に入ろう。ＬＩＧＯやＶｉｒｇｏは、中性子星の合体による重力波を、その破局的イベントが数億光年以内で発生する場合にだけ検出できるだろう。そうした衝突で指向性の強いビームが放射されたら、ふたつの可能性がある。ビームの一本が地球のほうを向いている（可能性は低い）か、どちらのビームも地球から外《はず》れている（可能性ははるかに高い）かだ。前者の場合、非常に明るくて短いガンマ線バーストのほか、さまざまな波長でかなり明瞭な残光が見えると考えられる。そんなイベントは、地球を周回しているガンマ線観測衛星にきっと記録されるだろう。しかし後者の場合、合体イベントによってどんな等方性の放射が生じる可能性が高いかを知っておく必要がある。

理論家は、その疑問の答えがわかっているように思っている。衝突の直後、宇宙へ吹き飛ばされた物質はきわめて温度が高い。しかも、その物質の密度は、中性子星のときほど途方もなく高くはない。にわかに核反応が再開しうる。そして実際に再開する。ぎっしり詰まった中性子がかたまりごとに分かれ、周囲に飛び散る。個々の中性子は崩壊すると陽子――正電荷をもつ核子――になる。そして、陽子と中性子が合わさって核物質の大きな塊を形成し、すぐにもっと小さくて安定した原子核に分かれはじめる。放射性元素はすばやく崩壊し、主に赤と赤外の波長で大量の放射を生み出す。残るのは、金や白金といった貴金属を含む重元素の雲で、それは広がりながらゆっくり冷えていく。

マサチューセッツ州ケンブリッジにあるハーヴァード・スミソニアン宇宙物理学センターのエド・バーガーの計算によると、ふたつの中性子星の衝突で、月の質量の一〇倍もの純金ができることもあるという。じっさい、宇宙に存在するこの貴金属はほぼすべて――あなたの結婚指輪やブレスレットや腕時計の金も含め――中性子星の衝突によってできたにちがいないのである。

衝突後の核の大釜から出るエネルギーは、従来知られている超新星爆発のエネルギーよりも少ないと推定される。それでも、通常の新星（白色矮星の表面での熱核爆発）で生じるエネルギーより一〇〇〇倍ほども大きい。そのため、この現象は「キロノヴァ（kilonova）」［訳注：kilo は一〇〇〇、nova は新星という意味］とよく呼ばれる。理由はおわかりだろうが、「金ぴかの新星（bling nova）」という別名も人気がある。

二〇一三年の夏、レスター大学（イギリス）のナイアル・タンヴィールらは、短いガンマ線バーストから予想されるキロノヴァの放射を初めて観測した。バーストは六月三日、ほぼ四〇億光年先の銀河で検出された。それからタンヴィールのチームは、ハッブル宇宙望遠鏡で六月十二日に消えゆく火の玉を観測した。この発見は、短いガンマ線バーストが実は中性子星の合体によって生じることの動かぬ証拠だと一般に見なされている。また、キロノヴァの放射はあらゆる方向に発せられるため、これも、ガンマ線バーストほどはっきり見えないが、中性子星の合体によって期待できるたぐいの電磁波のシグナルなのである。

こうしていまや、重力波検出のあとに期待できることがらがわかっている。時空のさざなみがブラックホールの合体で生じる場合、きっとどんな種類の電磁放射も見られないだろう。だが、少なくとも一個の中性子星が衝突に関与していれば、最初に青みがかった高エネルギーの光の短いバーストが生じてから、赤や赤外の波長の光輝がゆっくり消えていくと考えられる。その後の段階で、拡散する物質が電波も出しはじめるかもしれない。もちろん、これは現時点での理論的な知見にすぎない。宇宙は、あまたの驚きをわれわれに用意してくれているのかもしれないのだ。

別のシグナルの発見が補足としてもたらす重要な情報は、重力波の発生源までの距離だ。GW150914でもGW151226でも、現状の距離の推定はかなりあいまいだ。いずれも、観測された波の振幅と理論モデルのみにもとづいている。しかし、遠くの銀河で重力波に対応する別のシグナルが見つかれば、その銀河までの距離を決定しやすくなる。第9章で説明したとおり、銀河の赤方偏移を測定するだけでいい。そして距離がわかれば、重力波のエネルギー特性など、衝突にかかわるエネルギー特性を推定できる。これは、既存のモデルを検証し改善する優れた手だてになるだろう。

すべてを考え合わせると、重力波に対応する電磁波の探索と、フォローアップ観測の実施は、やるべきことのように思える。多くの天文学の分野からたくさんの関心が集まっている。すでに何十ものチームが、新たな重力波シグナルが検出されたらすぐに通知を受け取れるように、LIGOやVirgoと協定を結びたいと申し出ている。そうした研究を全部合わせると、最長の波長である電波から最短のガンマ線まで、電磁スペクトルの全域がカバーできる。使われる機器も多様で、小型の自動カメラから、最大級の光学望遠鏡や電波望遠鏡、地球を周回する人工衛星まである。レーザー干渉計の鏡がまた小刻みに動きだしたら、きっとただちに世界じゅうが観測をおこなうことになるだろう。

＊＊＊

ここまで、重力波シグナルのすばやいフォローアップ観測がなぜ重要か、また重力波に代わるどんなシグナルの観測が期待できるかを説明してきた。だが、大きな問題がひとつある。前にも言ったように、探索の領域が圧倒的に広すぎるのだ。少なくとも、アドバンストＬＩＧＯの第一次観測運用ではそうだった。重力波の発生源の方向を推定する唯一の手だては、複数の検出器に到達する時間を正確に計ることだ。しかし、使える検出器が二基だけなら、一般に答えを出すことはできない。理由は容易にわかる。

リヴィングストンとハンフォードにある二基のＬＩＧＯ検出器は、三〇〇〇キロメートルほど離れている。ふたつの観測所を結び、さらに両方向の宇宙へ延びている直線を考えよう。ここで、重力波を生み出す宇宙規模の衝突がまさにその直線上で起きたとする。この場合、重力波が片方の検出器からもう片方へ達するのに〇・〇一秒かかる（重力波は秒速三〇万キロメートルという光速で広がることを思い出してほしい）。したがって、ハンフォードでリヴィングストンより〇・〇一秒早くシグナルが観測されたら、両者を結ぶ直線のハンフォード側でこのイベントが起きたことがわかるだろう。逆にハンフォードのほうの検出が〇・〇一秒遅ければ、波は反対側から来たことになる。

当然だが、このようにぴったり一列に並ぶ可能性はわずかしかない。ほとんどの場合、時間差は〇・〇一秒より短い。波が、ふたつの観測所を結ぶ直線に対し、ある角度をなして届くからだ（直角をなす方向から届いたら、時間差はまったくない――二基の検出器は同時にシグナルを記録することになる）。だがその場合、波がどの方向から来たのかはわからない。できるのは、天空に円を描き、その円上のどこかで衝突が起きたにちがいないと結論づけることだけだ。時間差が短いほど、この円は大きくなる。

検出された何かほかの特徴から、この円のほかの部分よりも、ある部分に波の発生源が存在する可能性が高いとわかる場合もあろう。それでもたいていは、天空に巨大なバナナ形の弧が、合体の起きた可能性がある場所として残る。このため、すぐに別のシグナルを見つけるには、天球の広い範囲をすばやくカバーする必要がある。しかし、そんな広い領域の空には、きっと何十も疑わしい対象があるにちがいない――ひと月前には存在せず、何日かのうちに消えていく、針の穴のごとき小さな光点が。そのひとつひとつについて、遠くの超新星や恒星のフレアなど、ほかのタイプの一時的な現象でないか確かめる必要がある。結局、観測されたアインシュタイン波の発生源を実際に特定できたのか、はっきりわからないままとなる可能性も高い。

二〇一七年二月二十日に改良型Ｖｉｒｇｏが正式に完成したことで、もちろん状況はずっと良くなったように見える。三つの検出器で同じ重力波のシグナルを観測すれば、検出器のペアの組み合わせも三つになる。リヴィングストンとハンフォード、リヴィングストンとＶｉｒｇｏ、それにハンフォードとＶｉｒｇｏだ。ペアが三つだと同じ解析が三通りでできることになるため、結果的に天空に三つの円（あるいはバナナ形の弧）が得られる。三つの円か弧はかなり小さな一領域で重なり合うので、そこが別のシグナルで探すべき場所となる。それどころか、本書が刊行されるまでにアインシュタイン波の代わりとなる最初のシグナルが見つかって調べられていたとしても、私はそんなに驚かないが、本書執筆の時点でアドバンストＶｉｒｇｏは、まだ鏡を吊る石英ガラスのワイヤーにかんする問題に直面している（一方、アドバンストLIGOの第二次観測運用は二〇一六年十一月三十日に開始され、二〇一七年四月現在、六つの「イベント候補」が見つかっている）。

今から数年後には、第四のレーザー干渉計が日本で稼働する予定だ。将来は、五番目がインドで稼働する（このふたつについては、第16章で詳しく語る）。想像がつくだろうが、検出器が増えればいっそう正確に位置が特定できる。こうした急速な進歩により、重力波の発生源を探るフォローアップ観測は、ほどなく宇宙物理学における成熟した有望な分野になると考えるほかない。

電磁的なシグナルの探索は、地上の光学望遠鏡や電波望遠鏡だけで進められるわけではないだろう。むしろ、最初に成功の声を上げるのが宇宙望遠鏡でもおかしくない。なにしろ、ガンマ線やX線といったとりわけ高エネルギーの電磁放射は、地上からはまったく観測できないのだから。いくつかのガンマ線天文学者やX線天文学者のチームも、LIGO-Virgoコラボレーションと協定を結んでいる。彼らは、干渉計が示すどんな方向へもすぐに宇宙望遠鏡を向ける準備ができている。

たとえばNASAが二〇〇四年十一月に打ち上げたスウィフト衛星は、すでにかなりの時間、探索にかかわっている。スウィフトは、ガンマ線バーストを検出し調査するように設計されていた。ガンマ線検出器、X線望遠鏡、紫外／可視光望遠鏡を搭載しているのだ。スウィフトは、ガンマ線バーストの検出と、その天空における位置の特定と、光学的シグナルの探索を、全部自動ですることができる。しかし、メリーランド州グリーンベルトにあるNASAゴダード宇宙飛行センターの主任研究員ニール・ゲーレルズによれば、重力波の発生源に対応するX線、紫外線、可視光をすばやく探すこともできるという。実際にこれまで、いくつものLIGO-Virgoトリガーに対してフォローアップ観測をおこなってきた。第11章で語った二〇一〇年九月のビッグドッグ・イベント――あの厄介者として有名な盲検注入——で、二日ほどそれに費やしもした。

ゲーレルズいわく、NASAのもうひとつの観測機器であるフェルミ・ガンマ線宇宙望遠鏡も、決定的な役割を果たしうる。フェルミは二〇〇八年六月に打ち上げられた。これに搭載された広角ガンマ線検出器は、天空のおよそ半分をカバーしている。したがって、重力波シグナルとともに高エネルギーのガンマ線バーストが生じれば、フェルミで見られる可能性がおよそ五〇パーセントある。その場合、スウィフト衛星がフェルミの検出をフォローアップして、より正確な位置を決定することもできる。すると数分以内に、地上の光学望遠鏡が、LIGOとVirgoのみから示されるよりもずっと狭い領域を探索しだすことが可能となる（残念ながら、ニール・ゲーレルズがそうした探索の結果を目にすることはかなわない——彼は二〇一七年の初め、六四歳で亡くなったのである）。

地上の観測機器はどうだろうか？　一部の大型望遠鏡には、何度でも天空の地図が作れるように広角カメラが装備されている。二六八メガピクセルのカメラをもつパラナルのVLTサーベイ望遠鏡については、すでに紹介した。それとは別に、チリのセロ・トロロ汎米天文台にある口径四メートルのブランコ望遠鏡に搭載された、五二〇メガピクセルのダークエネルギーカメラもある。さらに、一・四ギガピクセルのパンスターズ（Pan-STARRS）カメラが、ハワイのマウイ島のハレアカラ天文台に設置された二台の一・八メートル望遠鏡にそれぞれ載っている。とはいえ、こうした大型の機器は、実は短命な現象をすばやくフォローアップするようにできてはいない。もっと小型の機器のほうが、都合がいい。そうした小型の機器のひとつが、カリフォルニア州南部の有名な場所で稼働している。その場所とは、パロマー天文台だ。

サンディエゴ北東のパロマー山にある比較的小さなサミュエル・オースチン望遠鏡は、見過ごされやすい。車で天文台に上がってくる観光客は、たいてい口径五・一メートルもあるヘール望遠鏡のばかでかいドームに目を見張り、巨大な反射鏡を見学者通路から眺め、ギフトショップで土産《みやげ》を買い、車へ戻ってしまう。それもまあしかたない。ヘール望遠鏡（宇宙物理学者のジョージ・エラリー・ヘールにちなんでいる）には確かに圧倒される。これは一九四八年に登場してから、二五年以上にわたり世界最大の望遠鏡でありつづけた。一九七〇年代の初め、私が十代で天文愛好家になったころ、ヘール望遠鏡は、現在の若い世代にとってのハッブル宇宙望遠鏡のような存在だった。この堂々たる建造物の下やまわりを歩くと、畏怖の念に駆られる。

ずっと小さなサミュエル・オースチン望遠鏡は、大きな望遠鏡のドームから車で少し行ったところにある。この望遠鏡の主鏡は、直径が一・二メートルしかない。パロマー・シュミット（光学設計方式の名にちなむ）としても知られるそれは、視野が広大で満月の直径の一二倍以上もある。この望遠鏡は、一九五〇年代、有名なパロマー天文台スカイサーベイ――北天の大きな写真星図――を作るのに使われた。

エドウィン・ハッブル（宇宙望遠鏡の名前は彼にちなんでいる）など、かつてのパロマーの天文学者が今この望遠鏡を見ても、ほとんどそれと気づかないだろう。卓球台サイズの大きなシャッターが、望遠鏡の先端に取り付けられている。鏡筒が切り開かれ、大型の高冷却ＣＣＤカメラと追加の光学素子が収容されている。ケーブルと電子機器がそこらじゅうにある。さらに、この望遠鏡は今では完全に自動化されている。望遠鏡が天空をスキャンする夜間には、周囲にだれもいないのだ。星図の作成にかけては世界でも指折りの速さを誇る、ツヴィッキー短期現象観測施設（ＺＴＦ）へようこそ。

ＺＴＦプロジェクトの科学者である、カルテクのエリック・ベルムによると、この機器は、ほぼ一分半ごとに三〇秒露出して写真を撮ることができる。高感度の電子機器のおかげで、どの写真にも、一時間ほど露出した一九五〇年代の写真乾板とほぼ同数の星が写る。理論上、ＺＴＦはひと晩で見える全天の写真を撮ることができ、毎秒約一〇〇メガビットという驚くべきデータフローを生み出す。

ツヴィッキー短期現象観測施設（ＺＴＦ）は、カルテクの天文学者フリッツ・ツヴィッキーの名を冠している。彼は、ほかの銀河における超新星爆発を探す最初期の天文学的調査のいくつかをおこなっている。ＺＴＦも、遠くの超新星やほかの短命な現象を探している。だがもちろん、この機器は重力波の通知にも反応できる。通知を受けて一分以内に、この望遠鏡はドームとともに回転して正しい方向を向き、光学的なシグナルを探しはじめることができる。

南半球で将来ＺＴＦのライバルとなりうるもののひとつは、チリのＢｌａｃｋＧＥＭプロジェクトだ。ＢｌａｃｋＧＥＭは二〇一八年、六五センチメートル自動望遠鏡が三台という少数のアレイ（群）でスタートする。もっと多くの資金が確保できれば、アレイの規模はそっくり同じ望遠鏡が五台から一五台にまで拡大され、それぞれに高感度のＣＣＤカメラが装備されるだろう。ＢｌａｃｋＧＥＭの主任研究員は、オランダの天文学者パウル・フロートで、彼はガンマ線バーストに対応する可視光シグナルを最初に見つけた人物でもある。実を言うと、本章ですでに触れたフロートのＭｅｅｒＬＩＣＨＴ望遠鏡が、ＢｌａｃｋＧＥＭの機器のプロトタイプなのである。

ＢｌａｃｋＧＥＭには、重力波に対応するシグナルを探るほかのプロジェクトよりも有利な点がふたつほどある。第一に、これは重力波検出のフォローアップに特化している――それが主な科学的目標なのだ（一方ＺＴＦは、ほかの仕事も考えるとせいぜい月に数件のトリガーのフォローアップしかできない）。また第二に、複数の望遠鏡からなるアレイなので、ＢｌａｃｋＧＥＭはかなり融通が利く。Ｌ

BlackGEM望遠鏡アレイは、いくつもの口径65センチメートルのロボット望遠鏡で構成される予定だ。LIGOやVirgoなどのレーザー干渉計が新たな重力波シグナルを検出すると、ただちにBlackGEMが可視光シグナルを求めて天空をスキャンする。

IGOやVirgoの示す探索領域が、GW150914やGW151226のように長く伸びている場合、望遠鏡はそれぞれバナナ形の弧の一部分だけ観測すればいい。探索領域が狭かったり、重力波以外のシグナルが検出されたりした場合は、すべての望遠鏡で一斉に同じ場所を観測し、感度をはるかに高くすることができる。

チリの港町ラ・セレナの北東に位置するセロ・ラ・シラが、BlackGEMの建設地に選ばれている。ラ・シラ上空は、パロマー山の上空よりずっと大気が安定しているので、観測条件がはるかに良い。これは第三の利点だ。一九六〇年代、ラ・シラには、ヨーロッパ南天天文台（ESO）の初代の望遠鏡がいくつか設置された。現在、ESOの活動の主体はずっと北のセロ・パラナルに移っているが、ラ・シラでもまだ多くの活動が継続している。鞍形の尾根に乗った天文台を囲むように、なだらかに起伏する丘が遠くの地平線へ向かって延びている。そこはとても静かな場所で、野生のロバやアタカマキツネが頻繁にやってくる。晴れた日（よくある）には、二五キロメートルほど離れたカーネギー研究所ラス・カンパナス天文台のドームがよく見える。

＊　＊　＊

こんなにも多くの辺鄙な山の頂に、こんなにも多くの天文台。またそこに、こんなにも多くの高感度の機器と、宇宙の謎を解こうとしている熱心な天文学者たち。パロマー山のツヴィッキー短期現象観測施設や、セロ・ラ・シラのＢｌａｃｋＧＥＭが、重力波検出に対応する可視光シグナルを最初に見つけるのだろうか？　あるいは、宇宙規模の衝突のフォローアップは、電波観測やＸ線・ガンマ線計測にかかっているのだろうか？　スクエア・キロメートル・アレイやその各種パスファインダー望遠鏡にかかわっている電波天文学者は、すでに最良の対応方法を議論している。Ｘ線天文学者は、国際宇宙ステーションに設置できるような全天モニターの実用化を望んでいる。既存の天文台は、地上のも宇宙のも皆、分担を請け負おうとしている。新たなプロジェクトも次々と稼働している。成功は近い。もはや時間の問題にすぎない。

いずれは、至るところを同時に見るという夢さえも実現するかもしれない。将来できる口径八・四メートルの大型シノプティック・サーベイ望遠鏡（ＬＳＳＴ）は、三ギガピクセルのカメラを使って、観測しうる全天を週に三回、途方もない感度で画像に収める。ＬＳＳＴは、チリ北部にあるさらに別の天文観測拠点の山、セロ・パチョンで建設が進められている。これは、超新星、閃光星（フレア星）、小惑星などの短命な現象を何万も発見し、何十億もの銀河の位置や形を記録して、宇宙全体の構造と進化を研究することになるだろう。

一方、セロ・パチョンのすぐ北に位置するセロ・トロロでは、未来的な外見をしたエブリスコープが、すでに全天の四分の一の画像を二分ごとに撮影している。このプロジェクトはノースカロライナ大学チャペルヒル校のニコラス・ローに率いられ、二七台のアマチュアサイズの望遠鏡を集めたものが、一体となって巨大な魚眼レンズの役目を果たしている。もちろん、口径が小さいため、エブリスコープはＬＳＳＴほど深くは探れない。非常にかすかな星やものすごく細部までは見えないのだ。それでも、多くのエブリスコープを世界じゅうに配置すれば、宇宙の連続的な全天監視が可能となる。

これは未来の天文学だ。考えうるあらゆるタイプの観測を、天空のあらゆる場所で、すべての時間におこなう。最も高エネルギーのガンマ線から最低の周波数の電波に至る、ありとあらゆる波長の光子。宇宙線やニュートリノなど、宇宙からやってくる素粒子。時空の生地そのものに生じる微小なさざなみ。全体としてこれらのメッセージが、われわれの住むこのすばらしい宇宙にかんする情報の宝庫となっている。

ＬＩＧＯによる画期的な重力波検出は、まさしくマルチメッセンジャー天文学の誕生をもたらしたのである。

第15章　宇宙へ進出する

食事はおいしかったが、レセプションはひどかった。

レセプションとは、携帯電話の受信状態《レセプション》のことだ。国際的なジャーナリスト集団の一員として、私は欧州宇宙機関（ＥＳＡ）の招待を受け、フランス領ギアナのクールーにあるギアナ宇宙センターへ、ＬＩＳＡパスファインダー宇宙機の打ち上げを見に行っていた。打ち上げの前日、われわれはジャングルのなかに建つクールー河畔のレストラン、カルベ・デ・マリパですてきなランチを楽しんだ。なかには、色鮮やかな丸木舟でショートツアーに出かけた人もいた。気分はまるですばらしい休暇で、外の世界との連絡など必要ないようにも思われた。

ＥＳＡの打ち上げロケット担当責任者ゲール・ウィンターズが、コースのふた皿目と三皿目のあいだに告知をするまでは。ロケットの上方の段の温度センサーに技術的な問題が生じたため、二〇一五年十二月二日早朝の打ち上げは、予定どおりにおこなわれなくなった。当然、集まっていたジャーナリストたちは、編集者に連絡したり、ブログを更新したり、フェイスブックにメッセージを書き込んだり、ツイッターに投稿したりしようとした。だが、カルベ・デ・マリパにはＷｉ－Ｆｉ（無線ＬＡＮ）環境がなく、携帯電話の電波も届いていなかった。

幸い、川岸で断続的につながる場所があるのにだれかが気づいた。アンテナがせいぜい一本立つだけだが、たいていの目的には事足りる。すると皆がそこへ行き、丸木舟をつける小さな木の桟橋に身を寄せ合って、スマートフォンを高く掲げた。滑稽な光景だったにちがいない。

センサーの問題はすぐに解決し、打ち上げは一日だけ延期され、現地時間で十二月三日の午前一時四分となった。ヨーロッパ製の小型のヴェガロケットに載った宇宙機は、爆音とともに夜空へ上がり、燃えさかる噴気が雲の層で見え隠れする。数分で姿が見えなくなる。炎といい、煙といい、とどろく音といい、何もかも完璧な打ち上げだった。管制室では、人々が歓声を上げて抱き合った。一五年以上もこのプロジェクトで働いてきた人もいる。シャンパンの栓が開き、涙の栓もゆるんだ。

ほんの三か月前に私は、ドイツのオットーブルン（ミュンヘンのすぐ南）にあるインダストリーアンラーゲン-ベトリープスゲゼルシャフト社のクリーンルームで、検査中のＬＩＳＡパスファインダーに間近で対面した。そこの住所はアインシュタイン通り二〇番地で、宇宙で重力波を検出する技術を検証するミッションには、まさにふさわしかった。この宇宙機は大きなバスタブぐらいのサイズで、金色の断熱シートに全体を覆われ、推進モジュールに載っていた。クリーンルームの別の場所には、この宇宙機を入れてフランス領ギアナへ運ぶ巨大なカゴもすでに用意されていた。

ＬＩＳＡパスファインダーの内奥には、小さなペーパーウェイトほどのサイズでどっしりした、金と白金からなるよく磨き上げられた立方体が二個あり、打ち上げの数週間後に外乱を受けない自由落下状態に置かれる予定であることを、私は知っていた。この宇宙機の技術的な心臓部には、レーザーと鏡と光検出器を備えたミニチュアの干渉計も収められていた。私には、このデリケートな装置が、イギリスまでトラックで運ばれ（最終的な準備のため）、アントノフ輸送機でクールーまで空輸され、手荒に宇宙へ打ち上げられ、その後太陽周回軌道で運用地点まで旅するのに持ちこたえられるとは、とても思えなかった。

「これは、宇宙から重力波を観測する私たちの第一歩です」オランダのノールトヴァイクにあるESAの欧州宇宙研究技術センター（ESTEC）のプロジェクト科学者ポール・マクナマラは言っている。「LISAパスファインダーは、未来への扉を開きつつあるのです」三か月後、打ち上げにあたってESAの科学担当責任者アルバロ・ヒメネスは、ほかにもいくつか引き合いに出す言葉を用意していた。「新たな道を拓く」、「未踏の領域」、「科学の新たな章」。そして私の一番のお気に入りは、「アインシュタインも喜ぶことと思います」だ。アインシュタインもびっくり仰天だろう、と私は思った。

＊＊＊

では、LISAパスファインダーとはいったい何なのか？　実は、名前がすべてを言い表している。これは、レーザー干渉計宇宙アンテナ（Laser Interferometer Space Antenna）――宇宙に設置する将来の重力波アンテナ――のパスファインダー（先駆け）ミッションである。LISAは、巨大な宇宙版のLIGOを目指している。反射鏡と望遠鏡を使い、数百万キロメートル離れて編隊飛行する三つの宇宙機のあいだでレーザー光を跳ね返すのだ。高感度の干渉計は、三機の内部に置かれた立方体の「テスト質量」間の距離が、低周波の重力波の通過によってわずかに変化するのを計測する。

宇宙でアインシュタイン波を検出した経験はだれにもない。必要な技術を事前にテストせずにLISAを建造して打ち上げるのは、オーヴィルとウィルバーのライト兄弟に、ライト・フライヤー号などやめてボーイング747を作れと言うほどの大きな飛躍だ。ある意味で、LISAパスファインダーは、宇宙での重力波天文学にとってのライト・フライヤー号なのである。

地上の検出器では、干渉計の腕の両端にある鏡がテスト質量の役目を果たす。重力波が通り過ぎる際に、それが互いにわずかに近づいては離れる。すでに述べたように、その距離の変化はきわめて小さく、陽子の直径よりもはるかに小さい。だから鏡は、周囲が生み出しうるあらゆる高周波の振動から隔離しなければならない。じっさい、これがLIGOやVirgoのようなレーザー干渉計にとって大きな課題となっている。

宇宙では、そばをトラックが通ることも、ドアがバタンと閉められることもない。はるかに静かな環境だ。しかし、それでも望ましくない多くの力が働いている。たとえば宇宙機に太陽の放射がたたきつける。太陽光があたる面に、わずかだが計測可能なほどの圧力がかかるのだ。また、微小な流星物質が、不規則なタイミングであらゆる方向から飛び込んでくる。同じことは、地球やほかの惑星の大気から逃げ出したわずかなガスの粒子についても言える。太陽によって宇宙に吹き飛ばされた荷電粒子、わずかな温度変化、磁場、高エネルギーの宇宙線粒子――アインシュタイン波の測定を台無しにしかねないさまざまな攪乱要因があるのだ。

そうしたすべての影響からテスト質量を守る最良の手だては、がらんどうの宇宙機のなかに収めることだ。太陽の放射圧や塵の粒子の衝撃で、宇宙機の位置がずれるおそれはある。だが、もしずれても、外についた推進装置を使って、なかのテスト質量に対する宇宙機の相対的な位置を修正できる。すると、テスト質量そのものは、太陽や惑星の重力の影響だけを受けることになる。実のところ、これこそ「自由落下」の真意なのである。

しかし、これはそんなに簡単なことではない。何であれ簡単なものなどない。がらんどうの宇宙機のなかでも、テスト質量にわずかな力が働くのだ。最高レベルの真空状態でも、つねにいくらかのガスの原子が飛びまわっている。温度変化も影響し、残留磁場もそうだ。テスト質量に電荷がゆっくりたまると、わずかな浮動が生じうる。宇宙機そのものから受ける小さな重力も、完全に対称ではない。しかもそうした重力は、推進装置が燃料を消費するせいで、時間とともに変化する。テスト質量を真に自由落下させることがどれだけうまくできたのかを知りたければ、これらの微小な力や加速度をすべて測定する必要がある。だがもちろん、宇宙機がテスト質量につねに「追随」して動いているのなら、これは不可能だ。測定の基準がないからである。

ここで第二のテスト質量が登場する。まだ残る影響を求めるにしても、それはふたつのテスト質量で厳密に同じにはならない。ふたつとも完璧な、外乱を受けない自由落下状態にあるのなら、相互の距離や向きはずっと変わらない。だがそうではなく、がらんどうの宇宙機のなかでもわずかな力が働いている。その結果、ふたつのテスト質量は、相互にゆっくり浮動しはじめる。そのわずかな浮動が測定できれば、達成されている「静かさ」を示す良い指標が得られる。

ＬＩＳＡパスファインダーの第一目標は、完全に静かで外乱のない環境を作り出す能力を実証することにある。宇宙機に収められた立方体のテスト質量は、どちらも一辺が四六ミリメートルで、金が七三パーセント、白金が二七パーセントの合金でできている。この材料を選んだのは、磁化率が低く、密度が高いためだ。どちらの立方体も、重さはおよそ二キログラムある。将来のＬＩＳＡ実機の検出器でも、これに近いテスト質量が使われる予定だ。費用は一個七万ドルほどで（立方体の精密加工のコストははるかに高いが含めていない）、ＬＩＳＡパスファインダーのテスト質量は、これまでに宇宙へ打ち上げられた金属のかたまりのなかで最も高価なものだろう。考えられるかぎり、最もマニアックなペーパーウェイトにちがいない。

二個の金／白金の立方体は、それぞれ宇宙機の内奥にある小さな空洞のなかに浮かんでいる。立方体を収めたモリブデンの容器は、互いに三八センチメートル離れている。容器の形状も立方体で、一辺が五四ミリメートル。テスト質量が空洞の中央にあると、六つのどの方向にも四ミリメートルほどしかすき間が残らない。実に窮屈な牢獄だ。また当然だが、立方体は容器の内壁に触れてはならない。

では、ＬＩＳＡパスファインダーの技術者がどうやってこの並外れた芸当をなし遂げるのかを説明しよう。第一の容器の六つの壁には、静電容量センサーが取り付けられている。このセンサーの電極が、それぞれの壁と自由に浮いている立方体——以後、テスト質量１と呼ぼう——との距離を精密に測定する。立方体が完璧な中央からずれると（たいていは、宇宙機の外側が受ける太陽の放射圧など、なんらかの外力による）、とても小さな推進装置が微量の窒素ガスを吹き出して、宇宙機の位置を修正する。その結果、宇宙機全体がテスト質量１に「追随」しながら太陽を周回する。ここまではいい。

だが、テスト質量１は完全な自由落下の状態にはない。先ほど言ったように、おそらくありとあらゆる小さな影響が働いている。科学者は、そうした影響を厳密に定量化して、外乱のない環境をどこまでうまく作れているのかを知ろうとする。すでに見たとおり、ふたつの立方体に対して働く力がまだ残っていると、それは両者でわずかに異なる。すると時間とともに、テスト質量１とテスト質量２は、相互にゆっくり浮動しだす。宇宙機はテスト質量１に追随しているので、ほどなくテスト質量２はそれ自体の容器の内壁にぶつかるだろう。

さて、ここでうまい仕掛けがある。第二の容器の内壁に取り付けられた電極を使って、テスト質量２

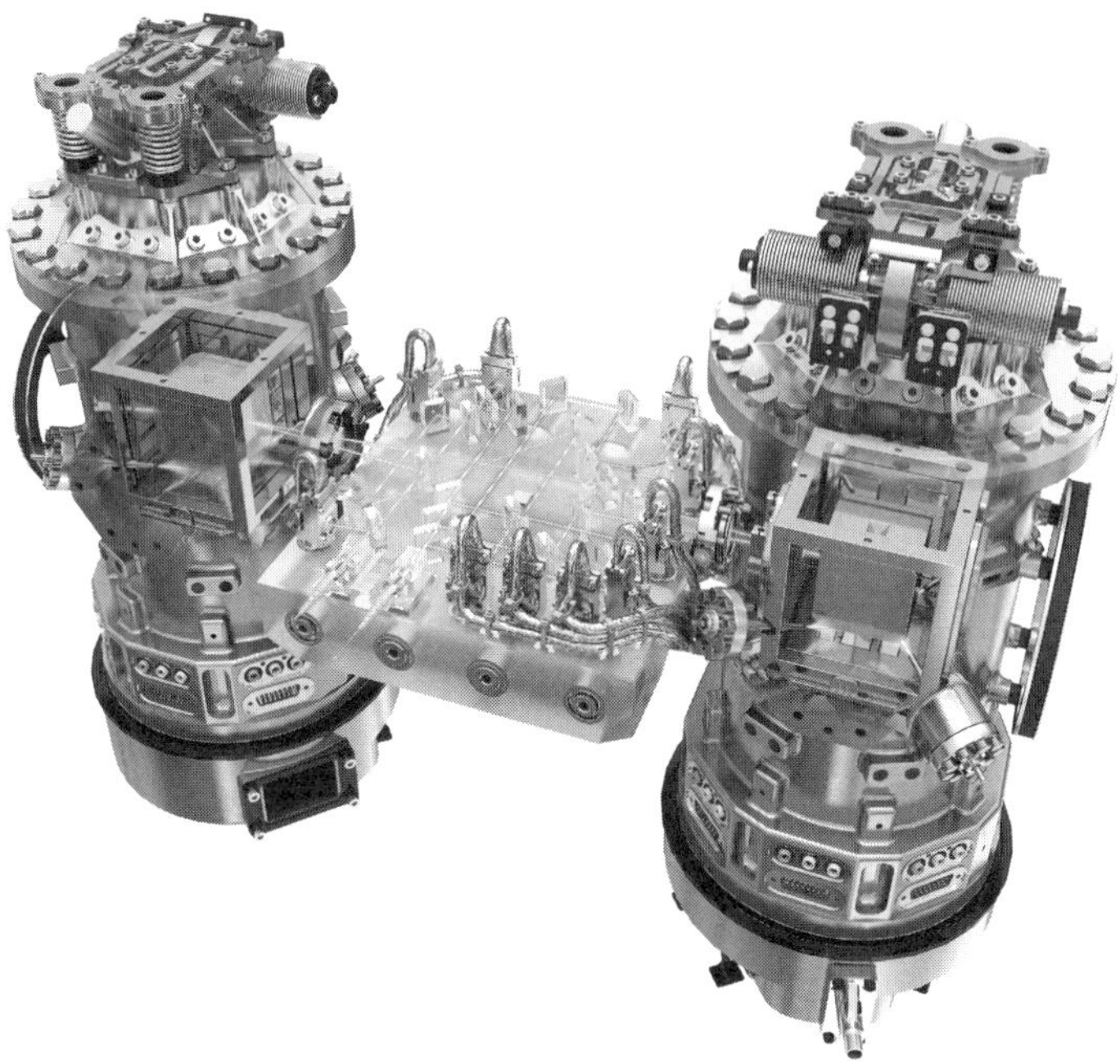

欧州宇宙機関が製作した宇宙機LISAパスファインダーの内部機構の切断図。2個の金／白金の立方体をなすテスト質量が、それぞれモリブデンの容器に収められているのが見える。2個のテスト質量のあいだには、LISAパスファインダーの小型干渉計がある。

が浮動しだしたとたんにそれを能動的に所定の位置に戻すのだ。そのために必要なわずかな電流が、ふたつの立方体のあいだに残っている相対的な動きや加速度を示す指標となる。修正に必要な力が小さいほど良い。

LISAパスファインダーには小型の干渉計も取り付けられている。これは、二本のレーザービームと、二二個の鏡とビームスプリッターのセットで構成されている。この干渉計は、ふたつのテスト質量の容器のあいだに設置され、ふたつの立方体間の距離や相互の向きに生じるきわめてわずかな変化を正確にモニターする。目的は、空間上の距離をピコメートル［訳注：ピコは一兆分の一］レベルで測れる可能性を実証するためである。干渉計による測定は、静電容量センサーの数千倍も高感度なのだ。

そればかりか、ＬＩＳＡパスファインダーは、将来のレーザー干渉計宇宙アンテナ（ＬＩＳＡ）で利用されるほぼすべての新技術のテストをおこなう。パスファインダーがおこなわないのは、重力波を実際に測定することだけだ。それには小さすぎるのである。

だが、なぜ宇宙で重力波を測定しようとするのだろう？　あなたも覚えているだろうが、ＬＩＧＯやＶｉｒｇｏのような地上の検出器は、一〇〜一〇〇〇ヘルツ程度の周波数のアインシュタイン波を感知する。それよりずっと低い周波数は検出できない。数ヘルツ以下の領域では、環境の「振動ノイズ」が強すぎるのだ。ところが、宇宙の静かな環境では、干渉計の腕が十分に長ければ、そうした低周波の波を測定することがすっかり可能となる。ＬＩＳＡの腕は数百万キロメートルになる予定だ。すると、一万分の一ヘルツ（一〇〇マイクロヘルツ）から一ヘルツまでの重力波を感知できることになる。実のところＬＩＳＡは、地上の干渉計による高周波の観測と、第13章で述べたパルサー・タイミング・アレイによるナノヘルツ帯の観測とのすき間を、うまいこと埋めてくれるのである。

そうならば、天文学者はこの中間の周波数帯でも時空のさざなみが検出できると期待しているのだろうか？　そのとおりで、明らかに期待している。われわれの銀河にある、近接した白色矮星の連星は、この周波数帯の重力波を継続的に生み出している。恒星質量ブラックホールの連星も、衝突・合体する数年〜数か月前はそうだ。さらに、宇宙の観測施設なら、宇宙のあちこちの銀河にある超大質量ブラックホールの連星の合体も観測できるだろう。こうした重力波の発生源の候補については本章の末尾でまた取り上げるが、天文学者が宇宙で研究する必要性をずっと確信してきたのは間違いないだろう。

しかし、必要性を確信するだけでは、野心的で多額の費用がかかる宇宙ミッションに取りかかることはできない。ＬＩＳＡプロジェクトには長く複雑な経緯があり、これから語る歴史が示すとおり、数十年のあいだにあまたの障害や後退があった。

＊＊＊

アインシュタイン波の検出器を宇宙に設置するという考えの一番最初は、一九七〇年代の半ばにまでさかのぼる。当時、ＬＩＧＯはまだ遠い夢だったが、レイ・ワイスは一九七二年にＭＩＴの『四半期進捗報告』に載せた論文で、すでにほぼ具体的に練り上げていた。当初彼は、地上のキロメートル規模のレーザー干渉計を思い描いていた。だが思いなおした。宇宙に作ったほうがずっと良いのではないか？　そこなら、外部の振動や鏡の懸垂についてあまり思い悩む必要がない。

ワイスはこの構想を、一九七四年のディナーミーティングでコロラド大学ボールダー校のピーター・ベンダーと話し合った。以来ずっと、ベンダーは宇宙の夢を実現させる試みにかかわってきた。彼はＬＩＳＡの創始者のひとりと一般に見なされている。ちなみに、当初の計画はＬＩＳＡという名ではなかった。ＳＡＧＡ（Space Antenna for Gravitational-wave Astronomy［重力波天文学用宇宙アンテナ］の略称）と呼ばれていたのだ。それから一〇年以上かけて、ＳＡＧＡのアイデアはＬＡＧＯＳ（Laser Antenna for Gravitational-wave Observations in Space［重力波観測用宇宙レーザーアンテナ］）という本格的なミッション構想に発展を遂げた。そのころには、ＬＩＧＯは初期の開発段階に入っていた。

ＬＡＧＯＳは、離れた三つの宇宙機が、一〇〇万キロメートルの腕を二本もつ巨大なＶ字の隊形をとり、地球を追いかけて太陽のまわりを回ることを特徴とする。レーザービームが、Ｖの頂点にあたる

「母機」と、ふたつの「子機」のなかに浮かんでいるテスト質量とのあいだで反射する。反射したレーザー光の干渉によって、腕の長さのわずかな変化が検出できる。これは、巨大なＬＩＧＯを宇宙に建設するようなものだ（干渉計の腕のなす角度が直角でなく六〇度であることはさして問題ではない）。太陽を周回しているおかげで、継続的な重力波の発生源については、天空における位置を一年のうちには正確に三角測量することができる。このように、全体としてＬＡＧＯＳは非常にすばらしい野心的な構想だった。しかし、資金提供機関の側は、計画が時期尚早で、リスクが大きすぎ、費用もかかりすぎると考えた――きっとそうだっただろうが。

だが科学者は、アイデアに価値があると確信したら、簡単にはあきらめない。ドイツの物理学者カルステン・ダンツマンは、一九九三年、ミュンヘンのマックス・プランク量子光学研究所から、重力波グループを新たに立ち上げるためにハノーファー大学へ移ったその年に、新たな案をＥＳＡに提出した。ＥＳＡは、ホライズン２０００＋という科学プログラムの第三次中規模（Ｍ３）ミッションの案を募集していたのだ。そのタイミングは間違いなくちょうど良かった。一年前の一九九二年には、全米科学財団がＭＩＴやカルテクとＬＩＧＯを建設する共同契約を結んでいた。地上の干渉計を建設するふたつの予定地として、ハンフォードとリヴィングストンがすでに選定されていた。イタリアでは、Ｖｉｒｇｏプロジェクトがまさに承認されたところだった。

レーザー干渉計宇宙アンテナ（ＬＩＳＡ）と名づけられたその新たな構想は、ＬＡＧＯＳよりさらに野心的だった。ダンツマンの案では、六つの宇宙機が必要だった。三角形のどの頂点にもふたつずつだ。さらに、三角形の一辺は五〇〇万キロメートルになる。宇宙機にはレーザー、ビームスプリッター、望遠鏡、鏡、光検出器が装備される。三角形の各頂点から、同期したレーザー光がほかのふたつの頂点へ向けて送られる。したがって、事実上ＬＩＳＡは、巨大な三基の干渉計が重なり合ったものなのだ。三基の干渉計が一緒に稼働すると、重力波の偏波——波の振幅が全方向で同じになっていない状態——を測定することができる。これにより、発生源となる周回する天体について、空間上の向きや自転速度など、さらなる情報が与えられる。

ＬＩＳＡはホライズン２０００＋のＭ３ミッションに採択されなかった——あまりにも野心的すぎたのだ。だがダンツマンらは、欧州宇宙科学プログラムの「コーナーストーン・ミッション」の候補として再提案した。それでもすぐに、ＥＳＡが単独で進めるには費用がかかりすぎることが明らかになったため、共同プロジェクトとしてＮＡＳＡとの協力が模索された。そして双方の機関が、一五億ドルから二〇億ドルのあいだと推定された費用総額をほぼ半分ずつ負担することになる。一九九六年には、隔年で開催する国際ＬＩＳＡシンポジウムの第一回会合がイギリスで開かれた。二年後、科学者たちはＥＬＩＴＥ（European LISA Technology Experiment（欧州ＬＩＳＡ技術実験））という技術実証機も提案した。多くの人の期待よりはずっと遅かったが、はずみがついてきていた。

二〇一〇年になってようやく、ミッションの詳細なプランが固まった。そのころには、当初のＥＬＩＴＥの案はＬＩＳＡパスファインダーに発展を遂げていた。しかし、技術実証ミッションにかかわる作業はすでに大きく遅れていた。その時点で打ち上げは二〇一三年と見込まれていた。ＬＩＳＡ本機についても、費用の節約のため、宇宙機が六つから三つに減らされた。そして二〇一八年のどこかで、積載能力の大きいアメリカのアトラスロケットで三機が一緒に打ち上げられる予定となった。

二〇一一年二月三日、ＬＩＳＡプロジェクトチームは、フランスのパリにあるＥＳＡ本部で開かれた会合において、プランを発表した。ＥＳＡが、新たな宇宙科学プログラム「宇宙ビジョン２０１５～２

025」の最初の主要ミッションにこの重力波観測の案を選ぶのを期待してのことだった。このL1ミッション（「L」は単に「大型（large）」という意味）に対するほかのふたつの候補も、ESAとNASAの共同プロジェクトだった。木星をめぐる氷に覆われた衛星に複数の宇宙機を送るプロジェクトと、大型X線望遠鏡のプロジェクトだ。パリでの発表と、その後のESA宇宙科学諮問委員会による推薦をもとに、ESAはその年の夏には最終的な採択をすることになっていた。

そこへ悲劇が襲った。三月十五日、パリでの会合から六週間も経たないうちに、NASAはESAとの三つの共同科学ミッションすべてから手を引いた。主な理由は、アメリカの財政危機と、ハッブルの近赤外線観測用後継機であるジェイムズ・ウェッブ宇宙望遠鏡のコストの高騰だった。LISAについては、二〇一〇年の報告書『ニュー・ワールズ、ニュー・ホライズンズ』——二〇一二〜二〇二一年の一〇年間にアメリカで予定する天文学・宇宙物理学分野のプロジェクトにかんする、アメリカ学術研究会議の評価——で、最優先の評価も受けていなかった。

NASAの残念な決定を受けて、ESAの科学担当責任者の任期終了直前だったデイヴィッド・サウスウッドは、宇宙ビジョンの第一次主要ミッションの選定を二〇一二年の春に延期することを決めた。これにより、三つのチームに、ヨーロッパだけで進めるはるかに安価な代替プロジェクトを考えつくだけの時間が与えられたら、と彼は思ったのである。すると数か月で、アインシュタイン波のチームはNGO（New Gravitational-wave Observatory（新重力波天文台））という新たな案を作成した。腕の長さは一〇〇万キロメートルに戻された。その結果、望遠鏡と鏡はより小さくでき、レーザー出力も減らせた。三つの宇宙機はコンパクトになり、打ち上げは比較的安価なロシアのソユーズブースター二機で可能となった。さらに、NGOは干渉計が三台でなく一台だけとなった。当初のLAGOSの設計とまったく同じで、「母機」にはレーザーと検出装置が収められ（ＬＩＧＯやＶｉｒｇｏの中央の建屋と同様）、ふたつの「子機」には干渉計の先端の鏡だけが置かれるのだ。

それでも、ＥＳＡの科学プログラム委員会が二〇一二年五月三日にＬ１ミッションの最終的な採択をおこなった際、ＮＧＯの案と縮小したＸ線望遠鏡の案は見送られ、木星氷衛星探査機（ＪＵＩＣＥ）が選ばれた。ＪＵＩＣＥは、二〇二二年に打ち上げられる予定で、木星の衛星ガニメデ——惑星である水星より大きな氷の世界——を調査する。さらに、衛星エウロパとカリストのフライバイ［訳注：天体への接近通過］もおこなう。木星近傍への到着は二〇三〇年の予定で、その三年後にガニメデの周回を開始し、地球以外の惑星の衛星を周回する初めての宇宙機となる。確かにとても胸躍らされるミッションだが、重力波研究者が期待していたものではなかった。

ＬＩＳＡパスファインダーのプロジェクト科学者ポール・マクナマラは、二〇一二年五月末にパリで開かれた第九回ＬＩＳＡシンポジウムの陰鬱な雰囲気を、ありありと覚えている。ＮＡＳＡの人間はもうその場にいなかった。ＬＩＳＡ国際科学チームは解散していた。パスファインダーはさらに遅れをとりつつあった。もはや、はるかに小規模で、安価で、野心的ではないＮＧＯミッションさえ採択されなかったのだ。だれもが落胆していた。「まるで葬式のようでした」とマクナマラは言っている。

それでもなお、ダンツマンらはあきらめなかった。なにしろ、「宇宙ビジョン」プログラムは第二次主要ミッション（Ｌ２）に二〇二八年に着手することになっており、二〇三四年には第三次（Ｌ３）の予定もあったのだ。この研究分野の人々のまとまりを維持すべく、新たに独立したコンソーシアム（共同研究組織）ができた。二〇一三年五月、このチームは、ＮＧＯに似たミッションにｅＬＩＳＡ（ｅはevolved［発展型］の意味）という新たな名を与え、それによって期待される科学的な成果について報告書を刊行した。「低周波の重力波天文台が加わると、宇宙に対するわれわれの知覚に新たな感覚が加わることになる」と文書の結びの部分に書かれていた。「eLISAは、全宇宙を重力波で調査する史上初のミッションとなる。［それは］二〇二八年の科学界において比類のない役割を果たすことになろう」

チームの粘り強さはついに報われた。二〇一三年十一月、ESAはL2とL3のミッションに対する研究テーマを発表した。L2には、高エネルギー宇宙物理学（X線ミッション）があてられ、L3は、重力波ミッションの予定となった。正式なミッションの決定はまだ何年も先だが、少なくともESAは宇宙科学のこの分野に力を入れることにしたのだ。これまでで初めて、宇宙空間のレーザー干渉計の実現が確定した。稼働は、レイ・ワイスとピーター・ベンダーが最初にこの構想を話し合ってからまる六〇年あとになるが。LISAパスファインダーの打ち上げがまた遅れて二〇一五年の末になったのさえ、もはやたいした問題には思えなかった。時間はたっぷりあるのだ。

韓国の光州で二〇一五年六月下旬に開かれた第一一回エドアルド・アマルディ重力波会議では、宇宙科学者たちの気分は確実に前向きになっていた。「LISAが死んだとの報道は大いに誇張されたものだった」イギリスの宇宙物理学者ジョナサン・ゲアは、マーク・トウェインの有名な言葉［訳注：新聞に誤って訃報を流されたときに述べたとされる］を言い換えて聴衆に告げた。ゲアはさらに、ミッションのすばらしい科学的可能性についても語った。（ダンツマンが所長を務めていた）ハノーファーのアルベルト・アインシュタイン研究所のサイモン・バークも、同様に楽観的だった。発表に使ったスライドの一枚に、eLISAのeに「evolved」（発展した）でなく「evolving」（発展していく）をあてて「evolving Laser Interferometer Space Antenna」と記していたのだ。ひょっとしたら、ミッションが再びもっと野心的なものになるかもしれなかった。あるいは、アルベルト・アインシュタインの生誕一五〇周年に合わせて、打ち上げが五年繰り上がって二〇二九年にならないともかぎらない。バークはまた、NASAが再びプログラムに加わる可能性さえ示唆した。とくに、LISAパスファインダーが成功を収めたり、地上の干渉計が最初の直接検出をなし遂げたりすれば、ありうるのではないかと。もちろん、GW150914が三か月以内に見つかることなど知るよしもなかった。

ところで、NASAは完全に姿を消したわけではなかった。NASAはかつて、最大一億五〇〇〇万ドルを提供してeLISAミッションに参加することへの関心を表明していた。LISAパスファインダープログラムにも加わっていた。アメリカの科学者は、同じ宇宙機に取り付けられ、同じテスト質量に対して働くが、別の技術を用いているような、独自のドラッグフリー制御〔訳注：ドラッグフリーとは太陽風などの外乱の影響をなくすこと〕と姿勢制御のシステム、および超小型の推進装置をもっていた。巨大で高価な将来の宇宙天文台の技術検証ミッションを実施するなら、もちろん多様な手段をテストするのが妥当なのである。

そして、夢のような二〇一六年が訪れた。

一月二十二日、打ち上げ成功から七週間後にLISAパスファインダーは、地球から太陽の方向に一五〇万キロメートルほど離れた運用地点に到着した。二月十一日の木曜日には、LIGOとVirgoの科学者による、GW150914の検出を告げる意気揚々たる発表があった。いまや、全世界が重力波について知ることとなったのだ。五日後、パスファインダーにあるふたつの金／白金の立方体が、固定を解除され、すき間のわずかな容器のなかで浮遊しだした（打ち上げと飛行の段階では、機械式の留め具と「指」によって固定されていた）。正規の科学運用は三月一日に始まった。

ほどなく、LISAパスファインダーはだれの期待をも超えていることが明らかになった。シールドされた宇宙機内部は、太陽系でまさしく一番静かな場所だった。ふたつのテスト質量のあいだに残る正味の加速度は、地球上の重力加速度の一〇〇〇兆分の一のさらに一〇〇分の一ほどだとわかったのである。これでピンとこなければ、地球上で大腸菌一個の重さに相当する力が生み出す加速度だ。これは、低周波のアインシュタイン波を将来検出できるだけの、外乱のない自由落下の状態に十分近い。さらに、パスファインダーのレーザー干渉計は、ふたつの立方体の距離を三五フェムトメートル（3.5×10^{-14}メートル）の精度で計測できた。必要な性能をはるかに上回っている。

こうした目覚ましい初期の成果は、『フィジカル・レビュー・レターズ』の六月七日号に掲載された。それから二週間も経たないうちに、NASAのL3検討チームがインターネットで中間報告を公表した。このチームは二〇一五年の終わりに発足し、ESAの第三次主要ミッションに寄与しうるアメリカの技術をリストアップしようとしていた。チームが出した結論のひとつは、「L3の設計・開発・運用にアメリカが大きく関与すれば、このミッションはより技術的に堅固で、科学的に可能性の高いものになるだろう」だった。中間報告には、NASAが従属的パートナーとして再びプログラムに加わるための方策がいくつか提案されていた。それは、ESAの重力天文台諮問チーム（GOAT）が先に出していた報告書の結論と見事に合致していた。

八月十五日に、もうひとつ大きな後押しがあった。今度はアメリカ学術研究会議からだ。一〇年間査定『ニュー・ワールズ、ニュー・ホライズンズ』の中間評価報告書で、執筆者たちは、NASAがeLISAへの支援をこの一〇年間に再開し、またこのミッションを当初の規模に戻す手助けをすることを強く勧告した。報告書の表紙には、アーティストが描いた重力波のイメージと、GW150914の波形を示すグラフが載っていた。「重要なメッセージを表紙に載せたのです」執筆者のひとりであるモンタナ州立大学のニール・コーニッシュは、数週間後にスイスのチューリヒで開かれた会合でそう発言している。

その会合は第十一回ＬＩＳＡシンポジウムで、アルベルト・アインシュタインが一九世紀の末に物理学と数学を学んだスイス連邦工科大学（当時はスイス連邦技術専門学校）の近くで催された。第九回ＬＩＳＡシンポジウムが葬式のようだったとしたら、今回はむしろ甦《よみが》りのパーティーだった。活気に満ちた雰囲気で、ＥＳＡの科学担当責任者アルバロ・ヒメネスが、Ｌ３ミッションの決定が二〇一八年から二〇一六年十月に前倒しになると発表すると、いっそう活気づいた。具体的なミッションの企画案は二〇一七年一月に提出される予定で、最終的な決定は早ければ二〇二〇年となるだろう。「皆さんの夢をかなえたい」ヒメネスは会合に集まっていた重力波研究者たちに言った。「二〇二九年はきっと楽観的すぎるでしょうが、当初の予定より数年早めて、二〇三〇年代初頭のどこかで打ち上げができるかもしれません」

ＮＡＳＡの宇宙物理学部門の責任者ポール・ハーツは、全面的な支援を申し出た。「二〇一一年に当初のＬＩＳＡパートナーシップは解消した」ことを認め、こう言ったのだ。「私がここにいるのは、そこから前進するためです」ハーツはまた、説得力のある企画案を考え出せたら、アメリカ学術研究会議が二〇二〇年に出す次の一〇年間査定報告で、このミッションが非常に強く推薦されるにちがいないとも語った。

その翌日、九月七日の水曜日に、ｅＬＩＳＡコンソーシアムとＮＡＳＡのＬ３検討チームは初の合同会議を開き、当初のミッションプランをアレンジし改善する種々の選択肢について話し合った。ＮＡＳ

Ａの出資割合が五〇パーセントまで戻ることは期待できなかったが、数億ドルでも大きな違いになる。とりうる選択肢はいろいろあった。望遠鏡を大きくする。レーザーを強力にする。腕を長くする（二〇〇〇万キロメートルか、場合によっては五〇〇〇万キロメートル）。ダンツマンは、「皆がたまげるような案を考え出さないといけません」と言った。あるいは、レーザーを三つの宇宙機のそれぞれに設置して、干渉計を一台でなく三台に戻すのもいいだろう。だれもが望んでいたとおり、Ｖ字形で腕が二本のｅＬＩＳＡを、完全な三角形に戻すこともできるのだ。「私たちは三本目の腕を戻したいと思っていますし」ダンツマンは大いに乗り気になって言った。「じっさい三本目の腕を戻すことになるでしょう」

ＭＩＴの物理学者デイヴィッド・シューメーカーは、一九七五年以来この分野に取り組んでおり、今はアドバンストＬＩＧＯのリーダーだが、満面の笑みをたたえていた。「これは大変重要な会議です」彼は言った。「まさにｅＬＩＳＡにとって転機のように思われます。これからはｅをはずしたらどうでしょうか。再びＬＩＳＡはただひとつになるのです」

レーザー干渉計宇宙アンテナ（ＬＩＳＡ）の設計が最終的に決定するまでには、まだしばらく時間がある（ミッションの案は二〇一七年一月十三日に提出された）。だが、確かなことがひとつある。二〇三〇年代の初めには、太陽のまわりを公転する三つの宇宙機のあいだをレーザー光が行き来しており、宇宙機同士の距離はおそらく数百万キロメートルで、ピコメートル単位まで計測されているだろう。ついに天文学者は、ミリヘルツの周波数のアインシュタイン波を検出し、観測可能な宇宙の果てまでのコンパクトな連星や超大質量ブラックホールの合体を観測できるようになるのだ。

それに、ＬＩＳＡだけではないかもしれない。チューリヒの会合では、日本の法政大学の佐藤修一が、ＤＥＣＩＧＯ（Deci-hertz Interferometer Gravitational Wave Observatory（デシヘルツ干渉計重力波天文台）」にかんする状況報告をおこなった。この野心的なプランは二〇〇一年にまでさかのぼる。DECIGOは小型のLISAのようなもので、一〇〇〇キロメートルほど離れた三つの小型衛星からなる。今後一〇年以内に、腕の長さが一〇〇キロメートルのさらに小さな技術検証機（Pre-DECIGOと呼ばれる）が打ち上げられ、地球軌道に投入されるだろう。本格ミッションはその後二〇三〇年代になる予定だ。

一方、中国にもふたつの宇宙干渉計の計画がある。ひとつは天琴といい、広東省の中山大学のチームが提案している。これは、地球軌道上に配置した三つの宇宙機からなり、地球を中心とした巨大な三角形をなすようにする。干渉計の腕の長さはおよそ一五万キロメートルになる。さらに大規模な、太極という太陽周回ミッションは、中国科学院が考案している。腕の長さは三〇〇万キロメートルで、LISAにかなりよく似ている。同科学院力学研究所のガン・ジン（靳刚）によれば、ふたつのプロジェクトは一本化されて二〇三〇年代の初めに打ち上げが実施されるかもしれないとのことだ。

＊＊＊

宇宙干渉計で実際に観測されることは、だれにも予測できない。いや、もちろんまったく予測できないわけではない。天文学者は、宇宙で起きていることについてそこそこ妥当な考えをもっている。だが詳しいところはあいまいだ。超大質量ブラックホールの合体を例にとろう。ほとんどの銀河の中心に巨大なブラックホールがあって、近くにある銀河同士が衝突するとしたら、双方のブラックホールは合体した銀河の中心部で互いのまわりを回ることになると予想できるだろう。当初、それぞれのブラックホールはナノヘルツの重力波を生み出すだけで、それは第13章で述べたとおり、電波パルサーの長期にわ

将来のレーザー干渉計宇宙アンテナ（LISA）を構成する３つの宇宙機のひとつのイメージ。太陽電池パネルが上に載っており、レーザー光が数百万キロメートル離れた宇宙機のあいだを行き来して、重力波の通過による経路長のわずかな変化を検出する。

たる高精度のタイミング計測で検出できる。次に、ふたつのブラックホールが軌道の減衰を起こして互いに近づくと、軌道周期が短くなり、アインシュタイン波の周波数は高くなる。衝突して合体する二、三年前には、どれほど遠くにあっても、ＬＩＳＡで検出できるはずだ。

しかし、光が宇宙を渡ってくるのには時間がかかるため、数十億光年の距離にある銀河の場合、観測されるのは数十億年前の姿だ。すると、超大質量ブラックホールの衝突の期待される頻度を予測するには、銀河とその中心にあるブラックホールの両方について、進化の歴史を知る必要がある。また、超大質量ブラックホールの連星が最終的にどれだけ衝突に至りやすいかについても知る必要がある。理論家は、宇宙物理学のさまざまな仮定をもとに幅広い予測を考えついているが、正しい答えはだれにもわかっていない。

　ＬＩＳＡのすばらしいところは、言うまでもなく、重力波の観測でその答えを与えてくれるという点だ。銀河とブラックホールの進化にかんするどんな見込みのある理論も、観測される合体の頻度と整合する必要がある。数年間の運用ののちに、ＬＩＳＡは、どの理論が決定的に間違っており、どの理論がまだ正しい可能性があるかを教えてくれているだろう。

　コンパクトな天体が超大質量ブラックホールに飛び込む場合の状況は、いっそう不確かなものだ。ときおり、銀河の中心部にある超大質量ブラックホールは、近づきすぎた星やガス雲を飲み込む。天の川銀河のような平均的な銀河では、こうしたことが数百万年に一度起きると考えられている。われわれの太陽のような通常の星は、ブラックホールの潮汐力によってバラバラになることがほぼ間違いない。ほかの銀河で観測されているＸ線のバーストのなかには、きっとこうした潮汐力による破壊現象で生じるものもあるにちがいない。だが、白色矮星、中性子星、比較的質量の小さいブラックホールといったはるかにコンパクトな天体は、潮汐効果に耐えられる可能性が高い。そうした天体がどんどん速度を上げながら超大質量ブラックホールを周回すると、この死すべき運命の天体が生み出す重力波はＬＩＳＡでとらえられる。大食らいのブラックホールの質量は、軽いランチのようなコンパクト天体に比べずっと重いので、こうした事象を、極端な質量比での軌道減衰（extreme mass ratio inspiral）、略してＥＭＲＩという。

　問題は、ＥＭＲＩがどれだけの頻度で起きているのかだれにもわからない点にある。推定は、年にゼロ件から数千件まで幅がある。わからないことが多すぎるのだ。超大質量ブラックホールの質量分布（特定の質量範囲にどれだけたくさんあるか）、銀河の中心にあるコンパクト天体の数、厳密なメカニズムなど。もしかすると、コンパクト天体は銀河中心のブラックホールを周回することにならず、ただ一気に葬り去られるだけかもしれない。ここでも、ＬＩＳＡによる観測が天文学者に答えをもたらしてくれるだろう。ＥＭＲＩの観測頻度がどの程度だとわかっても、全宇宙の銀河の中心で起きていることと——それに、起きていないこと——を知る貴重なヒントになるはずだ。

われわれが住む銀河にある白色矮星の連星についても、同じことが言える。第5章で見たとおり、太陽のような恒星はどれも、生涯の終わりに白色矮星——太陽とほぼ同じ質量だが、地球に比べてさほど大きくない——になる。天の川の星の大多数は連星系や多重連星系の一部なので、白色矮星の連星も非常にたくさんあると考えられる。それらが互いのまわりを十分な近さと速さで回っていたら、ＬＩＳＡの周波数帯でアインシュタイン波を生み出しつづけることになる（別の銀河にある場合は、きっと遠すぎて検出可能な時空のさざなみは生じないだろう）。

過去数十年で、天文学者はそうした連星系を数多く発見してきた。とくに興味深い白色矮星の連星は、SDSS J065133.338+284423.37、略称Ｊ０６５１である。これはふたご座にあり、われわれからの距離はおよそ三五〇〇光年だ。ふたつの矮星は一〇万キロメートルほど——地球と月の距離のほぼ四分の一——しか離れていない。この連星は一二・七五分に一度のペースで互いのまわりを回っているため、ＬＩＳＡの感度範囲のど真ん中にあたる二・六ミリヘルツの周波数の重力波を生み出していると考えられる。さらに、天文学者には、この連星系が波を生み出していることがわかっている。軌道周期が年に〇・二九ミリ秒ずつ短くなっているからだ。それどころかＪ０６５１は、ほかの数少ないコンパクトな連星と同じく、ＬＩＳＡの性能検証用波源の役割を果たすことになっている。

しかし、そんな接近した白色矮星の連星が天の川銀河にいくつあるのかは、だれもわかっていない。

ＬＩＳＡは、徹底的な統計調査をおこない、一般に連星の進化について、とくに白色矮星の特性について、われわれの知識を圧倒的に豊かにするものと期待されている。

＊＊＊

ここまでであなたは、ＬＩＳＡがどうやってこうした重力波の発生源を区別し、個々の特性を明らかにすることができるのだろうと思っているかもしれない。ＬＩＧＯでは、個別のイベントを分けて検出することが非常に難しい。数十、いや数百にさえのぼる継続的なアインシュタイン波の発生源が、皆それぞれに時空を振動させているのに、いったいどうして見分けられるというのか？　ＧＷ１５０９１４を、はっきり区別できる鞭の一打とすれば、白色矮星の連星がひしめく天の川銀河は、うなりを上げて回る独楽《こま》がひしめくダンスホールのようなものだ。さまざまな周波数の波が一度に押し寄せて、ＬＩＳＡのテスト質量は無秩序に動いてしまうと考えられないだろうか？

実際には、そこまでひどくはない。確かに、たくさんの重力波シグナルが同時に重なり合うだろうが、無秩序に見える波形を構成要素の正弦波に分解することは比較的簡単にできる。事実、あなたの脳は同じことをいつでもやっている。あなたの鼓膜はたくさんの異なる音波に同時に反応している。それでもあなたは、人の声、携帯電話の着信音、通り過ぎる車の音が同時に聞こえながら、問題なく聞き分けている。データ解析の問題にすぎないのだ。

もちろん、なかには見分けにくい波形もある。それは、予想されるものがわからないという単純な理由による。たとえば、宇宙論者は宇宙ひも――きわめて大きな質量とエネルギー密度をもち、宇宙を飛びまわっている可能性のある、奇妙な一次元構造――が存在する証拠を見つけたいと思っている。

この時空の位相欠陥は、ビッグバンにかんする一部の理論で予測されているが、これが実在するのか、またどんな種類の重力波を生み出すのかは、だれにもわかっていない。ともあれＬＩＳＡが蓄積するデータは、天文学者にとっても、高エネルギー宇宙物理学者にとっても、宇宙論者にとっても、情報の宝庫となるだろう。

私がＬＩＳＡでとくにすばらしいと思う点のひとつは、ブラックホールの衝突を予報してくれるだろうということだ。もしも二〇一五年にＬＩＳＡの運用が開始されていたら、ＧＷ１５０９１４のイベントがいつ起こるのか、数秒以内の精度で事前にわかっていただろう。また、対応する電磁的なシグナルを探すべき場所も、正確にわかっていたはずだ。地上と宇宙のさまざまな望遠鏡が破局的現象の起きる場所を監視し、同時にX線や可視光や赤外光がひらめくかどうかが確かめられる。そしてむろん、ＬＩＧＯの制御室ではだれもがスクリーンに釘付けになっていたにちがいない。

これは魔法のように思えるかもしれないが、そうでもない。ふたつの恒星ブラックホールが衝突する直前、軌道周期は数ミリ秒になる。すると、ＬＩＧＯやＶｉｒｇｏで検出できる高周波の重力波が生じる。だが、宇宙の交通事故の数か月から数年前では、軌道周期はずっと長く、秒あるいは分のオーダーでさえある。地上の検出器ではそれに対応する低周波の波を観測できないが、ＬＩＳＡにはそれができ、きっと数十億光年先のものまで可能だろう。

宇宙天文台は、継続的な波の発生源を長期にわたり観測することで、天空におけるその発生源の位置を三角測量することができるはずだ。すると地上の大型光学望遠鏡で、その連星がある銀河を特定し、地球からの距離を決定することができるようになる。一方、波形の詳細な分析によって、ふたつの天体の質量と、それらの軌道の変化についても、正確な情報が得られる。衝突して合体するはるか以前に、連星はほとんどの秘密を打ち明けてくれるのだ。連星系の軌道周期がわずか数秒になるころには、ＬＩＳＡではもう観測できなくなる。だがそれまでに、手早く地上の高感度の干渉計が引き継いで、合体の最終段階を目撃する。だれもが固唾《かたず》を呑んで見守ることになるのはまちがいない。

それればかりではない。世界じゅうの大学や研究機関で、当代一流の頭脳の持ち主が、二〇三一年ごろに打ち上げられる予定のＬＩＳＡを実際に作り上げるべく、懸命に働いている。今から一五年ほどあとに、ＬＩＳＡは――うまく行けば日本と中国でそれに相当するものも――重力波天文学の分野に革命を起こすだろう。

だからといって、今後一五年間はたいしたことが起こらないというわけではない。ここでもっと完成が間近なものに焦点を当てよう。宇宙ではなく、地上のもの。いや、むしろ地下のものと言うべきか。

第16章 アインシュタイン波天文学の波に乗る

日本の中部地方にある池ノ山。その地下深くに広がる巨大な空洞のなかで、作業員たちが世界で次に誕生する大型レーザー干渉計を建設している。このKAGRA（Kamioka Gravitational Wave Detector［神岡重力波検出器］）の初期型《イニシャル》はすでに完成しており、二〇一六年の三月と四月に試験運転をおこなった。現在、ベースライン型［訳注：フル装備で仕上がった最終段階のもの］完成に向けて新たな装置の取り付けが進められている。追加の鏡、そびえ立つ懸垂機構、新たなレーザー、極低温の冷却ユニット。これは大がかりな作業で、二〇一八年末までの完了が期待されている。今後、新たな遅れや後退がなければの話だ。三キロメートルの干渉計を地下に作るというのは、至難の業なのである。

東へ二〇〇キロメートルほど離れた東京の近郊で、ラファエレ・フラミニオは楽観視している。確かに問題はあり、とくに空洞やトンネルへしみ出す水の排出が難題だが、どれも解決できる。今後解決されるだろう。フラミニオは、二〇一九年には、いやひょっとしたらもっと早くに、KAGRAがLIGOやVirgoとともに運用されているだろうと確信している。

フラミニオは、イタリア人物理学者で、日本の国立天文台の重力波プロジェクト推進室長を務めている。イタリア人の室長がいることのメリットは、天文台の三鷹キャンパスにあるプロジェクトの会議室で、おいしいコーヒーが出ることだ。フラミニオのグループのオフィスは、美しい歴史的な場所に似つかわしくない、現代的な建物のなかにある。天文台通りに面して、小さな寺の向かいにある石造りの門の後ろに、天文台の古い建物が数棟あり、そのまわりをこぢんまりした庭や桜の木などが囲んでいる。週末には家族連れがピクニックにやって来るが、彼らは、二〇年前にはここのアインシュタイン波検出器が世界最大だったという事実を知らない。

それは三〇〇メートルの腕をもつＴＡＭＡ３００干渉計で、ＬＩＧＯやＶｉｒｇｏやＧＥＯ６００よりずっと前、一九九七年に建設された。そのころまでに作られたプロトタイプの検出器では最大だったばかりか、ジョー・ウェーバーらが一九六〇年代から七〇年代にかけて開発した共振型バー検出器より感度の高い、世界初の重力波観測装置でもあった。

フラミニオは、フランス・イタリア共同のＶｉｒｇｏプロジェクトが承認される以前の一九九〇年から、そのプロジェクトにかかわっていた。ピサの南東にあるこの干渉計の建設と試運転を監督し、二〇〇四年から二〇〇七年にかけて、ヨーロッパ重力観測所（ＥＧＯ）の副所長を務めた。それまでにＴＡＭＡ３００を何度も訪問し、日の出《い》づる国に惚れ込んでいた。そして二〇一三年九月には、日本へ移り住んだ。

大型低温重力波望遠鏡（ＬＣＧＴ）の建設が日本政府に初めて提案されたのは、世紀が変わった直後のことだった。ＬＩＧＯは、ハンフォードとリヴィングストンで最初の観測を始めようとしており、Ｖｉｒｇｏは建設中だった。だれもが重力波天文学の未来は明るいと考えていた。日本の科学者は、この新しい分野で自分たちが果たせる役割を確保しようとしていた。そこで、低周波の振動ノイズを可能なかぎり取り除くべく、神岡鉱山の地下に検出器を建造するというアイデアが出た。さらに、熱ノイズを低減するため、鏡を極低温まで冷やすことにした（だから「低温」という言葉がついている）。低温では、石英ガラスはもはや最適な材料ではない。代わりに鏡は、超高純度の人工サファイアの結晶で作られる。

このプロジェクトは、何度も申請を突っぱねられた末、二〇一〇年六月、菅直人（民主党の党首）が首相に就任した直後についに承認された。ところが、実際に建設に着手できるようになる前に、二〇一一年三月十一日の悲惨な東日本大地震と大津波が、財政面で行く手を阻んだ。そのため、二〇一二年になってようやく、日本の大手建設会社のひとつである鹿島建設が、今ではＫＡＧＲＡと呼ばれているものを収める三キロメートルのトンネル二本の掘削に着手できたのである。この工事はたった二年で完了した。フラミニオいわく、日本史上最速の掘削プロジェクトだった。

一方、近くの空洞のなかには低温レーザー干渉計（ＣＬＩＯ）が建設された。低温鏡技術を検証するための、一〇〇メートルのプロトタイプだ。ＫＡＧＲＡの真空システムは、二〇一五年に完成した。その後、ＫＡＧＲＡの装備の大半が同じ年のうちに取り付けられた。イニシャルＫＡＧＲＡ（ｉＫＡＧＲＡ）の第一次観測運用は、ＬＩＧＯがＧＷ１５０９１４の発見を公表したわずか数週間後におこなわれたが、低温条件ではなく、またレーザー光の経路長と強度を増すファブリ・ペロー共振器を構成するための鏡も増設されていなかった。

＊＊＊

東京の上野駅から日本海側の富山へは、優雅な新幹線に乗って二時間の快適な旅だ。そこから早朝のバスが私を山中へと連れて行く。うっすらと霧に覆われた、木々の生い茂る険しい山肌に沿って、なんと七五分の道のりである。私は、茂住《もずみ》の郵便局でバスを降りるように言われていた。そこはとても小さな鉱山集落で、県境を岐阜側に越えてすぐのところにある。この地域での採鉱は、八世紀にまでさかのぼる。ここ神岡亜鉛・鉛鉱山――道をさらに一〇キロメートルほど行った場所に中心があった町の名にちなむ――は、二〇〇一年に操業を中止したが、今でも何軒か鉱山労働者の家族の住む家がある。

KAGRAの本部は、集落を見渡す新しい建物にある。私は日本の習慣を重んじ、靴を脱いで玄関で渡されたスリッパに履き替えた。あいにくどのスリッパも、私のようなオランダ人の大きな足には小さすぎた。国立天文台重力波プロジェクト推進室の麻生洋一が、小さな制御室へ案内してくれた。そこには二〇名ほどの人がいて、一〇分の朝礼がおこなわれていた。その後、彼からヘルメットと反射材付きの安全ベストを受け取ると、車で五キロメートルほど移動して、鉱山の入口にたどり着いた。池ノ山の頂上からおよそ一〇〇〇メートル下の山腹である。

神岡鉱山は、ここ数十年で汎用の物理学研究施設に変貌を遂げた。一九九一年には巨大な空洞の掘削が開始され、そこには現在、世界最大級のニュートリノ検出器スーパーカミオカンデ――カミオカンデ（Kamiokande）の最後のアルファベット三文字はニュートリノ検出実験（neutrino detection experiments）の略語――が収められている。これは要するにステンレス製の巨大なタンクで、高さは四一・四メートル、直径が三九・三メートルあり、五万トンの超純水で満たされている。タンクの円筒状の内壁には、直径五〇センチメートルほどの手吹きの光電子増倍管が一万一〇〇〇個並ぶ。光電子増倍管は、高エネルギーのニュートリノがまれに水の分子と相互作用したときに生じる、かすかな閃光をとらえる。そのほかにも、ここ神岡観測所の地下物理学実験の装置として、カムランド（神岡液体シンチレータ反ニュートリノ検出器）や、ダークマター探索用のXMASS（キセノンによるWIMP［弱い相互作用をする重い粒子］検出器）がある。

さらに別の水平トンネルを通り、麻生は私を、アップグレードの作業が本格化しているKAGRA干渉計の中心部へ連れて行く。その光景には圧倒される。巨大な空洞が、ぴかぴかの真空タンク、門型クレーン、足場、フォークリフト、大きなボルト締めフランジでつながれたビームパイプのほか、電子機器を載せた棚であふれかえっている。ごつごつした岩とハイテク機器の明確な対比のせいで、まるでSF映画に出てくるマッドサイエンティストの秘密の地下研究所のようだ。妙に現実離れしている。

重力波研究施設を地下に造ることのデメリットも至って明白だ。岩肌には防塵コーティングが施されているが、もちろん、空洞はLIGOやVirgoの中央の建屋ほどクリーンにはできない。装置のとりわけデリケートな部分はすべて、「クリーンブース」で覆われている。それは大きなビニール製の与圧テントで、濾過した空気がなかへ送り込まれている。

はるかに大きな問題になるのは、水だ。洞窟探検をする人ならだれでも知っているとおり、洞窟はじめじめしている。KAGRAの空洞の相対湿度は、七五〜一〇〇パーセントだ。山はまるでスポンジのようなのだと麻生が説明する。雨水を吸収し、空洞や二本ある三キロメートルのトンネルの壁からその水がしみ出す。地下水圧のせいで、トンネルの床からも湧き出る。それは途方もない量で、平均して一時間におよそ五〇〇トンにもなる。スーパーカミオカンデ検出器の容量の一パーセントだ。

麻生の案内で、湿っぽく照明の暗いトンネルの一本の端へ行く。ステンレス製のビームパイプにはあまり影響はないだろうが、トンネルの床に小さな水たまりができており、絶え間なく水滴の落ちる音がはっきり聞こえる。天井の部分は大きなビニールシートで覆われていた。さらに、水はけを良くするた

2016 年 7 月、茂住という鉱山集落のそばにある日本の神岡重力波検出器（KAGRA）では、中央のレーザー・真空装置エリアでまだ大がかりな工事が進められていた。空洞の壁を防塵コーティングし、さらにビニールで覆って装置に水滴がかからないようにしている。

めに、トンネルは完全に水平ではなく、約二度の傾斜がついている。この傾斜のため、KAGRAの鏡の面もわずかに傾けなければならない。これもまた技術的難題だ。

中央の空洞の壁もほとんどがビニールで覆われている。ここも水が大敵だ。二〇一五年の春にはとくに深刻な問題となり、空洞はところによっては一〇センチメートルの深さまで冠水し、トンネルの床は水浸しになった。空洞の天井からクリーンブースの上にも水が滴り落ちていた。真空システムの設置作業を二か月ほど中断せざるをえなかった。その冬は豪雪だったので、雪解け水が多かったのだ。最近おこなわれたダイナマイトでのトンネル掘削が、地下水圧を増した可能性もある。今年は（私は二〇一六年の七月初めにKA

ＧＲＡを訪問していた）、状況はもっと落ち着いている。池ノ山が新たな平衡状態に達したためなのか、二〇一五年はエルニーニョ現象が非常に強かった――だから雪がはるかに少なかった――ためなのかは、だれにもわからない。「様子を見守る必要がありますね」と麻生は言う。

三鷹でラファエレ・フラミニオは、問題がまだコントロールしきれていないことを十分承知していた。だが、イタリアアルプスのグラン・サッソ地下素粒子物理学研究所でも同じことがあったと彼は言う。「建造直後は、そこらじゅう水浸しでした。今では解決しています。私たちも解決策を見つけますよ」

ベースラインＫＡＧＲＡ（ｂＫＡＧＲＡ）の運用は二〇一八年の末か二〇一九年の初めと予定されているが、実際にそうなれば、四基の大型レーザー干渉計が同時に稼働している状態になる。ＫＡＧＲＡはＬＩＧＯ-Ｖｉｒｇｏコラボレーションに正式に加わってはいない。それでも将来は、観測データがアメリカとヨーロッパと日本のグループで共有され、共同で解析されることになるだろう。四つの検出器が同時に稼働すると、誤検出の率はさらに下がる。そのうえ、中性子星やブラックホールの合体によるアインシュタイン波が四つの独立した機器で検出されれば、天空におけるイベントの位置がかなり高い精度で特定できる。第14章で書いたとおり、対応する別のシグナルを自動的に探索するフォローアップ観測が、はるかに効率的にできるようになるはずだ。

さらにその数年後には、五番目の大型干渉計がインドにできる。ＬＩＧＯインドと呼ばれるそれは、ＬＩＧＯプロジェクトのアジアの前哨基地と言える。やはり第一の目標は、別個に確認することによって将来の検出の確度を高め、はるかに高い精度で位置を特定することだ。検出器の世界的なネットワーク作りは、重力波分野の国際協力をうながすために一九九七年に設立された重力波国際委員会が、長いこと大きな目標としてきた。二〇一六年の十月初めには、ムンバイから五〇〇キロメートルほど東にある、ヒンゴリという町の近くが、検出器の建設予定地に選ばれた。

インドの重力波検出器の計画は、物理学者たちによってＩｎｄＩＧＯ（Indian Initiative in Gravitational-wave Observations［インド重力波観測イニシアチブ］）コンソーシアムが立ち上げられた、二〇〇九年にまでさかのぼる。二〇一一年からは、ＬＩＧＯの職員たちと、アメリカの装置のインドへの移設をめぐる議論が続けられた。ご記憶かもしれないが、ＬＩＧＯハンフォード天文台には、もともと二基の干渉計が収められている。一基は四キロメートルの腕をもち、もう一基の腕は二キロメートルだ。同じ構成で、アドバンストＬＩＧＯも計画されていた。言うまでもなく、二基目の検出器をまったく別の場所に設置して第三の天文台としたほうがずっと良いだろうが、それにははるかに多くの費用がかかる。一方、インドの原子力省と科学技術省――インドが検出器を建設する場合の主な出資機関――には、本格的なプロジェクトを支援するだけの余裕がない。それならおおざっぱに言って、インド政府がインフラの費用を負担し、全米科学財団（ＮＳＦ）が装置の費用を負担して、ＬＩＧＯインドへ向けて協力すればいいではないか。

そのような協力は、もとはＬＩＧＯと、オーストラリアのさまざまな大学から集まった物理学者のチームとのあいだで予定されていた。ところが、オーストラリア政府は国際的なスクエア・キロメートル・アレイ電波天文台（第13章参照）のほうを優先させる決定をしたため、「ＬＩＧＯ南半球」とも呼べる計画は実現しなかったのだ。二〇一二年の夏、アメリカ科学委員会は、オーストラリアの代わりにインドと協力する計画を承認した。じっさい、私が二〇一五年一月にＬＩＧＯハンフォードを訪れたとき、レーザー・真空装置エリアには、完成したばかりのアドバンストＬＩＧＯの装置だけでなく、「スペアパーツ」を入れた大きな木箱がたくさんあり、ＮＳＦがゴーサインを出せばただちにインドへ送る用意ができていた。

　インドのナレンドラ・モディ首相は、二〇一六年二月十七日、ＧＷ１５０９１４の記者会見があったわずか六日後に、原則的承認を発表した。六週間後の三月三十一日には、ＮＳＦの理事長フランス・コルドヴァがインド側と覚書を締結し、ＬＩＧＯインドはついに足を踏み出せた。いずれそれは、現在のアドバンストＬＩＧＯとうりふたつのものになり、四キロメートルの腕をもつことになる。ＬＩＧＯインドは、二〇二四年の稼働が期待されている。

＊　＊　＊

「予測は非常に難しい。とくに未来については」とデンマークの科学者ニールス・ボーアは言った。彼はアルベルト・アインシュタインと同じ時代を生きた。一九二〇年代、このふたりの大物理学者は、現実世界の本質をめぐって対話と長文の手紙で議論を繰り広げた。ボーアは量子物理学の先駆者で、アインシュタインはこの理論の帰結に強い疑問を抱いた。ふたりとも、わずか一世紀後に天文学者が、宇宙の極端な現象について知るべく重力波検出器の世界的なネットワークを運用するようになるとは予想もできなかっただろう。そして、ブラックホールの衝突で生じるアインシュタイン波の研究から、アインシュタインの一般相対性理論が場の量子論となお根本的に矛盾している理由が、ついに明らかになる可能性もあるのだ。

　今でさえ、二〇二〇年代半ばの重力波天文学の状況を予測することは難しい。そのころには、五基の巨大な検出器が時空のかすかなさざなみの到来を見張っているだろう。さざなみの規模は、一〇垓《がい》（10^{21}）分の一パーセント（10^{23}分の一）しかなく、持続時間はほんの一瞬から最大一分までかもしれない。

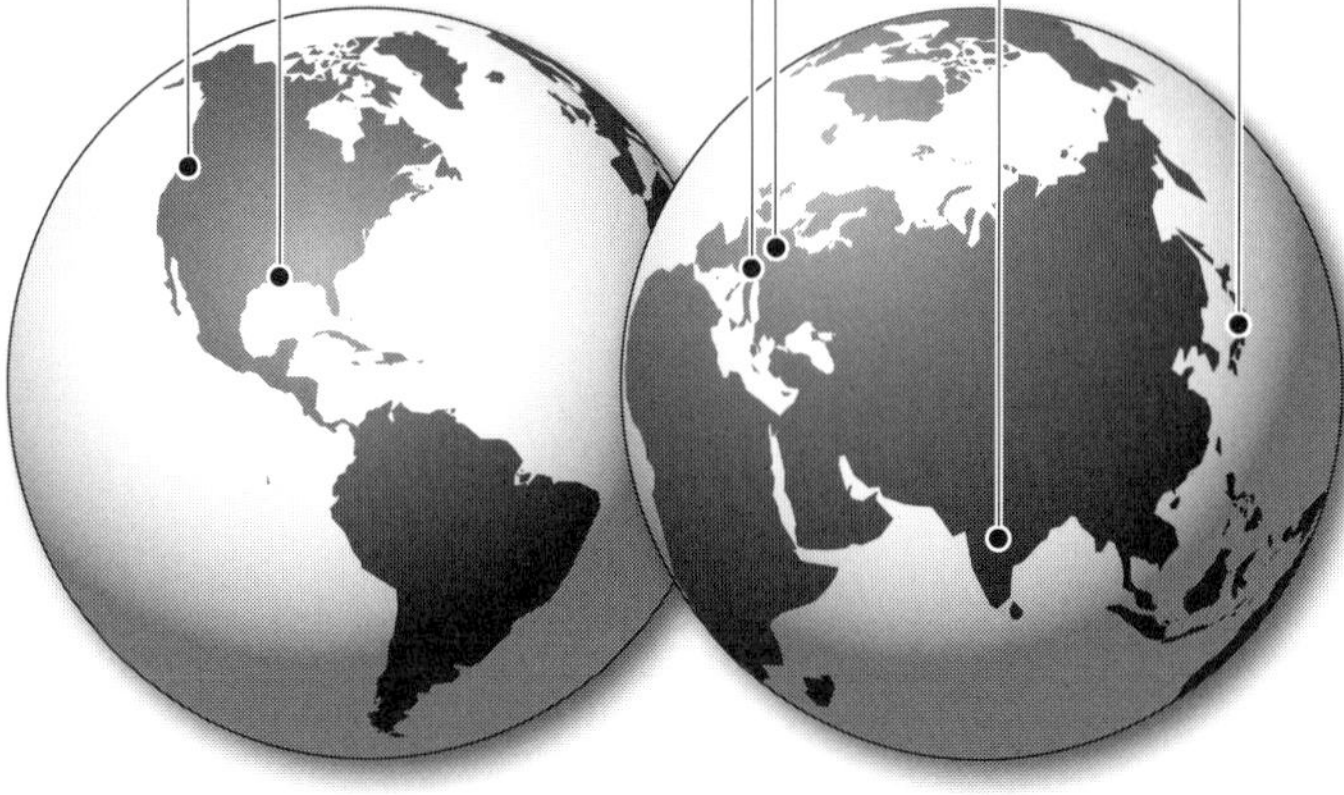

地上のレーザー干渉計 6 基の配置。現在稼働中（LIGO ハンフォード、LIGO リヴィングストン、Virgo、GEO600）、建設中（KAGRA）、および計画中（LIGO インド）。

数十億光年先の中性子星やブラックホールの衝突・合体は、平均で毎週ぐらいのペースで検出されても不思議ではない。五つの検出器に信号が到着する時間のわずかな差から、発生源の方向の正確な三角測量が可能になる。別のシグナルを探るプログラムによるすばやいフォローアップ観測から、衝突イベントとそれが起こった銀河にかんする情報も補足される。一方、スクエア・キロメートル・アレイ（SKA）などの電波天文台によるパルサーのタイミング計測で、宇宙のいたるところにある超大質量ブラックホールの連星が生み出す超低周波のアインシュタイン波のことも明らかになる。こうしたナノヘルツ波の多くは、比較的近い銀河にあるモンスター級の連星まで、発生源をたどることができる。さらに、宇宙マイクロ波背景放射の偏光観測により、ビッグバンのほんの一瞬あとに生じた原初の重力波の「指紋」も、ついに見つかるかもしれない。

これらは皆、アインシュタイン波天文学で「予期される成果」だ。しかし、本書のために私がインタビューした科学者はほぼ全員、予期せぬ結果が最も革命的で華々しいものとなるにちがいないと強調した。これが探索科学のすばらしい点だ。何が見つかるかは、事前にわからない。新たな研究領域を切り拓くと必ず大きな驚きにつながることは、過去の経験が示している。重力波天文学がこの法則に対する初めての例外になると考えるべき理由はないのだ。

天文学は最古の科学だと言われることがある。なにしろ、われわれの遠い祖先は、すでに星を見て、太陽や月や惑星の動きを把握していたのだから。だが、時として私は、天文学は始まったばかりのように感じる。何千年ものあいだ、宇宙にかんするわれわれの知識は、肉眼で見えるものにしか頼れなかった。四世紀前になってようやく、ハンス・リッペルスハイが望遠鏡を発明してから、天文学は真に花開きだした。そしてこの四〇〇年のあいだに、星の研究が、新たな発見と技術の進歩が可能にした革命的な知見の獲得を次々にもたらし、ついには宇宙飛行とデジタル革命の到来に至った。

大きなテーマとして繰り返されたのは、一八〇〇年のウィリアム・ハーシェルによる赤外線の発見から、高エネルギーのガンマ線をとらえる宇宙望遠鏡の打ち上げにまで至る、電磁波スペクトルの知られざる領域の解明だ。今日ではもはや、人間の眼の感度や地球大気の吸収効果による制約はない。われわれは史上初めて、壮麗で多様な宇宙の光景をくまなく堪能できるようになっている。

私はよく、望遠鏡以前の古い天文学を、この地球で最高に景色のいい場所に立つ、分厚いレンガの壁の建物に閉じ込められた状況になぞらえる。東側の壁に小さな細いすき間がひとつだけあって、そこから外の世界がほんの少し見える。わかるのは、手前に草原のようなものがあり、遠くの丘の斜面に木が二、三本生え、青い空に白い雲がひとつ浮かんでいることだけだ。外にあるものをおおまかに知るには十分だが、もちろん完全からはほど遠い。これが、肉眼による可視光の天文学なのである。

電磁スペクトルにおけるほかの波長域を明らかにするのは、壁に新たな穴をあけることに似ている。細いすき間だけでなく、大きな窓も作る。ふと、南に見事な滝があり、西に活火山の連なりがあるのに気づく。いくつもの川や、雪をかぶった山々、ゴロゴロいう雷雲も見える。それでもあの限られた「すき間からの眺め」は、もちろんこのすばらしい景観に欠かせない一部なのだが、ここで初めてそれがどう景色にはまるのかがわかり、下に広がる地質のパターンも見えてくる。ようやくすべてが理解できるようになるのだ。

赤外線天文学は、ガスと塵の雲の奥深くを覗かせて、恒星や惑星の誕生を明らかにしてくれる。紫外線天文学では、銀河団のあいだの「空っぽの」空間にあるきわめて希薄なガスが明らかになり、天の川銀河でとりわけ高温の星々の物理的特性を知ることができる。ミリ波天文学は、ビッグバンのかすかな残光に気づかせてくれたし、銀河の起源や惑星の形成についての知見ももたらす。また電波天文学によって、宇宙全体で中性水素原子――宇宙に最も多い構成要素――の分布が描ける。しかも電波天文学は、パルサーやクエーサーなどの奇想天外な天体を教えてくれた。さらに、X線・ガンマ線天文学により、爆発する星や衝突する銀河、衝撃波、ブラックホールといったものがある、熱く荒々しい宇宙を覗く窓が開かれた。

新たな領域を探ることによって、これまで幾度となく、予期せぬ発見や革命的な知見がもたらされてきた。そして重力波天文学の場合、驚きが期待されるさらに大きな理由がある。宇宙を見る視野が広がるだけでなく、宇宙を探る手段にまったく新しい「感覚」が加わるからである。

重力波物理学者のバーナード・シュッツ（一九九五年から二〇一四年まではドイツのポツダムにある

アルベルト・アインシュタイン研究所の所長で、現在はウェールズのカーディフ大学にいる）は、科学者を対象に、また一般の聴衆や学童に向けても、刺激的な講演をおこなっているが、どの講演でも、今日の天文学を耳の聞こえない人がジャングルのなかを歩く状況にたとえる。まわりを眺めると、木やシダ、蔓草《つるくさ》、昆虫、鳥、ヘビ、サルが見える。しばらくすると、注意深く観察する人だったら、周囲の環境について多くのことがわかるはずだ。それで、知るべきことはほぼすべて知ったように勘違いしてしまうことさえあるかもしれない。

だがそこで、妖精に何かの魔法をかけられて、その人は聴覚を取り戻す。するといきなり、新しい情報に圧倒される。これまで見えなかった細部が見えるのとは違う、まったく新しい感覚だ。ジャングルの音――鳥の鳴き声、木の葉の擦れる音、枝の折れる音など――が、すでに見えていたものについて多くの情報を加える。ところが聴力は、一キロメートル先で木が倒れる轟音や、遠くの肉食獣が吼える声など、見えないものについても情報を与えてくれるのだ。

シュッツの言葉ではこうだ。「私たちの宇宙は、野生の動物がいっぱいのジャングルなのです。重力波のおかげで、私たちはそれを初めて聴きはじめているところです」重力波天文学は、宇宙を「聴く」手だてと言われることも多い。もちろん、アインシュタイン波は音とは関係がないが、それでもこれは効果的で役に立つたとえだ。この新分野で真に期待できるのは、実は、電磁放射を調べても決して観測できない天体やイベントの発見なのである。重力波は宇宙の新たなメッセンジャーで、伝えるべき新たな物語を携えている。

時空のわずかな振動を調べると、われわれが住む宇宙にある不可解な謎のいくつかの解決に役立つという期待もある。たとえば天文学者は、大量のダークマターの存在を間接的に示す証拠を見つけている。

これは見えないもの——ダークマターは通常の原子や分子からなるとは考えられていない——だが、その重力は検出できる。銀河の外縁部は、その銀河に見える物質をもとに想定されるよりもずっと高速で回っている。銀河団にある銀河の速度についても、同じことが言える。また、銀河団による重力レンズ効果（銀河団の重力が後方からの光を曲げる現象）の大きさも、大量のダークマターがあるとして初めて説明できる。問題は、ダークマターの正体について何の手がかりも得られておらず、素粒子物理学者や宇宙論者が敢然と挑んでいるものの、ダークマターの直接のしるしは今のところ見つかっていない点にある。

ふたつ目の大きな謎は、ダークエネルギーだ。宇宙の膨張の歴史を調べた結果、現在までおよそ五〇億年のあいだ、ペースが加速してきたことがわかっている。常識から言えば、膨張は、銀河同士が及ぼす重力によって減速するはずだ。ところが、むしろ加速している。唯一考えられる説明として物理学者が思いついたのは、空っぽの空間に謎めいた「反発の」エネルギーが存在するというものだ。この考えは、まったく新しいというわけではない。量子論といくらか合っているし、かのアルベルト・アインシュタインも、エドウィン・ハッブルが宇宙の膨張を明らかにする前、みずからの方程式に対してダークエネルギーに似た「宇宙定数」を導入していた。だがやはり、ダークエネルギーの正体はだれにもわかっていない。

この問題の「重み」は、ダークマターとダークエネルギーが宇宙の質量／エネルギーの総量の九六パーセントを占めることに気づくと明らかになる。つまり、われわれは宇宙にあるもののわずか四パーセントしか知らず、残りはまったくの謎なのだ。しかも、簡単な解決策があるようにも見えない。宇宙マイクロ波背景放射や現在の宇宙の大規模構造を詳しく調べると、どちらも同じ結論が示される。宇宙の進化がダークマターとダークエネルギーという謎めいた要因によって決定されてきたとして初めて、この宇宙が理解できるのである。

重力波天文学の今後の進歩は、とくにダークエネルギーについて、さらなる刺激的な手がかりを与えてくれるかもしれない。コンパクトな天体の衝突で生じる重力波の振幅は、一般相対性理論で正確に予測できる。観測された波形（いわゆるチャープ）から、合体するふたつの天体の質量は簡単に算出できる。すると一般相対性理論により、生じた当初のアインシュタイン波の振幅が明らかになる。この値と、地球の検出器で測定されたはるかに小さな振幅とを比べれば、合体の起きた場所までの距離が容易にわかる。

重力波以外のシグナルの探索で、合体が起きた場所の銀河が特定できたら、光学望遠鏡でその銀河の赤方偏移が決定できる。第9章で見たとおり、銀河の赤方偏移は、その銀河の光が地球に届くまでにかかった時間の尺度となる。すると、赤方偏移の測定結果と、それとは別におこなった距離の推定を、さまざまな距離にある多数の銀河で比較できるようになる。これで、宇宙膨張の歴史が明らかになる。膨張が減速しても加速しても、距離と赤方偏移のきれいな直線関係からのずれが生じるからだ。そして、宇宙膨張の歴史が詳しくわかれば、それはダークエネルギーをさらに知るための重要な一手となる。

事実、ダークエネルギーの存在を示唆する最初のしるしは、一九九八年、おおよそ似たようなやり方で見つかっている。天文学者は、エネルギー出力が正確にわかっている、特定の種類の超新星爆発（Ia型超新星という）を調べてきた。こうした天体は「標準光源」と呼ばれている。この超新星の見かけの光度を測定すると、距離の情報が得られるので、これをその超新星がある銀河の赤方偏移と対照することができる。この方法にひそむひとつの問題は、遠くの恒星の爆発で、見かけの光度が、塵による吸収などの影響を受けている場合もあるということだ。しかし重力波の場合、見たものがそのまま答えとなる。宇宙は時空のさざなみに対して完全に透明なので、観測された振幅はすぐさま正しい距離に変換できる。Ｉａ型超新星が標準光源なら、重力波は「標準音源」と言えるだろう。

ダークマターの謎の解明にとっては、アインシュタイン波が果たす役割はそこまで明確でない。だが将来、超大質量ブラックホールが合体したり、コンパクトな天体がブラックホールに飛び込んだり（極端な質量比での軌道減衰（ＥＭＲＩ）と呼ばれる状況）して生じる重力波が観測できれば、宇宙の歴史におけるさまざまな時代の銀河の集合状態を地図に描くのに役立つかもしれない。これを、膨張の歴史にかんするより深い知見と合わせると、ダークマターの空間分布についてさらに詳細な情報が得られるだろうし、この謎めいたものの正体に迫れるかもしれない。

さらに、物理学者は、アインシュタインの一般相対性理論を審理にかける新たな方法を求めている。重力波の研究は、極端な条件——ブラックホールのすぐそばの途方もなく強い重力場——における物質と時空の挙動を明らかにしてくれる。とりわけＥＭＲＩの観測結果には、いわゆる「強い場」の環境にかんする有益な情報がたくさん詰まっているはずだ。前にも話したように、一般相対性理論と場の量子論は両立しないので、だれもがふたつの理論の少なくとも片方はどこかでつまづくと考えている。両方とも完全に正しいことはありえない。大きな疑問は、どちらかの理論にいつどこで最初のひびが入り、物理学者がどうやってそれを繕《つくろ》えるのかだ。今後の重力波観測が、一般相対性理論を締め上げていくことで、道をつけてくれるかもしれない。

以上の問題はすべて、なんらかの形で互いに関係しているのではないかとする理論家もいる。修正ニュートン力学（ＭＯＮＤ）理論の支持者は、ダークマターはほとんどまやかしで、重力に対する誤解の産物かもしれない、と考えている。真の量子重力理論なら、ダークエネルギーと宇宙の加速膨張にまつわる謎はおのずと解ける、と期待する人もいる。そしてほぼだれもが、長年の悲願と言える一般相対性理論と量子論の統合によって、ブラックホール、ビッグバン、マルチバース（多宇宙）といった不可解な概念の理解が進むと確信している。宇宙のすみずみから届く、あらゆる周波数のアインシュタイン波を調べる――いわばジャングルの音を聴く――ことは、宇宙の根本的な性質を理解しようとする、次の重要な一歩なのだ。二〇一五年九月十四日に初めて重力波が直接検出されたのは、天文学史のまったく新しい章の幕開けを示していた。

＊　＊　＊

第15章で語ったとおり、巨大なレーザー干渉計を宇宙に建設することは、重力波天文学にとって非常に重要な新展開となる。だが、地球の大気の外でしか進歩が見られないというわけではない。レーザー干渉計宇宙アンテナは、腕の長さが数百万キロメートルという途方もないスケールによって基本的に決まる、特定の範囲に収まる比較的低周波のさざなみしか感知できない。中性子星やブラックホールの合体の最終段階で生じる高周波の波を監視しつづけるには、もっと小さな装置が今後もずっと必要になるだろう。だから、今から一五～二〇年後には、ＬＩＧＯやＶｉｒｇｏが――それにひょっとしたらＫＡＧＲＡも――新世代の地上型の検出器に置き換えられている可能性もある。

アドバンストＶｉｒｇｏへのアップデートが始まりもしないうちに、ヨーロッパの科学者は、第三世代の干渉計にかんする最初のアイデアを考えついていた。それはアインシュタイン望遠鏡という。ＫＡＧＲＡと同じく、これも鏡を極低温に冷やす。そしてＬＩＳＡと同じ三角形の配置だが、腕の長さは一〇キロメートルだ。全部で六基の干渉計で構成され、レーザー、ビームスプリッター、鏡、光検出器が各頂点にある。六基の干渉計のうち三基（各頂点に一基）は、二ヘルツから四〇ヘルツまでの周波数の重力波を感知し、残りの三基はもっと高周波の波に狙いを定める。

ヨーロッパは人口密度が高く、そんなに大きな検出器に適した場所は見つけにくいから、地下の空洞やトンネルに建設する計画になる。地下だと、低周波の振動ノイズの影響を受けにくいというおまけもつく。アインシュタイン望遠鏡は、腕が長く、ノイズが少なく、鏡を極低温に冷やしているので、アドバンストVirgoの数十倍の感度になると期待できる。そのため、一三〇億光年を超える観測可能な宇宙の全域で、中性子星やブラックホールの合体を検出できるだろう。

二〇一〇年と二〇一一年には、欧州委員会の第七次フレームワーク・プログラムより資金を得て、この野心的なプロジェクトの基本設計の検討がおこなわれた。アインシュタイン望遠鏡はすでに、ヨーロッパにおける宇宙素粒子物理学の今後の発展を目指すASPERAネットワークが推薦した、「マグニフィセント・セブン」と呼ばれるヨーロッパの七大プロジェクトのひとつになっている。二〇三〇年代の初め、LISAの打ち上げのころには、それも稼働しているかもしれない。

もちろん、ヨーロッパだけが次世代の装置を検討しているわけではない。二〇一三年にイタリアのエルバ島で開かれた先進型重力波検出器ワークショップでは、アメリカの少数の科学者のグループが、さらに大きな地上型装置、長基線超低ノイズ重力波天文台（LUNGO）の計画を思いついた。マサチューセッツ工科大学のマット・エヴァンズによれば、この計画は、夜更けの会話で冗談半分に生まれたのだという。急いで彼らは、翌日のセッションのひとつのために、パワーポイントで発表資料をまとめ上げた。

以後、その案は大きく勢いづいた。今ではコズミック・エクスプローラーの名がついている。ほかにふさわしい名前をつけるとしたら、スーパーLIGOだろう。既存のものと同じL字形のデザインだが、腕の長さは四キロメートルでなく四〇キロメートルあるからだ。極低温に冷やされた鏡を装備したコズミック・エクスプローラーは、アインシュタイン望遠鏡よりさらに高感度になるだろう。また、アメリカにはまだ広大な空き地がたくさんあるので、すぐに地下を利用する必要はない。エヴァンズいわく、ネヴァダ州カーソンシティーの東にある塩原《えんげん》（自動車やオートバイのレースが開催されることで有名）が、この将来の干渉計にとって適地のようだ。しかし、ほかにも多くの候補地がある。西部諸州には、連邦政府の所有地がたくさんあるのだ。「二〇一六年の先進型重力波検出器ワークショップで、ほかに夜更けにした会話では、コズミック・エクスプローラーを海に建設する可能性まで考えました」エヴァンズは言う。「無茶ではないかもしれませんよ」

Ｖｉｒｇｏや LIGOを三倍に、さらには一〇倍にまでスケールアップすると、必要な予算も明らかに増す。アインシュタイン望遠鏡もコズミック・エクスプローラーも、おおまかな費用の見積もりは一〇億ドル前後で、既存のアタカマ大型ミリ波サブミリ波干渉計（ALMA）や、建設中のスクエア・キロメートル・アレイ（SKA）、今後建設が予定されている欧州超大型望遠鏡（E-ELT）などの大型科学施設の費用に匹敵する。そんな野心的な目標の実現には、きっと大規模な国際協力が必要にちがいない。理想を言えば、おそらくはヨーロッパに大きな三角形の検出器、アメリカに巨大なL字形の干渉計、南半球にまた別の大きなL字形の装置ができて、第三世代装置の世界的なネットワークが形成されるのがいい。最後に挙げたものは、結局西オーストラリアに建設されそうだ。パースにあるオーストラリア国際重力研究センター（AIGRC）は、今世紀の早い時期にもっと小さなオーストラリア版LI

GOの計画が棚上げになったものの、今なおLIGO科学コラボレーションのきわめて活動的なメンバーなのである。

ヨーロッパのアインシュタイン望遠鏡の建設地はどうなるだろう？　あと二年ほどは決まるまい。それでも、プロジェクトに関与している科学者のなかには、自分なりの好みがある人もいる。アムステルダムにあるオランダ国立素粒子物理学研究所（Ｎｉｋｈｅｆ）のヨー・ファン・デン・ブラントは、オランダの南東の端、ベルギーやドイツと接する三国の国境の近くで生まれた。この地域は、二〇世紀には炭鉱で広く知られていた。ファン・デン・ブラントは、そこがアインシュタイン望遠鏡の建設に最適な場所だと考えている。すでに振動テストから、地下の岩盤がとても安定していることが明らかになっている。また一方で、シルト粒子［訳注：シルトとは粘土と砂の中間の大きさの土］が風で運ばれて岩盤上に堆積した黄土層は、表面の振動を実によく遮断している。

ハンガリー、スペイン、それにイタリアのサルディニア島の候補地も検討されているが、ハノーファーのアルベルト・アインシュタイン研究所は、オランダとドイツの国境地帯の選定を支持している。私はオランダ人として、どんなに僻地であっても、祖国にアインシュタイン望遠鏡ができる可能性に、大いにわくわくしている。ほどなく結果が出るだろう。

＊＊＊

宇宙を理解しようとする人類の探求は、終わりのない取り組みだ。これは科学のすばらしい点と言える。どの答えもまた新たな疑問を生み、広く深い知識の追求は完結することがない。重力波の捜索は、最初の理論的予測から初の直接検出までまる一〇〇年に及ぶ、科学的探求の典型とも言える例だ。自信に満ちた先駆者と粘り強い科学者、夢と悪夢、挫折と成功、技術的難題、飽くなき情熱と欲求に彩られた、波瀾万丈の冒険だったのである。

アルベルト・アインシュタインはかつてこう言った。「自然を深く覗き込めば、すべてがよりよく理解できるんだ」同じことは、重力波天文学がわれわれに与えてくれるものについても言える。われわれは、時空の波に乗れるようになった。旅はこれで終わりではない。まだ始まったばかりなのだ。

付録　中性子星の衝突によるアインシュタイン波を捕捉

二〇一七年八月十七日、先進型レーザー干渉計型重力波天文台（アドバンストＬＩＧＯ）が、猛烈な速さで周回する中性子星のペアが衝突直前に生み出した、時空の小さなさざなみを記録した。しかも、地上と宇宙の望遠鏡が、電磁波の幅広い帯域にわたり、この宇宙の大衝突で生まれた放射の火の玉による、消えゆく輝きをとらえたのである。

中性子星のイベントにまつわる噂は、八月十八日、クレイグ・ホイーラー（テキサス大学オースティン校）がツイッターでこうつぶやいてから広まっていた。「新たにＬＩＧＯ。対応する可視光も。びっくり仰天だぞ！」その後、九月二十七日に、ＬＩＧＯ-ＶｉｒｇｏコラボレーションがＧＷ１７０８１４——またしてもブラックホール合体による重力波のシグナル——の検出を発表すると、噂は誇張にすぎなかったと思う人もいた。ブラックホールの衝突では光は出ないので、重力波に対応する可視光は期待できないはずなのだ。

十月十六日の月曜日——二〇一七年のノーベル物理学賞が、ＬＩＧＯの生みの親たち、レイナー・ワイスとバリー・バリッシュとキップ・ソーンに贈られてから一三日後——になってようやく、天文学者と物理学者が、ワシントンＤＣのナショナル・プレス・クラブで開かれた大々的な記者会見の場で、固く守っていた秘密を明かした。

何があったのかを説明しよう。八月十七日木曜日、協定世界時一二時四一分四秒、ＬＩＧＯが五つ目の確実な重力波のシグナルをとらえた。今ではこれはＧＷ１７０８１７と名づけられている。だがこのシグナルは、それまでの四つに比べ、はるかに持続時間が長かった。それまでのような零コンマ何秒ではなく、時空のさざなみはなんと九〇秒も続き、周波数が数十ヘルツからおよそ一キロヘルツ（ＬＩＧＯで観測できる最大の周波数）にまで増大したのである。

これは、太陽のおよそ一・二倍と一・六倍の質量をもつ中性子星のペアが、接近して周回するときに出ると考えられる、重力波のシグナルだ。最終的にそのペアは、互いのまわりを毎秒数百回転するようになり、光速にかなり近づいた。質量をもつ物体が加速して生じるアインシュタイン波は、軌道エネルギーを奪いつづけ、ほどなく二個の中性子星は衝突した。ＬＩＧＯのデータから、衝突は地球から一億四〇〇〇万光年ほど離れた場所で起きたことになる。

一九七四年にラッセル・ハルスとジョー・テイラーが中性子星の連星を初めて発見すると、当時ＬＩＧＯに似たレーザー干渉計の最初のプロトタイプを設計していたワイスやソーンといった物理学者は、大いに自信を深めた（第8章）。第6章で明かしたとおり、連星の軌道周期のわずかな減少は、アインシュタインが予測した、重力波の放出によるエネルギー損失と完璧に一致している。今から三億年ほどのちには、ハルス-テイラーの連星を構成する二個の中性子星は、衝突し合体するはずだ。

しかし、ある中性子星の連星が三億年のうちに合体するのだとしたら、明日に合体するものもあるかもしれない。そんな衝突が生み出す強力な重力波のバーストは、地球上のきわめて感度の高い装置で検出できるはずだ。ＧＷ１７０８１７の発見は、天文学者が四〇年待ち望んでいたことだと言ってもいい。

重力波イベントからわずか二秒後、協定世界時一二時四一分六秒に、ＮＡＳＡのフェルミ・ガンマ線宇宙望遠鏡が短時間のガンマ線バースト（ＧＲＢ）を検出した。自然界で最高にエネルギーの大きな電磁放射の、短い強力な「フラッシュ」だ。欧州宇宙機関のINTEGRALガンマ線観測衛星も、そのバーストを確認した。短いガンマ線バーストは、中性子星の衝突が生み出すものと考えられている（第14章参照）。ここで当然浮かぶのは、そのGRB170817Aが、ほんの一・七秒前にLIGOで観測されたイベントと関係しているのかという疑問だ。

当初、天文学者は疑っていた。ガンマ線バーストはふつう、われわれから数十億光年の距離で生じる。GRB170817Aは、フェルミにとってほかのガンマ線バーストと同じぐらい明るく見えたため、この二秒のバーストが本当にわずか一億四〇〇〇万光年の距離で生じたのだとしたら、ことのほか弱かったにちがいない。それに、非常に近くで起きた短いガンマ線バーストがジェットを地球のほうへ向けていたことは、不気味なまでの偶然の一致に思える。

ガンマ線バーストに対応するものを可視光で見つければ、問題は決着する。だが不運にも、天文学者は天空のガンマ線源を正確に突き止めることができなかった。フェルミの「エラーボックス」（誤差範囲）は直径が数十度（満月は〇・五度にすぎない）もあり、NASAのスウィフト衛星は、時としてフェルミが検出したイベントをより精度の高いX線望遠鏡でとらえられることもあったが、このガンマ線バーストの直後にX線の放射は何も観測できなかった。

幸い、アインシュタイン波の観測では、もっと正確に位置を絞り込めた。そのイベントは、ワシントン州ハンフォードとルイジアナ州リヴィングストンの両方のLIGO検出器で観測された。到着時間のわずかな差（たった三ミリ秒）から、すでに重力波の発信源は、天空でフェルミのエラーボックスを横切る細長いバナナ形の帯にまでたどれていた。しかし、そのバナナはこのイベントでは（長く持続したおかげで）非常に細かったものの、とても長くもあった。

だがちょっと待ってほしい。イタリアにある三つ目の重力波検出器はどうしたのか？　Ｖｉｒｇｏは八月一日から稼働し、第二次観測運用中のＬＩＧＯと協力していた。三つの検出器への到着時間の差をもとに、発信源の位置は三角測量によってはるかに正確に割り出せる。事実、それはまさに三日前、ブラックホールの合体によるＧＷ１７０８１４に対しておこなわれていた。ならば、ＶｉｒｇｏによるＧＷ１７０８１７の観測で答えが出るのではなかろうか？

意外にも、ＶｉｒｇｏはＧＷ１７０８１７を検出しなかった。中性子星の合体による九〇秒のアインシュタイン波のシグナルは、ＬＩＧＯリヴィングストンより二二ミリ秒前に到着したが、Ｖｉｒｇｏのデータ・ストリームには現れなかった。振幅はＶｉｒｇｏで十分検出できるほど大きかったのだが。

まもなくその理由がわかった。ＬＩＧＯやＶｉｒｇｏのようなレーザー干渉計は、ほぼあらゆる方向からの重力波を検出できる。ところが設計上、検出感度が平均をはるかに下回るような天空の領域が、装置の場所における地平線上に四つある。そうした領域のど真ん中はまさしく盲点で、この時空のさざなみの発信源は、Ｖｉｒｇｏの盲点のひとつとほぼ一致していたことがわかったのである。

それでも、ＬＩＧＯとＶｉｒｇｏのデータを組み合わせることで、天文学者は、天空で面積にしてわずか二八平方度という、はるかに狭い楕円状の領域に囲い込むことができた。その領域は、ＬＩＧＯの細い「バナナ」とフェルミのエラーボックスが重なる領域にはまっていた。

ここから捜索が始まった。これまで数年のあいだに、ＬＩＧＯ‐Ｖｉｒｇｏコラボレーションは、世界じゅうのおよそ七〇に及ぶ天文学者のチームと、この種の情報を厳しい報道規制のもとで共有する正式な協定を結んでいた（第14章参照）。ＧＷ１７０８１７の探索エリアを示す最新の座標を手にして、皆がおとめ座の南側とうみへび座の東側という事件現場らしき場所に各自の機器を向けた。

チリ北部のラス・カンパナス天文台にある口径一メートルのヘンリエッタ・スウォープ望遠鏡が、最初に金的を射止めた。そのチームの成功は、巧みな戦略の賜物だった。ＬＩＧＯのデータは、発信源の距離についておおまかに教えてくれており、探索エリアのなかに、この距離範囲の銀河は数十個しかなかった。スウォープ超新星掃天観測に携わる天文学者たちは、確率の順にすばやく一個一個の銀河を調べ、一時的な可視光シグナルが見つからないかを確かめたのだ。

協定世界時二三時〇分ごろ、彼らは驚くほど明るい光点を見つけた（アマチュアの天文家が大型望遠鏡で見つけられるぐらい明るかった）。ＮＧＣ４９９３という銀河の中心から北東に七〇〇〇光年ほど離れた場所だ。うみへび座にあるこの銀河は、赤方偏移から、一億三〇〇〇万光年の距離にあることがわかる。まぎれもなく、それは、中性子星の衝突による重力波シグナルと短いガンマ線バーストに対応する可視光シグナルだった〔訳注：前にＬＩＧＯのデータから一億四〇〇〇万光年とあるが、赤方偏移のデータの方が信頼性が高いので、最終的に距離は一億三〇〇〇万光年とされている〕。

その後数日から数週間のうちに、数十に及ぶ地上の望遠鏡や宇宙の天文台がそこを観測した。ハッブル宇宙望遠鏡、ジェミニ南望遠鏡、ケック望遠鏡、ヨーロッパ南天天文台の超大型望遠鏡、ＡＬＭＡ、チャンドラＸ線天文台（イベントの約九日後にＸ線をとらえた）、超大型干渉電波望遠鏡群（衝突の一六日後）などだ。間違いなく、ＧＷ１７０８１７は史上最も集中的に観測された天文現象と言える。

そうしたフォローアップ観測を記述する論文（非公式に「マルチメッセンジャー論文」と呼ばれている）は、九〇〇を超える機関の三六〇〇名ほどの物理学者や天文学者の共著となっている。一部の推定によれば、世界の天文学界のなんと一五パーセントにあたる人々が著者リストに名を連ねているらしい。しかもそれは、十月十六日に『フィジカル・レビュー・レターズ』、『アストロフィジカル・ジャーナル』、『サイエンス』、『ネイチャー』などの学術誌にネットで公表された、GW170817にかかわる多くの論文のひとつにすぎない。

観測されたこの「キロノヴァ」は、基本的に、中性子星の衝突による灼熱の火の玉だ。高温で高密度の核物質のかたまりが四方八方へ飛び散り、その速度はあっさり光速の二〇～三〇パーセントに達する。中性子星のとてつもない重力から解放された破片は、膨張して急速に超高密度の状態ではなくなってい く。このとき中性子は崩壊して陽子になり、結果的に生じる熱核反応の大釜のなかで、この二種類の粒子は結合して重い原子核になる。その多くは高い放射能をもっている。やがて残るのは、周期表のなかでもとりわけ重い元素の一部をのせて超高温で広がりゆく殻だ。

超大型望遠鏡のXシューターなどの機器による分光観測では、希土類元素（ランタノイドともいう）の存在も明らかになった。そして間違いなく、はるかに重い元素も生み出された。観測結果が、鉄より重い元素の大多数は、超新星爆発ではなく中性子星の衝突直後に起こる核物質の崩壊によって生じるという説を裏づけているようなのだ。そのため、どうやら科学者はまた、GW170817に対応するシグナルの発見によって、まさしく「金」的を射止めたらしい。ひょっとしたら地球数個ぶんもの質量の貴金属を見つけたのかもしれない。

しかし、まだ謎がいくつか残っている。ひとつは、フェルミが観測したガンマ線シグナルの特徴だ。きっと、ガンマ線バーストのジェットが地球にまともに向かってきたのではなく、われわれはこのイベントをジェットの軸から外《はず》れた方向で観測したのだろう。多くの天文学者は、それでガンマ線バーストの弱さが最もよく説明できると考えている。それはまた、X線（九日後にようやく観測された）や電波（九月初めまで観測されなかった）の受信の遅れも説明してくれる。

宇宙におけるこうした破局的イベントの場所を今後も観測すれば、もうひとつの未解決の謎にも解明の光が当てられるだろう。「二個の中性子星のたどる運命は？」という謎だ。合計の質量の数パーセントが宇宙に放出されたのは確かだとしても、残りはどうなったのか？　二個のコンパクトな星は、合体して太陽数個ぶんの質量をもつ超大質量の中性子星になったのか、それともつぶれて恒星質量ブラックホールになったのだろうか？

残念ながら、ＬＩＧＯのデータでは、決定的な答えは出せない。合体イベントの最終段階が観測されていないからだ。それまでのブラックホールの衝突では、ＬＩＧＯによって、衝突の「リングダウン」――アインシュタイン波の振幅が急激に減衰してゼロになる短時間の状態――の徴候が検出できた。このリングダウンの特性から、天文学者は合体したブラックホールの最終的な質量を推定することができた。

ところがＧＷ１７０８１７の場合、二個の中性子星が実際に衝突する前に波の周波数が高くなりすぎ、ＬＩＧＯで観測できなかったため、シグナルがとらえられなかった。だから天文学者は、合体後の天体の特性を絞り込む十分な観測データを手に入れられていないのである。

それでも、その衝突でブラックホールが生まれたことはほぼ間違いない。今そこに超大質量の中性子星があれば、超高温のはずなので、Ｘ線で検出できているだろう。ひょっとしたら、二個の中性子星はまず合体して太陽質量の二・八倍ほどの超大質量の天体になり、途方もなく速い自転によっていったん維持されてから、一瞬ののちにさらにつぶれてブラックホールになっていたかもしれない。

要するに、ＧＷ１７０８１７の観測結果は、それ自体華々しいことだが、ガンマ線バースト、連星の進化、重元素の合成、一般相対性理論、極端な環境における物質の振る舞い、そして中性子星の特性について、将来明らかになることのいわゆる氷山の一角となる可能性がある。物理学者は、こうした超高密度の星の残骸がもつ、数十万トンの物質を一立方ミリメートルの体積にたやすく詰め込めるような材料特性にとくに関心をもった。地球上の実験室では、そんな極端な条件を再現することはとうてい望めない。

理論上、GW170817のような重力波シグナルを詳しく調べれば、とくに合体の最終段階に生じる高周波も詳しく観測できたら、さらなる情報が得られるはずだ。二個の中性子星は、互いに近づくにつれ、相手の潮汐力を受けて伸び縮みする。結果的に生じる変形の大きさから、その星の内部構造、深さ方向の密度変化、材料剛性などにかんすることがわかる。この状態方程式とでもいうものは、まだ現在のGW170817の観測結果をもとに決定することはできない。だがこれまでのところ、地球上の実験室での核実験から明らかになった制約とすべて合致しているようだ。

さらに、合体によってそうした光速に近い速度で広がる大質量の火の玉が生じるという事実が、二個の中性子星の潮汐力による変形にかんする制約を課す。コンパクトな星ほど、合体する前により短い距離まで近づける。そのため、より強い力で衝突し、より多くの質量を放出する。放出された質量の推定値（おそらく太陽質量の五パーセントほど）から、二個の中性子星の直径はせいぜい二七キロメートルとなる。さらに別の証拠は、直径が二二キロメートル以上でなければならないことを示している。

まだある。ガンマ線と重力波がほぼ同時に到着した事実から、時空のさざなみは一〇〇〇兆分の一以内の精度をもって光速で伝わることが言える。これは、アインシュタインの相対性理論による予測の裏づけとなる。また、この天体が属する銀河までの距離を（観測されたアインシュタイン波の振幅から）個別に計測し、NGC4993の後退速度と組み合わせると、宇宙の膨張速度の値が得られ、それは従来の計測値と見事に一致する。今後の観測で、天文学者はこの算定の精度が大幅に上がることを期待している。

二〇一八年の秋、ＬＩＧＯとＶｉｒｇｏはまた新たな観測運用を、さらに感度を上げて開始する。ほどなく、日本の検出器ＫＡＧＲＡ（第16章参照）も稼働する。およそ二〇年以内には、重力波の観測は、Ｘ線観測がこれまで四〇年かけて至ったのと同じようにありふれたものになるかもしれない。

本付録は、二〇一七年十月十六日に『スカイ&テレスコープ』誌のウェブサイトに掲載された記事の要約版である（http: //www. skyandtelescope. com/astronomy-news/astronomers-catch-gravitational-waves-from-colliding-neutron-stars）。

最新の状況

二〇一七年五月三十一日
ＬＩＧＯ-Ｖｉｒｇｏコラボレーションが、ＧＷ１７０１０４の検出を発表。約三〇億光年先で、太陽の三一倍と一九倍の質量をもつブラックホールが合体したことによる重力波。

二〇一七年五月三十一日
カルステン・ダンツマンが、重力波物理学で果たした重要な役割によって、二〇一七年のケルバー欧州科学賞を受賞。

二〇一七年六月二十日
三衛星で宇宙空間から重力波検出を目指すＬＩＳＡミッションの案が、ＥＳＡの宇宙ビジョン二〇一五〜二〇二五科学プログラムで第三次主要ミッション（Ｌ３）に採択される。

二〇一七年六月三十日
ＬＩＳＡパスファインダーのミッションが終了。

二〇一七年七月十三日
カルステン・ダンツマンが、重力波物理学で果たした重要な役割によって、二〇一七年のオットー・ハーン賞を受賞。

二〇一七年七月二十三日
レイナー・ワイスとキップ・ソーンとバリー・バリッシュが、ＬＩＧＯの設計と建設で果たした役割によって、二〇一七年のフダン・チョンジ科学賞を受賞。

二〇一七年七月二十七日
ＬＩＧＯのチームメンバーであるデニス・コインとピーター・フリッチェルとデイヴィッド・シューメーカーが、アドバンストＬＩＧＯの開発で果たした役割によって、二〇一八年バークリー賞を受賞。

二〇一七年八月一日
アドバンストＶｉｒｇｏがアドバンストＬＩＧＯの第二次観測運用（Ｏ２）に加わり、三週間半にわたり同時観測を実施。

二〇一七年八月二十五日
ＬＩＧＯ‐Ｖｉｒｇｏの第二次観測運用（Ｏ２）が終了。

二〇一七年九月二十七日
ＬＩＧＯ-Ｖｉｒｇｏコラボレーションが、ＧＷ１７０８１４の検出を発表。約一八億光年先で、太陽の三一倍と二五倍の質量をもつブラックホールが合体したことによる重力波。三つの検出器で同時に観測された初のイベント。

二〇一七年十月三日
レイナー・ワイスとバリー・バリッシュとキップ・ソーンが、ＬＩＧＯ検出器と重力波観測への決定的な貢献によって、二〇一七年のノーベル物理学賞を受賞。

二〇一七年十月十六日
ＬＩＧＯ-Ｖｉｒｇｏコラボレーションが、ＧＷ１７０８１７の検出を発表。一億三〇〇〇万光年先で、二個の中性子星が合体したことによる重力波。この合体では短いガンマ線バーストも生じ、結果的に起きた「キロノヴァ」という現象は、数十に及ぶ地上と宇宙の望遠鏡で観測された。

謝辞

本書のための調査の一環として（対面や電話で）インタビューの機会を設けてくれた、以下の科学者にお礼を申し上げる。ブルース・アレン、バリー・バリッシュ、エリック・ベルム、ジョーン・セントレラ、ホイットニー・クラヴィン、ハリー・コリンズ、フランス・コルドヴァ、カルステン・ダンツマン、マルコ・ドラゴ、アナマリア・エフラー、マット・エヴァンズ、フランシス・エヴェリット、ラファエレ・フラミニオ、ピーター・フリッチェル、ニール・ゲーレルズ、ジョー・ジャイミ、ガブリエラ・ゴンサレス、パウル・フロート、フィンセント・イッケ、ヘマ・ヤンセン、マンシ・カスリワル、ジョン・コヴァック、ローレンス・クラウス、アヴィ・ローブ、ジェス・マクアイヴァー、モーラ・マクラフリン、ポール・マクナマラ、ハイス・ネレマンス、スタール・フィニー、ツウィ・ピラン、クリスティーン・プリアム、フレデリック・ラーブ、クリスティアン・ライヒャルト、デイヴィッド・ライツィ、ジャン＝ポール・リチャード、デイヴィッド・シューメーカー、アイラ・ソープ、ヴァージニア・トリンブル、トニー・タイソン、ヨー・ファン・デン・ブラント、クリス・ファン・デン・ブルーク、イェルン・ファン・ドンヘン、アラン・ウェインスタイン、ジョエル・ワイスバーグ、レイナー・ワイス、スタン・ホイットカム。多くの章の草稿に有益なコメントをくれた、以下の方々にも感謝する。ディルク・ファン・デルフトとイェルン・ファン・ドンヘン（第2章）、ジョエル・ワイスバーグ（第6章）、ヨリス・ファン・ハイニンゲン（第7章）、デイヴィッド・シューメーカー（第7章・第8章）、ガブリエラ・ゴンサレス（第11章）、ハイス・ネレマンス（第12章）、ヘマ・ヤンセン（第13章）、ポール・マクナマラ（第15章）。少数の匿名の校閲者による思慮深いコメントも、原稿をさらに良いものにするのに役立った。最後に、本書の序文を書いてくれたマーティン・リースにも深謝したい。

訳者あとがき

二〇一七年十月三日、ノーベル物理学賞が、レイナー・ワイスとバリー・バリッシュとキップ・ソーンに贈られた。三人の受賞理由は、ＬＩＧＯ（レーザー干渉計型重力波天文台）検出器と重力波観測への決定的な貢献。大本命と目されての堂々たる受賞である。本書を訳して彼らをはじめ重力波研究に打ち込んだ人々の労苦を知っていただけに、訳者も感慨ひとしおだった。

重力波については、二〇一六年二月の初検出発表以降、すでにいくつか関連書籍が出ている。検出に至る人間ドラマは、『重力波は歌う』（ジャンナ・レヴィン著、田沢恭子・松井信彦訳、早川書房）に詳しく描かれ、また科学的な解説についても何冊か新書も刊行されている。しかし本書は、アインシュタインの一般相対性理論による予測を起点とする一世紀におよぶ人間ドラマを活写しながら、この「世紀の科学的偉業」を理解するうえで必要な科学知識をわかりやすく解説するという、実に欲張りな内容だ。天文学専門のジャーナリストである著者だからこそ、この両方を過不足なく語りきれたのではないかと思う。

人間ドラマについて、ここで何かを記して読者の興をそぐのはよしておこう。水素原子核の一万分の一の振幅をもつ波を検知する、不可能にも思えた高精度の観測機器の実現に至る波瀾万丈の物語は、ぜひ実際に本書を読んで味わってほしい。

重力波観測の何がそんなにすごいのかというと、それは電磁波とはまったく異なるシグナルだという点だ。本書でも説明されているとおり、これまで人類は光学望遠鏡や電波望遠鏡、X線・ガンマ線観測衛星など、宇宙を見る目をあれこれ生み出してきたが、そこに初めて宇宙を聴く耳を手に入れたようなものなのである。

だがひと口に重力波といっても、実はいろいろな要因によるものがある。どんな物体も大きさや形を変えたり空間を動いたりすると必ず重力波が出るわけだが、現実的に観測できそうなものは、途方もなく大規模な現象に限られる。たとえばブラックホールや中性子星の合体によるものが、二〇一五年以降の大型干渉計での観測でとらえられているが、銀河中心にある巨大ブラックホールの合体によるものや、ビッグバン直後のインフレーションで発生した原始重力波といったものはＬＩＧＯなどの干渉計では捕捉できず、また別の手段が考えられ、観測が始まっている。

さらに、アメリカのＬＩＧＯやヨーロッパのＶｉｒｇｏをはじめとする観測装置で重力波が検出できても、その発生源の特定は容易ではなく、そのために同時に出たさまざまな電磁波をとらえようとする「マルチメッセンジャー天文学」も幕を開けている（中性子星合体による重力波の発生源は、これによって見事に特定された）。

著者ホヴァート・シリングは、これらも含めて総合的に重力波研究の歴史と現状をまとめ、日本で完成が近づいている大型干渉計ＫＡＧＲＡや、宇宙に飛ばす超大型干渉計ＬＩＳＡなど、今後の展望まで視野に入れて本書を書き上げた。みずからの足で世界各地へ飛び、研究者に取材しているため、臨場感あふれる記述がまた読む者をわくわくさせる。

原書刊行は二〇一七年七月末だが、その後観測された中性子星合体による重力波についての付録と、原著執筆後の出来事をまとめたものも著者より提供いただき、このたび邦訳に加えることができた。そんなところからも、重力波天文学が現在進行形の科学であることが実感できる。

ところで、重力波を観測する干渉計の開発にあたっては、実は日本人の貢献も大きいことを付記しておきたい。東京大学宇宙線研究所の教授、川村静児氏は、かつて一九八九年にレイナー・ワイスのチームに加わり、ノイズの発生源を次々と明らかにしてＬＩＧＯの感度を圧倒的に高めた。これがプロジェクトの実現可能性を高め、大型予算獲得のきっかけになったという。また一九九〇年代にドイツのＧＥＯにいた水野潤氏は、本書でも紹介されている、鏡の配置を工夫してレーザーのパワーを増すシグナルリサイクリングという方法を考案した。ほかにも多くの日本人研究者が重力波観測の国際協力チームに加わってさまざまな貢献をしている。まさしく重力波天文学は全世界規模の巨大プロジェクトなのである。

翻訳にあたって、今泉厚一さんに一部お手伝いをいただいた。ここに記してお礼を申し上げたい。また、すばらしい本書に出会わせてくださり、刊行まで多くの心遣いをいただいた化学同人の佐久間純子さんと、制作に尽力いただいた三角茉由子さんにも感謝の意を表したい。

二〇一七年十一月

斉藤隆央

図・写真 提供

p. 18 Wil Tirion
p. 25 Photo-graph by Orren Jack Turner. Library of Congress Prints and Photographs Division, Washington, D. C. LC-USZ62-60242
p. 63 Katherine Stephenson, Stanford University and Lockheed Martin Corporation/NASA
p. 81 Special Collections and University Archives, University of Maryland Libraries
p. 105 ESA/Herschel/PACS/MESS Key Programme Supernova Remnant Team ; NASA, ESA and Allison Loll/Jeff Hester (Arizona State University)
p. 112 M. Burnell
p. 116 Courtesy of the NAIC-Arecibo Observatory, a facility of the NSF
p. 132 Courtesy Caltech/MIT/LIGO Laboratory
p. 139 Wil Tirion
p. 145 Courtesy Caltech/MIT/LIGO Laboratory
p. 161 Courtesy of the Archives, California Institute of Technology
p. 169 EGO & the Virgo Collaboration
p. 183 NASA, ESA, H. Teplitz and M. Rafelski (IPAC/Caltech), A. Koekemoer (STScI), R. Windhorst (Arizona State University), and Z. Levay (STScI)
p. 201 Amble/Wikimedia Commons (CC BY-SA 3.0)
p. 212 Harvard-Smithsonian Center for Astrophysics
p. 224 Courtesy Caltech/MIT/LIGO Laboratory
p. 244 Dr. Margaret Harris, *Physics World*
p. 249 The SXS (Simulating eXtreme Spacetimes) Project/Caltech/MIT/LIGO Laboratory
p. 271 CSIRO Science Image (CC BY 3.0)
p. 299 Photograph © Gerhard Hüdepohl
p. 316 NOVA/FNWI Techno Center, Radboud University Nijmegen (English)
NOVA/FNWI TechnoCentrum, Radboud Universiteit Nijmegen (Dutch)
p. 325 ESA / ATG medialab
p. 338 AEI/Max Planck Institute for Gravitational Physics/Milde Marketing/exozet.
Gravitational wave simulation : NASA/C. Henze
p. 349 Govert Schilling
p. 353 Wil Tirion

原注と参考文献

第１章　時空のオードブル

2　クリストファー・ノーランが監督を務め、マシュー・マコノヒー、アン・ハサウェイ、ジェシカ・チャステイン、マイケル・ケインが出演した映画『インターステラー』は、北米でパラマウント映画が配給し、2014 年 11 月 5 日にアメリカで公開された。

5-7　天文学史を見事に概観したものは、Timothy Ferris, *Coming of Age in the Milky Way* (New York : William Morrow & Co., 1988).

7-10　宇宙の一般向けで最新の手引きとして優れているのは、Neil deGrasse Tyson, Michael A. Strauss and J. Richard Gott, *Welcome to the Universe. An Astrophysical Tour* (Princeton, NJ : Princeton University Press, 2016).

15　Albert Einstein, *Relativity : The Special and the General Theory* (London : Methuan & Co., 1920, 最初は 1916 年にドイツで出版)［邦訳：『特殊および一般相対性理論について』（金子務訳、白揚社）］; George Gamow, *Mr. Tompkins in Wonderland* (Cambridge : Cambridge University Press, 1940)［邦訳：『不思議の国のトムキンス』（伏見康治訳、白揚社）］; Eva Fenyo, *A Guided Tour through Space and Time* (Upper Saddle River, NJ : Prentice-Hall, 1959) および Kip S. Thorne, *Black Holes and Time Warps : Einstein's Outrageous Legacy* (New York : W. W. Norton & Co., 1994)［邦訳：『ブラックホールと時空の歪み：アインシュタインのとんでもない遺産』（林一・塚原周信訳、白揚社）］を参照。高次元の手引きとして古典的でユーモラスなのは、Edwin Abbott Abbott, *Flatland : A Romance of Many Dimensions* (London : Seeley & Co., 1884)［邦訳：『フラットランド：たくさんの次元のものがたり』（竹内薫訳、講談社）など］を参照。

20-21　Kip Thorne, *The Science of Interstellar* (New York : W. W. Norton & Co., 2014). Oliver James, Eugenie von Tunzelmann, Paul Franklin and Kip S. Thorne, "Visualizing Interstellar's Wormhole," *American Journal of Physics* 83, no. 486 (2016) (doi : 10.1119/1.4916949) および、同じ著者らによる "Gravitational Lensing by Spinning Black Holes in Astrophysics, and in the Movie *Interstellar*," *Classical and Quantum Gravity* 32, no. 6 (2015) (doi : 10.1088/0264-9381/32/6/065001) も参照。

第2章　相対的に論じると

22　ライデンの壁の詩について、詳しくは http://www.muurgedichten.nl/wallpoems.html を参照。オランダのライデンにあるブールハーフェ博物館のウェブサイトは、http://www.museumboerhaave.nl/english

23　2016年4月7日、ライデンのブールハーフェ博物館の保管庫を訪問した。

27　アポロ15号の宇宙飛行士デイヴィッド・スコットが月面で羽毛とハンマーを落とす映像は、ここで見られる：https://www.youtube.com/watch?v=KDp1tiUsZw8

32　海王星の発見については、Tom Standage, *The Neptune File* (London : Penguin Books, 2000) に記されている。

33-34　ユルバン・ルヴェリエによる水星より内側の惑星の探索については、Thomas Levenson, *The Hunt for Vulcan ... And How Albert Einsten Destroyed a Planet, Discovered Reativity, and Deciphered the Universe* (New York : Random House, 2015)［邦訳：『幻の惑星ヴァルカン：アインシュタインはいかにして惑星を破壊したのか』(小林由香利訳、亜紀書房)］を参照。

42　アルベルト・アインシュタインの論文集はここにある：http://einsteinpapers.press.princeton.edu

アルベルト・アインシュタインの伝記は無数にある。最高に網羅的なもののひとつは、Abraham Pais, *Subtle Is the Lord : The Science and Life of Albert Einsten* (Oxford : Oxford University Press, 1982)［邦訳：『神は老獪にして…：アインシュタインの人と学問』(西島和彦監訳、金子務・岡村浩・太田忠之・中澤宣也訳、産業図書)］である。Dennis Overbye, *Einsten in Love : A Scientifc Romance* (New York : Viking Penguin, 2000)［邦訳：『アインシュタインの恋』(中島健訳、青土社)］も、アインシュタインの伝記としてすばらしい。Brian Greene, *The Fabric of the Cosmos : Space, Time, and the Texture of Reality* (New York : Alfred A. Knopf, 2004)［邦訳：『宇宙を織りなすもの：時間と空間の正体』(青木薫訳、草思社)］も参照。

第3章　アインシュタインを審理にかける

45　2016年6月20日、カリフォルニアのスタンフォード大学でフランシス・エヴェリットにインタビューした。

46-47, 62-67　重力探査機B：http://einstein.stanford.edu

50-55　1919年のアーサー・エディントンの日食観測隊にかんする詳細は、Peter Coles, "Einstein, Eddington and the 1919 Eclipse,"

Proceedings of International School on "The Historical Deveopment of Modern Cosmology" Valencia 2000, ASP Conference Series (https://arxiv.org/abs/astro-ph/0102462).

55　ガイア計画：http://sci.esa.int/gaia

一般相対性理論について詳しくは、Amanda Gefter, "Putting Einstein to the Test," *Sky & Telescope* 110, no. 1 (July 2005) : 33。Clifford M. Will, Was *Einstein Right ?* Putting Reativity to the Test (New York : Basic Books, 1986 ; 2nd edition, 1993)［邦訳：『アインシュタインは正しかったか？』（松田卓也・二間瀬敏史訳、TBSブリタニカ）］および同著者による "Was Einstein Right ? Testing, Relativity at the Centenary," *Annals of Physics* 15, no. 1-2 (January 2006) : 19-33 (doi : 10.1002/andp.200510170) も参照。

第4章　波の話と酒場のけんか

84　2016年6月20日、カリフォルニア大学デーヴィス校でトニー・タイソンにインタビューした。

85　ディック・ガーウィンについては、Joel Shurkin, True Genius : The Life and Work of Richard Garwin (New York : Penguin Random House, 2017) に活写されている。

重力波検出にかかわるジョー・ウェーバーの初期の仕事については、Marcia Bartusiak, *Einstein's Unfinished Symphony : The Story of a Gamble, Two Black Holes, and a New Age of Astronomy* (New Haven : Yale University Press, 2017) および Janna Levin, *Black Hole Blues and Other Songs from Outer Space* (New York : Alfred A. Knopf, 2016)［邦訳：『重力波は歌う：アインシュタイン最後の宿題に挑んだ科学者たち』（田沢恭子・松井信彦訳、早川書房）］で語られている。重力波物理学の歴史を詳しく紹介したものは、Daniel Kennefick, *Traveling at the Speed of Thought : Einstein and the Quest for Gravitational Waves* (Princeton, NJ : Princeton University Press, 2007)［邦訳：『重力波とアインシュタイン』（松浦俊輔訳、青土社）］。ジョー・ウェーバーによる実験も含め、重力波研究の起源をきわめて詳細に語ったものは、Harry Collins, *Gravity's Shadow : The Search for Gravitational Waves* (Chicago : University of Chicago Press, 2004).

第5章　星の生涯

89　『コスモス』は、カール・セーガンとアン・ドルーヤンとスティーヴン・ソーターが制作し、エイドリアン・マローンが監督を務めた全13回のテレビシリーズである。初放送は、PBS（米国公共放送網）で、1980年9月28日から12月21日まで。この章のタイトルは、第9話のタイトルでもある［訳注：原題は *The Lives of Stars*

で、日本での放送時の邦題は「星の誕生と死」］。次の書籍も参照：Carl Sagan, *Cosmos* (New York : Random House, 1980)［邦訳：『COSMOS』(木村繁訳、朝日新聞出版)］。

恒星の進化にかんする優れた手引きは、James B. Kaler, *Cosmic Clouds : Birth, Death, and Recycling in the Galaxy* (New York : W. H. Freeman & Co., 1996)；また、Kaler, *Stars and Their Spectra : An Introduction to the Spectral Sequence* (Cambridge : Cambridge University Press, 1989 ; 2nd edition, 2011) および Kaler, *Heaven's Touch : From Killer Stars to the Seeds of Life, How We Are Connected to the Universe* (Princeton, NJ : Princeton University Press, 2009) も参照。中性子星にかんする詳細だがとっつきやすい手引きは、Werner Becker, ed., *Neutron Stars and Pulsars* (New York : Springer, 2009).

第6章　時計仕掛けの正確さ

110-112　ジョスリン・ベル自身によるパルサー発見の話は、ここで読める：http://www.bigear.org/vol1no1/burnell.htm

116　アレシボ天文台：http://www.naic.edu

122-124　2016年8月2日、ジョエル・ワイスバーグに電話でインタビューした。

124　1993年のノーベル物理学賞：https://www.nobelprize.org/nobel_prizes/physics/laureates/1993/；1974年のノーベル物理学賞：https://www.nobelprize.org/nobel_prizes/physics/laureates/1974/

124　Marta Burgay et al., "An Increased Estimate of the Merger Rate of Double Neutron Stars from Observations of a Highly Relativistic System," Nature 426 (4 December 2003) : 531-533 (doi : 10.1038/nature02124).

128-129　中性子星の合体によって重力波が生じるというフリーマン・ダイソンの予測は、A. G. W. Cameron, ed., Interstellar Communication. A Collection of Reprints and Original Contributions (New York : W. A. Benjamin, 1963) に公表されている。

129　Joel M. Weisberg, Joseph H. Taylor, and Lee A. Fowler, "Gravitational Waves from an Orbiting Pulsar," Scientific American 245, no. 4 (October 1981) : 74-82 (doi : 10.1038/scientificamerican1081-74).

パルサーの優れた手引きは、Geoff McNamara, *Clocks in the Sky : The Story of Pulsars* (New York : Springer, 2008)。Duncan R. Lorimer, "Binary and Millisecond Pulsars," *Living Reviews in Reativity*, 8 (2005) : 7 (doi : 10.12942/lrr-2005-7) も参照。

第7章　レーザーで探る

131　1998年の春に私がルイジアナ州のLIGOリヴィングストン天文台を訪れたのは、オランダの週刊誌*Intermediair*から資金を得てのことだ。

131-133　2015年1月14日、LIGOハンフォード天文台（ワシントン州）を訪れて、フレデリック・ラーブにインタビューした。

136-147　レーザー干渉計についての詳細：https://www.ligo.caltech.edu/page/ligo-gw-interferometer. オランダ国立素粒子物理学研究所（Nikhef）のマルコ・クラーンによる、レーザー干渉計にかんするすばらしい動画は、ここで見られる：https://www.youtube.com/watch?v=h_FbHipV3No

第8章　完成への道

150　2015年1月6日にシアトルで、2016年6月29日に電話で、レイ・ワイスにインタビューした。

150-168　シャーリー・コーエンによるレイ・ワイスへのインタビュー、Caltech Oral History Project : http://oralhistories.library.caltech.edu/183/1/Weiss_OHO.pdf

154　Rainer Weiss, "Electronically Coupled Broadband Gravitational Antenna," *Quarterly Progress Report*, Research Laboratory of Electronics (MIT), no. 105 (1972) : 54 (http://www.hep.vanderbilt.edu/BTeV/test-DocDB/0009/000949/001/Weiss_1972.pdf)

155　宇宙背景放射探査衛星（COBE）：http://science.nasa.gov/missions/cobe. Charles W. Misner, Kip S. Thorne, and John Archibald Wheeler, *Gravitation* (New York : W. H. Freeman & Co., 1973)［邦訳：『重力理論』（若野省己訳、丸善出版）］も参照。

159　Paul Linsay, Peter Saulson, Rainer Weiss, and Stan Whitcomb, *A Study of a Long Baseline Gravitational Wave Antenna System* (the LIGO Blue Book) (National Science Foundation : 1983) (https://dcc.ligo.org/public/0028/T830001/000/NSF_bluebook_1983.pdf).

162　Rochus E. Vogt, Ronald W. P. Drever, Kip S. Thorne, Frederick J. Raab, and Rainer Weiss, *A Laser Interferometer Gravitational-Wave Observatory : Proposal to the National Science Foundation* (California Institute of Technology, December 1989) (https://dcc.ligo.org/public/0065/M890001/003/M890001-03%20edited.pdf).

164　2016年6月20日、カリフォルニア大学デーヴィス校でトニー・タイソンにインタビューした。

166　2016年6月22日、パサデナのカリフォルニア工科大学でバリー・バリッシュにインタビューした。

166-168　シャーリー・コーエンによるバリー・バリッシュへのインタビュー、Caltech Oral History Project : http://oralhistories.library.caltech.edu/178/1/Barish_OHO.pdf

168-172　2015年9月22日、イタリアのピサ近郊、サント・ステファノ・ア・マチェラタのヨーロッパ重力観測所にあるVirgo検出器を見学し、フェデリコ・フェリーニにインタビューした。

172-173　2016年8月4日から5日にかけて、ドイツのハノーファーにあるアルベルト・アインシュタイン研究所を訪れ、カルステン・ダンツマンとブルース・アレンにインタビューした。

174-175　2015年2月9日、ドイツのハノーファー近郊のルーテにあるGEO600検出器を見学した。

LIGOのウェブサイト：https://www.ligo.caltech.edu. LIGO科学コラボレーションのウェブサイト：http://ligo.org. Virgoのウェブサイト：http://public.virgo-gw.eu/language/en. ヨーロッパ重力観測所（EGO）のウェブサイト：http://www.ego-gw.it. GEO600のウェブサイト：http://www.geo600.org. LIGOの歴史は、Marcia Bartusiak, *Einstein's Unfinished Symphony : The Story of a Gamble, Two Black Holes, and a New Age of Astronomy* (New Haven : Yale University Press, 2017) に記されている。Harry Collins, *Gravity's Shadow : The Search for Gravitational Waves* (Chicago : University of Chicago Press, 2004) および Janna Levin, *Black Hole Blues and Other Songs from Outer Space* (New York : Alfred A. Knopf, 2016)［邦訳：『重力波は歌う：アインシュタイン最後の宿題に挑んだ科学者たち』（田沢恭子・松井信彦訳、早川書房）］も参照。

第9章　創造の物語

詳しくは以下の書籍を参照：Joseph Silk, *The Big Bang* (New York : W. H. Freeman & Co., 1980 ; 3rd edition, 2001) ; Simon Singh, *Big Bang : The Most Important Scientific Discovery of All Time and Why You Need to Know about It* (New York : Fourth Estate, 2004)［邦訳：『宇宙創成』（青木薫訳、新潮社）］; George Smoot and Keay Davidson, *Wrinkles in Time : The Imprint of Creation* (London : Little, Brown and Company, 1993)［邦訳：『宇宙のしわ：宇宙形成の「種」を求めて』（林一訳、草思社）］および Dennis Overbye, *Lonely Hearts of the Cosmos : The Story of the Scientific Quest for the Secret of the Universe* (New York : HarperCollins, 1991)［邦訳：『宇宙はこうして始まりこう終わりを告げる：疾風怒涛の宇宙論研究』（鳥居祥二・吉田健二・大内達美訳、白揚社）］。

第10章　未解決事件《コールドケース》

197-201　2012年12月に私が南極のマクマード基地とアムンゼン・スコット基地へ行ったツアーは、全米科学財団が南極ジャーナリストプログラムの一環として計画・出資したものだ。

198　EとBの実験（EBEX）：http://groups.physics.umn.edu/cosmology/ebex

200　アイスキューブ：https://icecube.wisc.edu. 南極点望遠鏡：https://pole.uchicago.edu

200-201　銀河系外偏光背景放射イメージング（BICEP）：http://bicepkeck.org

202　宇宙背景放射探査衛星（COBE）：http://science.nasa.gov/missions/cobe

203　ウィルキンソン・マイクロ波背景放射非等方性探査衛星（WMAP）：http://science.nasa.gov/missions/wmap. プランク衛星：http://sci.esa.int/planck. 2006年のノーベル物理学賞：https://www.nobelprize.org/nobel_prizes/physics/laureates/2006

204　チリ北部のチャナントール天文台とアタカマ大型ミリ波サブミリ波干渉計（ALMA）（http://www.almaobservatory.org）に、1998年（アメリカ国立電波天文台（NRAO）の便宜による）、1999年（ヨーロッパ南天天文台（ESO）の後援による）、2004年、2007年（ESOとオランダ天文学リサーチスクール（NOVA）の出資による）、2010年、2012年（ESOの後援による）、2013年（ESOの後援による）、2015および2017年（どちらもオランダの月刊誌*New Scientist*のツアーガイドとして）に訪れた。

204　アタカマ宇宙論望遠鏡（ACT）：http://act.princeton.edu

210-212　2014年3月17日にハーヴァード・スミソニアン宇宙物理学センターで開かれたBICEP2の記者会見：https://www.youtube.com/watch?v=Iasqtm1prlI

212-213　2016年6月30日、ジョン・コヴァックに電話でインタビューした；2016年7月1日、クリスティーン・プリアムに電話でインタビューした。

214　チャオリン・クオがアンドレイ・リンデとその妻レナータ・カロシュにBICEP2による発見の知らせをもたらしたときの動画：https://www.youtube.com/watch?v=ZlfIVEy_YOA

216　2014年3月17日にハーヴァード・スミソニアン宇宙物理学センターで開かれたBICEP2科学シンポジウム：https://www.youtube.com/watch?v=0n9NPvEbJr0. P.A.R. Ade et al. (BICEP2/Keck and

Planck Collaborations), "Joint Analysis of BICEP2/Keck Array and Planck Data," *Physical Review Letters* 114 (2015) : 101301 (doi : 10.1103/PhysRevLett.114.101301).

さらなる情報は、Alan H. Guth, *The Inflationary Universe : The Quest for a New Theory of Cosmic Origins* (New York : Basic Books, 1998) [邦訳：『なぜビッグバンは起こったか：インフレーション理論が解明した宇宙の起源』(はやしはじめ・はやしまさる訳、早川書房)] を参照。

第11章　捕まえた

221-225　2016年7月11日、マルコ・ドラゴに電話でインタビューした。

225-226, 234-235　2016年6月23日、スタン・ホイットカムにパサデナのカリフォルニア工科大学でインタビューした。

226-231, 242　2016年9月7日、ガブリエラ・ゴンサレスにスイスのチューリヒでインタビューした；2016年3月2日、デイヴィッド・ライツィにオランダのアムステルダムでインタビューした。

230, 239-240　2016年7月29日、ローレンス・クラウスに電話でインタビューした。

231-233　LIGOとVirgoのデータへのふたつの主な盲検注入については、Harry Collins, *Gravity's Ghost and Big Dog : Scientific Discovery and Social Analysis in the Twenty-First Century* (Chicago : University of Chicago Press, 2011) に詳しく記されている。盲検注入のことをもっと知りたければこちらを参照：http://www.ligo.org/news/blind-injection.php

236-243　2016年6月22日、ホイットニー・クラヴィンにパサデナのカリフォルニア工科大学でインタビューした。

238　GW150914の発見についての詳細：LIGO *Magazine* 8 (March 2016) (http://www.ligo.org/magazine/LIGO-magazine-issue-8.pdf). B. P. Abbott et al. (LIGO Scientific Collaboration and Virgo Collaboration), "Observation of Gravitational Waves from a Binary Black Hole Merger," *Physical Review Letters* 116 (2016) : 061102 (doi : 10.1103/PhysRevLett.116.061102).

240-241　Joshua Sokol, "Latest Rumour of Gravitational Waves Is Probably True This Time," *New Scientist*, February 8, 2016 (https://www.newscientist.com/article/2076754-latest-rumour-of-gravitational-waves-is-probably-true-this-time).

241-243　ワシントンDCのナショナル・プレス・クラブにおけるGW150914

の記者会見：https://www.youtube.com/watch?v=aEPIwEJmZyE

241-243　2016年6月28日、フランス・コルドヴァに電話でインタビューした。

245　2016年基礎物理学ブレイクスルー特別賞：https://breakthroughprize.org/News/32. 2016年グルーバー財団による宇宙論賞：http://gruber.yale.edu/cosmology/press/2016-gruber-cosmology-prize-press-release. 2016年ショウ天文学賞：http://www.shawprize.org/en/shaw.php?tmp=3&twoid=102&threeid=254&fourid=476. 2016年カヴリ宇宙物理学賞：http://www.kavliprize.org/prizes-and-laureates/prizes/2016-kavli-prize-astrophysics. 2016年アマルディ・メダル：http://public.virgo-gw.eu/adalberto-guido-pizzella-share-amaldi-medal

初の重力波の直接検出についても語っている最近の2冊の本は、Harry Collins, *Gravity's Kiss : The Detection of Gravitational Waves* (Cambridge, MA : MIT Press, 2017) および Marcia Bartusiak, *Einstein's Unfinished Symphony : The Story of a Gamble, Two Black Holes, and a New Age of Astronomy* (New Haven : Yale University Press, 2017).

第12章　黒魔術《ブラックマジック》

247　GW150914を生み出したブラックホール合体の映像はこちらを参照：https://www.youtube.com/watch?v=Zt8Z_uzG71o

250-253　B. P. Abbott et al. (LIGO Scientific Collaboration and Virgo Collaboration), "Astrophysical Implications of the Binary Black Hole Merger GW150914," *Astrophysical Journal Letters* 818 (2016) : L22 (http://iopscience.iop.org/article/10.3847/2041-8205/818/2/L22). B. P. Abbott et al. (LIGO Scientific Collaboration and Virgo Collaboration), "Properties of the Binary Black Hole Merger GW150914," *Physical Review Letters* 116 (2016) : 241102 (doi : 10.1103/PhysRevLett.116.241102) も参照。

253　Gabriela Gonzaleza Fulvio Ricci, and David Reitze, "Latest News from the LIGO Scientific Collaboration," American Astronomical Society (AAS) 228th meeting, 15 June 2016, San Diego, California での記者会見：https://aas.org/media-press/archived-aas-press-conference-webcasts. B. P. Abbott et al. (LIGO Scientific Collaboration and Virgo Collaboration), "GW151226 : Observation of Gravitational Waves from a 22-Solar-Mass Binary Black Hole Coalescence," *Physical Review Letters* 116 (2016) : 241103 (doi : 10.

1103/PhysRevLett.116.241103）も参照。

267-268　2016年7月14日、ナイメーヘン（オランダ）のラドバウド大学のハイス・ネレマンスにインタビューした。

ブラックホールについては、Kip S. Thorne, *Black Holes and Time Warps : Einstein's Outrageous Legacy,* (New York : W. W. Norton & Co., 1994)［邦訳：『ブラックホールと時空の歪み：アインシュタインのとんでもない遺産』（林一・塚原周信訳、白揚社）］; Igor Novikov, *Black Holes and the Universe* (Cambridge : Cambridge University Press, 1995), および Clifford A. Pickover, *Black Holes : A Traveler's Guide* (New York : John Wiley & Sons, Inc., 1996)［邦訳：『ブラックホールへようこそ！』（福江純訳、三田出版会）］を参照. ブラックホールにかんするこの対話型ウェブサイトも参照：http://hubblesite.org/explore_astronomy/black_holes

第13章　ナノサイエンス

270-272　パークス天文台：https://www.parkes.atnf.csiro.au

274　Don C. Backer, Shrinivas R. Kulkarni, Carl Heiles, M. M. Davis and W. Miller Goss, "A Millisecond Pulsar," *Nature* 300 (December 16, 1982) : 615-618 (http://www.nature.com/nature/journal/v300/n5893/abs/300615a0.html).

274-275　Aleksander Wolszczan and Dale A. Frail, "A planetary system around the Millisecond Pulsar PSR1257 + 12," *Nature* 355 (January 9, 1992) : 145-147 (http://www.nature.com/nature/journal/v355/n6356/abs/355145a0.html).

284　パークス・パルサー・タイミング・アレイ（PPTA）：http://www.atnf.csiro.au/research/pulsar/ppta

284-285　欧州パルサー・タイミング・アレイ（EPTA）：http://www.epta.eu.org ヴェステルボルク合成電波望遠鏡：http://www.astron.nl/radio-observatory/public/public-0 北米ナノヘルツ重力波観測所（NANOGrav）：http://nanograv.org

286　国際パルサー・タイミング・アレイ（IPTA）：http://www.ipta4gw.org ; Stephen R. Taylor et al., "Are We There Yet ? Time to Detection of Nanohertz Gravitational Waves Based on Pulsar-Timing Array Limits," *Astrophysical Journal Letters* 819, no. 1 (2016) : L6 (doi : 10.3847/2041-8205/819/1/L6).

288-290　大規模欧州パルサーアレイ（LEAP）：http://www.epta.eu.org/leap.html

290　スクエア・キロメール・アレイ：https://www.skatelescope.org

290–291　オーストラリアSKAパスファインダー（ASKAP）：http://www.atnf.csiro.au/projects/askap/index.html　マーチソン広視野アレイ（MWA）：http://www.mwatelescope.org/

291　2012年11月28日、オランダ天文学リサーチスクール（NOVA）のマリーケ・バーンとともに西オーストラリア州のマーチソン電波天文台を訪れ、2016年6月15日にオーストラリア外務貿易省の資金提供を受けた旅行で再訪した。

292　水素再イオン化期アレイ電波望遠鏡（HERA）：https://www.ska.ac.za/science-engineering/hera　MeerKATアレイ：https://www.ska.ac.za/science-engineering/meerkat　2016年11月24日と25日、南アフリカのHERA望遠鏡とMeerKATアレイを訪問した。
Sarah Wild, *Searching African Skies : The Square Kilometre Array and South Africa's Quest to Hear the Songs of the Stars* (Sunnyside, South Africa : Jakana Media, 2012) も参照。

第14章　フォローアップの問題

294　スペインのラ・パルマ島のロケ・デ・ロス・ムチャーチョス天文台には、1996年から2016年にかけて何度も訪れた。

295　Govert Schilling, *Flash! The Hunt for the Biggest Explosions in the Universe* (Cambridge : Cambridge University Press, 2002).
Jonathan I. Katz, *The Biggest Bangs : The Mystery of Gamma-Ray Bursts, the Most Violent Explosions in the Universe* (Oxford : Oxford University Press, 2002).

297–298　チリ北部にあるESOのパラナル天文台には、1998年、1999年（ESOの後援による）、2004年、2007年（ESOとオランダ天文学リサーチスクール(NOVA)の資金提供による）、2010年（SNP Natuurreizen旅行社のツアーガイドとして）、2015年と2017年（いずれもオランダの月刊誌*New Scientist*のツアーガイドとして）に訪問した。

302　MeerLICHT望遠鏡：http://www.ast.uct.ac.za/meerlicht

302–315　2016年7月14日、ナイメーヘン（オランダ）のラドバウド大学のパウル・フロートにインタビューした。

309　Nial R. Tanvir et al., "A 'Kilonova' Associated with the Short-Duration γ-Ray Burst GRB130603B," *Nature* 500 (August 3, 2013) : 547 (https://arxiv.org/abs/1306.4971).

312–313　スウィフトによるガンマ線バースト・ミッション：http://swift.gsfc.nasa.gov

313　フェルミ・ガンマ線宇宙望遠鏡：http://fermi.gsfc.nasa.gov. Panoramic Survey Telescope & Rapid Response System (PanSTARRS))：http://www.ifa.hawaii.edu/research/Pan-STARRS.shtml. ダークエネルギーカメラ：http://www.ctio.noao.edu/noao/node/1033

313-314　2016年6月21日、カリフォルニアのパロマー天文台を訪問した。

314-315　2016年6月22日、パサデナのカリフォルニア工科大学でエリック・ベルムにインタビューした。

315　ツヴィッキー短期現象観測施設：http://www.ptf.caltech.edu/ztf

315-317　BlackGEM：https://astro.ru.nl/blackgem. チリ北部のラ・シラ天文台には、1987年、2004年、2010年（SNP Natuurreizen 旅行社のツアーガイドとして）、2012年（ESOの後援による）、2013年に訪問した。

317-318　大型シノプティック・サーベイ望遠鏡（LSST）：https://www.lsst.org. エブリスコープ：http://evryscope.astro.unc.edu

第15章　宇宙へ進出する

319-321　2015年12月3日にLISAパスファインダーの打ち上げを見にフランス領ギアナのクールーを訪れた旅行は、欧州宇宙機関（ESA）の計画・出資によるもの。

319-326　LISAパスファインダー：http://sci.esa.int/lisa-pathfinder

321　2015年9月1日、ドイツのオットーブルンにあるインダストリーアンラーゲン-ベトリープスゲゼルシャフト社のLISAパスファインダー用クリーンルームを訪れた。2016年9月6日には、ポール・マクナマラにスイスのチューリヒでインタビューした。

327　重力波天文学用宇宙アンテナ（SAGA）：http://adsabs.harvard.edu/full/1985ESASP.226..157

330　National Research Council, *New Worlds, New Horizons in Astronomy and Astrophysics*, (Washington D. C.: National Academies Press, 2010) (https://www.nap.edu/catalog/12951/new-worlds-new-horizons-in-astronomy-and-astrophysics).

330-331　宇宙ビジョン2015～2025：http://sci.esa.int/cosmic-vision. 新重力波天文台（NGO）：http://sci.esa.int/ngo

331　木星氷衛星探査機（JUICE）：http://sci.esa.int/juice. Pau Amaro-Seoane et al., *Doing Science with eLISA : Astrophysics and Cosmology in the Millihertz Regime*, eLISA White Paper (https://www.elisascience.org/dl/1201.3621v1.pdf). 発展型レーザー干渉

計宇宙アンテナ（eLISA）：https://www.elisascience.org

332　2015 年 6 月 22〜26 日、韓国の光州で開かれた第 11 回エドアルド・アマルディ重力波会議に参加した。

334　M. Armano et al., "Sub-Femto-g Free Fall for Space-Based Gravitational Wave Observatories : LISA Pathfinder Results," *Physical Review Letters* 116(June 7, 2016) : 231101.　L3 検討チーム中間報告：https://pcos.gsfc.nasa.gov/studies/L3/L3ST_Interim_Report-Final.pdf. Gravitational Observatory Advisory Team, *The ESA L3 Gravitational-Wave Mission*, Final Report(http://sci.esa.int/cosmic-vision/57910-goat-final-report-on-the-esa-l3-gravitational-wave-mission).

334-335　National Research Council, *New Worlds, New Horizons : A Midterm Assessment*, (Washington D.C. : National Academies Press, 2016)(https://www.nap.edu/catalog/23560/new-worlds-new-horizons-a-midterm-assessment).

335-337　2016 年 9 月 6 日と 7 日、スイスのチューリヒで開催された第 11 回 LISA シンポジウムに参加した。

336　LISA ミッションの企画案（January 2017）：https://www.elisascience.org/files/publications/LISA_L3_20170120.pdf. デシヘルツ干渉計重力波天文台（DECIGO）：http://tamago.mtk.nao.ac.jp/decigo/index_E.html

第 16 章　アインシュタイン波天文学の波に乗る

344-345　2016 年 7 月 6 日に日本の東京で国立天文台三鷹キャンパスを訪れ、ラファエレ・フラミニオにインタビューした。

346　TAMA300：http://tamago.mtk.nao.ac.jp/spacetime/tama300_e.html

346-350　2016 年 7 月 7 日、岐阜県の茂住近くの Kamioka Gravitational-Wave Detector（KAGRA）を訪問した。

347-350　Kamioka Gravitational-Wave Detector（KAGRA）: http://gwcenter.icrr.u-tokyo.ac.jp/en

350-352　LIGO インド：http://www.gw-indigo.org/ligo-india

351　インド重力波観測イニシアチブ（IndIGO）：http://www.gw-indigo.org/tiki-index.php

355-356　2015 年 6 月 25 日、韓国の光州で催されたバーナード・シュッツの一般向け講演に出席した。

360-363　アインシュタイン望遠鏡：http://www.et-gw.eu

361-362　2016年6月30日、マット・エヴァンズに電話でインタビューした。
362-363　B. P. Abbott et al., *Exploring the Sensitivity of Next Generation Gravitational Wave Detectors*, LIGO Document LIGO-P1600143 (https://arxiv.org/pdf/1607.08697v3.pdf).

ダークマターとダークエネルギーについて詳しくは、Robert P. Kirshner, *The Extravagant Universe : Exploding Stars, Dark Energy and the Accelerating Cosmos* (Princeton : Princeton University Press, 2002)［邦訳：『狂騒する宇宙：ダークマター、ダークエネルギー、エネルギッシュな天文学者』(井川俊彦訳、共立出版)］; Iain Nicolson, *Dark Side of the Universe. Dark Matter, Dark Energy, and the Fate of the Cosmos* (Bristol : Canopus Publishing Ltd., 2007)および Richard Panek, *The 4 Percent Universe : Dark Matter, Dark Energy, and the Race to Discover the Rest of Reality* (Boston : Houghton Mifflin Harcourt, 2011)［邦訳：『4％の宇宙：宇宙の96％を支配する"見えない物質"と"見えないエネルギー"の正体に迫る』(谷口義明訳、ソフトバンククリエイティブ)］。

さ

か

あ

索 引

欧 文

■著者

ホヴァート・シリング（Govert Schilling）

オランダを拠点として活動する、天文学が専門のジャーナリスト・作家。『ニュー・サイエンティスト』『サイエンス』や『BBC スカイ・アット・ナイト』といった多数の新聞雑誌に寄稿しており、『スカイ＆テレスコープ』の補助編集員も務めている。

邦訳著書に、『世界で一番美しい深宇宙図鑑：太陽系から宇宙の果てまで』（生田ちさと監修、武井摩利訳、創元社）、『Twitter 宇宙講座』［共著］（大平貴之監修、不二淑子訳、ブックマン社）、『星空の 400 年：天体望遠鏡の歴史と宇宙』［共著］（縣秀彦・関口和寛訳、丸善）がある。

■訳者

斉藤隆央（さいとう たかお）

翻訳家。1967 年生まれ。訳書にロバーツ『生命進化の偉大なる奇跡』（学研プラス）、デサール＆パーキンズ『マイクロバイオームの世界』（紀伊國屋書店）、レーン『生命、エネルギー、進化』（みすず書房）、カク『フューチャー・オブ・マインド』（NHK 出版）、サックス『タングステンおじさん』（早川書房）、ウィルソン『人類はどこから来て、どこへ行くのか』（化学同人）など。

時空のさざなみ——重力波天文学の夜明け

2017年12月26日　第1刷　発行

訳　者　斉藤　隆央
発行者　曽根　良介
発行所　㈱化学同人

検印廃止

〒600-8074　京都市下京区仏光寺通柳馬場西入ル
編集部　TEL 075-352-3711　FAX 075-352-0371
営業部　TEL 075-352-3373　FAX 075-351-8301
振替　01010-7-5702
E-mail　webmaster@kagakudojin.co.jp
URL　https://www.kagakudojin.co.jp
印刷・製本　㈱太洋社

ISBN978-4-7598-1959-5